电力行业"十四五"规划教材

本书获得广西大学教材出版基金资助

电气工程实践训练

（第三版）

主　编　王庆华　贺秋丽

编　写　莫仕勋　黎静华　李长城　李畸勇

　　　　张镱议　陈新苗　兰　飞

主　审　龙　军　莫里克

中国电力出版社

CHINA ELECTRIC POWER PRESS

内 容 提 要

本书获得广西大学教材出版基金资助。本书全面介绍了电气工程实践训练的有关内容，包括电气设备的控制、信号、保护、测量、同期、中性点接地方式等，由工程实践训练基础和工程实践训练实验两部分组成。前者论述与工程实践训练实验相关内容的基本概念和基本原理，后者论述工程实践训练的内容和实验方法。本书内容紧密联系电气工程实际，注重实用性，着眼于培养学生的创新能力、实践能力和运用知识的能力。本书配套有教学课件、微课、课程思政等数字资源，读者可通过扫封底二维码获得。

本书适用于高等学校电力类相关专业的本科、高职高专电气工程实践训练课程，也可作为电力企业职工培训的参考教材。

图书在版编目（CIP）数据

电气工程实践训练/王庆华，贺秋丽主编. -- 3 版. -- 北京：中国电力出版社，2025.6. -- ISBN 978-7-5198-9785-7

Ⅰ. TM

中国国家版本馆 CIP 数据核字第 20251QF520 号

出版发行：中国电力出版社
地　　址：北京市东城区北京站西街 19 号（邮政编码 100005）
网　　址：http://www.cepp.sgcc.com.cn
责任编辑：陈　硕（010-63412532）
责任校对：黄　蓓　常燕昆
装帧设计：赵姗杉
责任印制：吴　迪

印　　刷：三河市航远印刷有限公司
版　　次：2011 年 6 月第一版　2017 年 2 月第二版　2025 年 6 月第三版
印　　次：2025 年 6 月北京第一次印刷
开　　本：787 毫米×1092 毫米　16 开本
印　　张：12.5
字　　数：309 千字
定　　价：38.00 元

前　言

  《电气工程实践训练》教材是编者在多年深化教学改革并取得显著成绩的基础上编写的，随着电气技术的发展，有必要对第二版内容进行更新和补充。《电气工程实践训练（第三版）》继承了前两版的体系和特点，注重实用性，着眼于培养学生的创新能力、实践能力和运用知识的能力。

  第三版除对文字和局部内容进行修订外，主要增加了以下内容：

  （1）随着现代信息技术发展，特别是"微课""慕课"等创新教学模式的兴起，为促进信息技术与实践教学的深度融合，提升信息化建设与应用水平，本次修订增加了配套的数字化教学资源，便于高校师生更好地进行教学和自学。

  （2）第五至十章电气工程实践训练实验的内容中，每节后增加了思考题及习题，这些思考题是对各章节实验进行归纳和总结，可帮助学生加深对相关内容的理解，提高分析能力。

  （3）教材作为课程实施的关键载体，在落实立德树人和国家人才强国战略中具有重要的基础性地位和作用，本次修订增加了课程思政内容。

  在第三版中，广西大学王庆华、贺秋丽对教材内容进行修订并编写了第五章至第十章课后习题，广西大学莫仕勋、李长城制作了本书配套数字资源和教学软件，广西大学黎静华、李畸勇、张镱议编写了课程思政内容，广西大学陈新苗、兰飞制作了多媒体课件，全书由王庆华统稿。在编写过程中，参考了书末所列的文献资料，在此向这些参考文献的作者致以深切谢意。

  本书的出版得到了广西大学教材出版基金的资助，在此表示诚挚的感谢。

  限于编者水平，书中难免存在错误和不当之处，敬请读者批评指正。

编　者

2025 年 5 月

第一版前言

为贯彻落实教育部《关于进一步加强高等学校本科教学工作的若干意见》和《教育部关于以就业为导向深化高等职业教育改革的若干意见》的精神，加强教材建设，确保教材质量，中国电力教育协会组织制订了普通高等教育"十一五"教材规划。该规划强调适应不同层次、不同类型院校，满足学科发展和人才培养的需求，坚持专业基础课教材与教学急需的专业教材并重、新编与修订相结合的原则。本书为新编教材。

实践教学是高等学校教学内容的重要组成部分，对学生能力和素质的培养起着十分重要的作用，尤其对学生创新能力的培养有着独特的作用。但传统的实践教学观念、模式和方法已不能适应新形势下高等教育培养创新型、复合型人才的要求，必须进行改革。

广西大学于2001年起对实践教学进行了改革，自行设计、安装和建立了独具特色的校内电气工程实践训练基地，对学生从方案设计、设备选型、安装接线、试验调整、运行操作、故障处理等环节进行全过程的工程实践训练，取得了满意的教学效果。学生先在校内接受工程实践训练，然后再到大型发电厂去了解先进的技术和运行操作知识，由于有了校内实践的基础，校外实习也收到了好的效果。本书就是在多年电气工程实践训练的基础上编写而成的。

本书内容由工程实践训练基础和工程实践训练实验两部分组成。前者论述与工程实践训练相关的基本概念和基本原理，为实践训练打好基础；后者论述工程实践训练的内容和实验方法。书中涉及的内容较多，可以根据专业培养目标定位、学时、实验条件等进行取舍。书中还有一部分提高性的选做实验，供有兴趣、有条件的学生选择。

当前，国内高校的实践教学正处在不断探索、深化改革的阶段，实践教学并没有固定的模式和方法，各兄弟院校之间应加强交流、互相学习、取长补短，共同努力使实践教学提高到一个新的水平。本书编写的目的就是抛砖引玉、促进交流。

本书由广西大学王辑祥编写，贺秋丽、王庆华参加了资料整理和绘图工作。广西大学电气工程学院博士生导师杭乃善教授审阅了全书，并提出了许多宝贵意见，在此表示衷心的感谢。本书得到广西大学教材出版基金的资助。

限于编者水平，书中难免存在错误和不当之处，敬请读者批评指正。

编　者
2006 年 12 月

第二版前言

本书第一版自 2007 年出版以来，随着电气技术的发展和编者电气实训教学实践经验的积累，已有必要进行增删修订。《电气工程实践训练（第二版）》继承了第一版的体系和特点，全面介绍了电气工程实践训练的有关内容，紧密联系电气工程实际，注重实用性，着眼于培养学生的创新能力、实践能力和运用知识的能力。

除了对第一版内容在文字上和局部内容进行修订外，第二版教材主要增减了以下内容：

（1）增加了综合自动化系统断路器控制回路接线和故障分析；电压互感器的铁磁谐振及其防止措施的分析和实验；小电流接地系统接地选线定位技术分析及实验；相量分析方法；中央信号接线改进等内容。在实验内容的顺序编排上也进行了调整。

（2）第三章电气工程实践训练基础的内容中，每节后增加了习题及思考题，这些思考题大多为运行实践中提出的，有很强的针对性和实用性，可以激发学员积极思考和学习兴趣，加深对相关内容的理解和提高分析能力。

（3）对中央信号、继电器检验和电气测量的内容做了较大删减。

本书由贺秋丽、王庆华、王辑祥编写，其中贺秋丽编写了第二、三、四、六章，王庆华编写了第五、七、八、九章，王辑祥编写了第一、十章。全书由贺秋丽统稿。在编写过程中，参考了书末所列的文献资料，在此向这些参考文献的作者致以深切的谢意。

限于编者水平，书中难免存在错误和不当之处，敬请读者批评指正。

编　者

2016 年 10 月

动手集中实践须知与安全告知

　　动手集中实践是培养计划中的实践性必修环节，须按要求参加动手集中实践并提交实践报告，考核合格后才能获得相应学分。在实践中需要注意：

　　1. 实验室是进行实践教学和科研工作的重要基地。参加实验的学生，必须牢固树立"安全第一"的思想，严格遵守实验室管理制度和实验操作流程，防止任何安全事故的发生。

　　2. 学生进入实验室，要保持室内整洁和安静，严禁高声谈笑，严禁在实验室内吸烟、吐痰，垃圾应投入垃圾箱内。进入实验室的人员注意着装要求，服装应不影响实验操作，禁止穿着拖鞋、高跟鞋、短裤、裙子等不适宜实验的服装。

　　3. 通电之前必须进行认真检查，包括熔断器是否完好、接线是否存在短路、电气设备金属外壳是否接地等，检查无误后方可通电。合上电源开关时，动作要迅速、果断和彻底，以避免形成电弧或火花。

　　4. 在使用实验室仪器设备过程中，注意实验安全，严格按照操作规范使用仪器设备和元件，防止事故发生。要养成断电操作的习惯，严禁带电触摸设备，严禁带电改接电路；发生设备故障、操作事故及出现异常情况时应立即切断电源，保护现场，及时向指导教师报告。

　　5. 实验中熔断器熔断，应先认真分析原因，排除故障后，才能按规定更换新熔断器，再投入运行。元器件接线及线路不得裸露，必须用胶布包好，以防漏电及伤人。

　　6. 注意用电安全，不得违章用电，元器件或线路发热、有异味、火花等异常情况出现，在力所能及的情况下切断电源。

　　7. 实验过程中，爱护实验室物品，未经教师许可，不得擅自挪用仪器设备，发现设备损坏或实验器件缺损，及时通知指导教师。同时，禁止随意动用未经允许使用的仪器设备。

　　8. 爱护仪器设备，有义务维护其性能良好。节约实验材料，未经许可不得将实验器材（材料、工具、试验仪）带出实验室。对造成事故或损坏或偷盗公物者，视情节轻重，予以批评教育或赔偿损失处理。

　　9. 防止触电，在产生触电时，要采用绝缘处理的办法帮助触电者，避免二次触电。触电者电击或电伤晕倒后，及时正确采用人工复苏术，同时通知医护人员寻求救治。

　　10. 实验结束后学生必须按规定断电、整理设备、收拾好实验物品，桌凳摆放整齐，经实验室负责教师检查合格后方可离开。在实验室无其他人员情况下，最后离开实验室者要断开室内总电源开关，关好实验室门、窗。

　　11. 动手集中实践课程需要一定的时间投入保障，请自觉进行时间管理，按指导教师要求开展实践，实验中要严格遵守操作规程，细心观察，如实记录，不得擅自离开岗位，不得抄袭他组数据。

目 录

第一章 概　　述

第一节　电气工程实践训练的提出

一、创新型人才培养

近年来，随着工业领域的飞速发展，工程教育也在不断进行自我革新，其中新工科研究逐渐引领了工程教育创新的潮流。新工科建设是教育部为了主动应对第四次工业革命对高等工程教育提出的挑战而推动的创新变革，旨在推进"世界一流大学和一流学科"建设，培养面向未来、面向世界、具有创新能力和跨界整合能力、能够主动适应及引领未来的领军人才。在新一轮科技革命和产业变革的时代背景下，高等工程教育亟需建立新的工程教育理念、积极探索创新型工程人才培养的新模式。

目前，在电气工程专业学生的培养过程中存在以下不足。一是课程体系建设中缺乏新工科理念、教学内容不利于培养创新型人才。例如，课程教学大纲无法满足未来对新兴产业人才的要求；许多电气课程存在知识点陈旧、与新工科发展脱节的现象，在教学方法、教学理念方面不能与新工科理念衔接；教学体系大多按照理科、工科课程进行简单整合，拼凑痕迹较明显；学生在原有课程体系下对课程的兴趣、学习主动性无法建立。二是校内、校外协同育人实践基地缺乏、协同育人机制不健全，部分实践、实验与实习课程的开设流于形式，任课教师的精力大多用于课堂教学，忽视工程实践和应用。三是缺少创新创业教育机制，创新创业教育平台及场地不足，创新创业教育师资力量薄弱，专任教师较少投入时间和精力指导学生进行创新和创业活动。这些问题严重阻碍了新工科电气工程专业创新型人才培养。

在新的形势下，为了全面增强本科生的工程实践能力与创新精神，提升整体人才培养效能，改善人才培养质量，为国家和社会培养优秀的创新型工程人才，提出以下几点建议。

（1）完善新工科课程体系建设。增加与行业发展紧密相关的前沿课程，同时打破学科之间的固有壁垒，注重跨学科知识的融合，培养学生的综合能力和创新思维。在此过程中，将社会责任、法治意识、工程伦理、思政教育融入课程中，以全面提升学生的综合素质和社会责任感。

（2）构建"产学研创"协同培养模式。在校内建立电气工程实践训练基地，深化与校外企业合作，搭建协同育人平台，使校内外的教育资源相互补充、资源共享，通过深化产教融合，提升校企联合的紧密度，增强实习与实践的效果。

（3）推进众创空间实验室和创新孵化器的建设。构建以学生为中心、以创新能力培养为核心的新工科人才培养体系，实施创新学分制度，设立奖励激励机制，鼓励本科生参与科研项目、创新竞赛和创业活动。

（4）强化工程实践训练环节。通过增设实验课程、实习实训、项目驱动等多元化的实践教学方式，让学生在实际操作中深化理论知识，提升解决实际问题的能力。

培养创新型人才是一项长期的任务，需要不断探索、改革、完善和提高，在现阶段，对大多数高等学校而言，本科教育只能为培养创新型人才打好基础。

二、工程实践训练是电力类专业实践教学的主要内容

要实施培养人才的转型，实践教学有着特殊的举足轻重的作用，也是教学改革最迫切和最容易取得突破性进展的领域。必须改变实践教学依附于理论教学的传统观念，以创新性的教育理念，深化实践教学改革，构建培养创新型人才新的实践教学模式。

电力类专业是工科专业，培养的是工程人才，必须以工程实践为基础，以实践作为立足的根本。因此，加强工程实践训练，以提高学生的工程素质和能力，应该成为工科专业高年级学生实践教学的主要内容。

当今电力系统是一个十分重要、庞大和复杂的系统，发电、输电配电、供电、用电时刻处于动态平衡中。如果某个地方出现故障，都可能产生严重后果，甚至引起整个系统的崩溃，因此电力系统的安全可靠运行具有特殊的重要性。

生产实习是工科专业学生重要的实践教学环节，电力类专业的学生接触电气工程实际主要通过校外发电厂变电站实习，但由于电力安全生产的特殊性，学生只能走马观花在警戒线外观看电气设备。对故障和异常情况进行分析处理是实习的主要内容，但现场只能纸上谈兵，没有任何实际体现。学生得不到真正的工程实践体验，更谈不上动手操作了。

为了适应在新形势下人才培养的要求，需要在校内建立电气工程实践训练平台（基地），构建与实际电气工程基本一致的物理环境，使学生在这个实践平台上，接受从方案设计、图纸绘制、设备选型、安装接线、试验调整、运行操作、故障分析等全过程的工程实践训练，培养学生运用理论知识分析和解决工程实践问题的能力。实践平台还设置了一些正在研究尚待解决的工程技术问题供学生探索，从中发现问题、提出问题，培养了自我获取知识和探索未知知识的能力。实践平台向学生开放，学生可以选择自己感兴趣的课题进行试验研究，激励学生的创新意识，提升学生科学素养。学生通过工程实践训练，可亲身体验到电气工作的特点和要求，培养严谨细致的工作态度。

在深化实践教学改革中，改变传统实验以验证为主的状况，开展设计性、综合性的实验是十分必要的。电气工程实践训练的内容必然是含有多个环节的综合实践项目，而项目的实施必须从设计开始入手。因此，电气工程实践训练显然也是设计性、综合性的实验，但它是以工程实践为中心的，富有工程特色。

第二节　电气工程实践训练的基本原则和方法

电气工程实践训练必须以培养创新型、复合型人才为目标，以提高实践教学质量为中心，确定工程实践训练的基本原则和方法。

一、电气工程实践训练的基本原则

电气工程实践训练内容的设置，应根据专业培养目标的定位、经济条件、师资力量等自身的条件因地制宜进行设计，这里提出一些基本原则。

1. 全过程的工程实践训练

电力系统十分庞大复杂，不可能在学校实验室进行全系统的物理模拟，只能选择一两个典型的工程实践项目"复制"到实验室来，但应该能对学生从方案设计、设备选型、安装接线、试验调整、运行操作、故障分析等环节进行全过程的工程实践训练。注意应充分给予学生安装接线、使用工具和仪器仪表的动手实践机会。

2. 具有综合性

学生学习各门课的知识是分散的，而工程实际问题却是综合的，综合性的工程训练内容使学生将分散孤立的知识联系起来，综合应用去分析解决工程问题和提出新的问题，真正把知识用好用活。例如，小电流接地系统的有关实验，构建了一个实际的运行系统，学生就要综合利用电路、电机学、电工测量、发电厂电气部分、电力系统分析、高电压技术、电气接线原理等课程的相关知识去分析解决问题。

3. 提出问题，突出能力培养

学起于思，思源于疑，只有不断提出问题让学生去思考、去实践、去探索，才能培养学生的能力，所以，工程实践训练的许多内容，都是围绕着"问题"展开的。电力系统的安全可靠运行有赖于正确处理出现的故障和问题。在实践训练中，设置了各种各样的故障和问题摆到学生的面前，让学生观察故障的现象、寻找故障的原因、分析故障的动作机理、论证正确处理故障的方法，提出防止故障的措施，而实际的电力系统是不可能做到的。例如纵联差动保护实验，不是简单地测几个数据，观察一下保护动作情况，而是分别设置了极性错误、相别错误、组别错误、互感器头尾对调、差动断线、继电器损坏等各种实际运行中可能出现的故障，使学生在分析处理各种故障中提高自己的能力。

4. 实践训练与创新研究结合

综合性工程实践训练中的一些专题，相当于小型科研项目带有科学研究和试验探索的性质，供学生作为拓展训练。学生也可以提出自己感兴趣的题目进行更深入的试验研究分析，要给学生更多自由发挥的空间。例如，小电流接地系统发生单相接地时，一般文献和教科书认为：发生单相接地时，接地相对地电压降低，非接地的两相对地电压升高但不超过线电压。学生通过改变接地过渡电阻的实验可以发现，在某些情况下的单相接地可以使两相对地电压降低、一相对地电压升高，并且对地电压最低的相并不是接地相，非接地相对地电压也可以超过线电压。学生们可查找有关的参考资料，进行深入的分析论证，从理论上得到了解析，这就是一种创新。这样可使学生认识到，创新并不是高不可攀的，创新源于实践，又反过来接受实践检验。在试验探索的基础上，鼓励学生撰写科技论文。

在实践试验中，常常碰到一些从理论上解析不通的问题和现象，这时一定要抓住不放，这正是学生发现问题、提出问题的好机会，让学生亲身体验"实践—认识—再实践—再认识"的过程，直至问题得到科学的解决为止。例如，在做消弧线圈补偿实验时，不能做到全补偿，就要引导学生认真分析原因，探索解决的方法。

教师的实践性科研项目应融入到实践教学中来，吸收学生参与，对提高学生的科研创新能力十分有利。

5. 自行设计、开发和安装实验装置

花费大量的资金去购买昂贵而复杂的成套设置并不一定能真正提高实践教学效果，要根据工程实践训练的要求，尽可能自行设计、开发和安装实验装置。

自行设计、开发实验装置有以下几方面的好处：

（1）适应性强，灵活性好。装置是开放的，可以灵活拆装组合和扩充，做到一机多用，以满足各种实验要求，既节省投资，又节省场地。

（2）以人为本，面向学生。自行研制的装置学生能参与装置的开发、安装、调试和改造，还可以人为设置故障让学生分析查找；而生产厂家的成套装置，软硬件都是封闭的，不能向学生开放，对于提高学生实践能力、创新能力、分析能力的效果大打折扣。

（3）节省资金。自行开发的实验设备不但效果好，而且投资要少得多，有利于工程实践训练平台的建设。

（4）提高教师的素质。通过实验装置的研制，提高了教师的素质和能力，也就提高了实践教学的质量。

吸收有兴趣的学生参加实验装置的研制、安装和调试，对提高学生的素质和能力很有帮助。

6. 校内与校外工程实践训练相结合

如上所述，校内工程实践训练对培养学生的素质和能力有着很重要的作用，但也有一定的局限性。因此仍应该建立校外工程实践（实习）基地，使学生接触真正的电力系统和先进的技术装备，校内校外的工程实践紧密结合，互相补充。学生在校内接受工程实践训练后，有了感性认识，有了全过程工程实践的体验，开拓了思路，到校外大型发电厂变电站实习时，就能提出问题、思考问题，使校外实习深入下去，达到预期的目的。

7. 工程实践训练与毕业设计相结合

工程实践训练发现的和进行试验探索的问题，有些不能在有限的实践训练时间内得到解决，这些问题可以作为后续的毕业设计的内容，让学生在理论与实践的结合上，继续进行更深入的试验探索和分析研究，不但能培养学生的创新能力和运用知识的能力，也拓宽了毕业设计选题的渠道。例如，小电流接地系统中接地过渡电阻对单相接地的影响、单相接地故障与其他故障的判别、电压互感器的铁磁谐振、实验用消弧线圈电阻的补偿问题等，都可以作毕业设计的内容。在此基础上，进一步进行线路接地选线保护的设计和试验，还可以探索接地故障点的探测问题。指导毕业设计的教师，可以有意识地将毕业设计的一些前期工作放到工程实践训练中，使毕业设计和工程实践训练有机结合起来，也提高了实践训练平台的利用率。

二、工程实践训练的教学方法

工程实践训练的教学方法并没有统一的模式，这里提出几点仅供参考。

1. 独立设课

电气工程实践训练是一个综合性的实践项目，并不依附于哪一门专业课，因此，宜独立开设"电气工程实践训练"实践课程。此课程可以分为两部分：工程实践训练基础和工程实践训练实施。工程实践训练基础以课堂教学为主，使学生从理论、技术、方法上为工程实践训练打好基础，内容要紧密结合工程实践训练，引导学生积极思考和讨论，做到教、学互动，使学生的思路与教师提出问题、分析问题、解决问题的思路同步，充分调动学生的积极性。

2. 课堂教学与工程实践训练同步进行

课堂教学开始，就将工程实践训练的任务布置给学生，并带学生到现场参观，引起学生浓厚的兴趣。然后实践训练基地向学生开放，随着课堂教学内容的不断展开，相关工程实践训练的内容同步进行，引导学生运用所学知识来分析解决工程问题。最后宜集中一段时间使学生全身心投入工程实践训练。

3. 数据测试、现象观察和结果分析紧密结合

以往的实验，实验的测试和分析是脱节的，一般是在实验室测量记录好有关数据，然后回去对实验数据进行分析，写出实验报告，教师则背靠背地批改。如果因接线错误、测量不当等原因，使数据不正确或者漏测了数据，则无法进行补救，甚至造成实验结果的分析是错误的。对于综合性的工程实践训练，应将实验数据的测试、实验现象的观察和实验结果的分析紧密地结合起来，并贯穿于整个实验过程中。对每一个实验的每一项内容，测量出实验数据以后，紧接着就要运用所学的知识进行认真深入的分析。如果数据错误、漏测或分析有矛盾，需进行再测试和再分析，直至得出正确结论以后，再做下一个实验。

4. 实践、讨论、讲评、总结紧密结合

实验室既是实践基地，又是课堂，不但在实践训练开始时，教师要讲解实践训练的目的和要求，而且每一个实践专题结束后，在教师的组织和指导下，先由学生阐述自己对实验结果的分析论证，然后学生进行充分的讨论，各抒己见，再由教师进行讲评和总结。

5. 引入竞争，增加趣味性

工程实践训练的内容中，有许多故障分析，先是设定故障的原因（如断线、错相、错极性等），然后根据接线分析工作过程，从而得出所产生的现象。而实际运行中，情况正好相反，先是出现了故障现象，然后去寻找原因并进行处理，而产生同一故障现象的原因却是多种多样的，要找出故障所在就比较困难。为了使学生得到这方面的实践训练，可以引入竞赛的方式，由其他组的学生给本组设置隐蔽的故障，统一计时由各组学生根据故障现象去分析查找故障，对查找故障又快又准，并且分析正确的学生给予奖励。

6. 现场考核

在实验过程中，除记录学生的出勤情况和学习态度外，还要现场考核学生对实验内容的掌握情况和分析问题的能力。学生在教师面前进行通电试验，教师当场提出问题由学生解答，或制造故障让学生查找，对能够发现问题、提出问题具有创新思维的学生，要给予鼓励和特别的关注。实验成绩由现场考核和实验报告综合评定。

最后应当强调指出，工程实践训练教学质量的提高关键在教师。有了必要的物质条件后，教师的素质就决定了实践教学的质量和水平。这支教师队伍除了要有高度的责任感和爱岗敬业的精神外，必须要有先进的教育理念和思想，重视实践教学，研究实践教学，精心设计和开发实践教学内容，不断提高自己的素质和能力，特别是创新能力，还要将自己的科学研究渗透到实践教学中，使实践教学提高到一个新的水平。

第三节　电气工程实践训练的课程思政建设

电气工程实践训练的课程思政要求学生了解电气工程专业发展历史，培养学生的家国情怀和人类关怀；结合专业伦理教育，培养学生的职业素养和责任意识；加入形势与政策内容，提高社会实践能力培养学生的创新精神。

一、课程思政建设的目标

充分挖掘课程蕴含的思想政治教育元素和所承载的思想政治教育功能，促进立德树人与育人育才有机结合、显性教育与隐性教育有机结合、价值塑造与知识传授和能力培养相统一，推进课程思政建设理论研究和教学实践，逐步形成"课程门门有思政，教师人人讲育人"的良好氛围，真正实现"立德树人堂堂讲"，形成全员全过程全方位育人大格局。

二、课程思政建设的内容

以习近平新时代中国特色社会主义思想为指导，遵循高等教育基本规律和人才成长规律，把思想政治教育贯通人才培养体系，在知识传授中注重强调价值引领，制定明确的课程思政教学目标，帮助学生树立正确的世界观、人生观和价值观。从教学大纲、教学内容、教学设计等方面进行重新梳理，在课堂讲授、教学研讨、实验实训、考核评价等各环节有机融入课程思政的理念和元素，注重教学方法多样化，推动课程思政与现代教育技术深度融合。

三、课程思政建设的思路

以习近平新时代中国特色社会主义思想和全国高校思想政治工作会议精神为指导，以中共中央办公厅、国务院办公厅《关于深化新时代学校思想政治理论课改革创新的若干意见》和教育部《高等学校课程思政建设指导纲要》为具体依据，在课程建设与实施中落实立德树人根本任务，充分体现思想政治教育元素，明确课程教学目标和课程思政育人目标，制定和修订体现"课程思政"改革思路的课程教学大纲、教案、教案等教学文件，通过系统讲授工程实践训练的基本原理和分析常见故障，培养学生严谨认真的工作态度；讲授工程实践训练安全操作规程，使学生树立安全用电和安全规范操作意识；挖掘电气工程专业发展历史的典型案例、老一辈科研工作者的先进事迹以及国际前沿发展动向，引入"大国工匠"思想，引导学生树立正确的世界观、人生观、价值观，并最终以微课、教改论文、教学案例报告等形式分享或推广教学改革经验。

四、课程思政建设的措施

（1）转变教学观念，树立以学生教育为主体的思想。采用"渗透式"教学模式，将思政元素融入工程实践训练专业知识讲授中，更强调发挥学生在工程实践训练课程学习中的主动性与主体性。激发学生学习课程的兴趣，以更为积极的态度去认识、理解并掌握课程的相关知识点。另一方面更能够增强学生的社会责任感、塑造学生正确的世界观、人生观、价值观。

（2）提升教学团队的思政建设能力。有针对性地开展工程实践训练课程思政教学活动，形成常态化的集体备课、研讨总结制度，将文字化的思政案例转变为教学话语，以小故事形式引领价值导向，增强教学的吸引力与感染力。

（3）坚持学习，积累思政素材。为了更好开展课程思政教育，首先教师需要自身储备足够的思政素材，并且经过理解和分析，才能够在课程教学中灵活运用。考虑到面向的教育对象年代不断变化，积累的素材要不断更新，时间、空间更接近的思政案例更容易吸引学生。

（4）融入思政元素的教学设计与实践。做好教学与思政资料收集→融入思政元素的教学大纲修订→授课计划编写→教案与课件中思政点的合理规划→开展课程教学→提炼典型教学案例→收集教学反馈意见→对教学资料的反复修订。思政点以两种方式融入教学活动中。一种是准备型，即通过集体研讨、备课等，将确定性思政点写入教学大纲、教案、课件中，并在课堂教学中按计划讲授。这种方式需要完善的教学团队支撑。另一种是即兴型，即在课堂教学活动中，根据实际教学进度或者教学环境，适当引入思政点。这种方式则需要教师平时储备足够的思政案例。

（5）保持与学生的沟通，制定基于学生学习效果的评价方案。学生是学习的主体，课程教学效果可以从学生的收获直观反映。多与学生沟通，才能了解他们的特点、需求。尤其是思政点的设计是否真正合理、流畅、有效，需要从学生的收获中寻找答案，从而将教师"供给侧"管理转变为学生"需求侧"管理。

（6）做好师德师风的表率作用。教师的一言一行对学生有潜移默化影响，因此教师本身的表现就是典型的思政案例。教学团队成员应经常学习师德师风要求，遵守法律和校纪校规，热爱自己的祖国，爱岗敬业，不经常调课代课，言出必行。

五、课程思政建设的实践

（1）组建电气工程实践训练教学团队，提升团队课程思政建设意识与能力。电气工程实践训练课程是一门理论与实践紧密联系的课程，需要组建一支包括理论部分授课教师和实验部分授课教师的电气工程实践训练教学团队。教学团队成员教师集中研讨课程的教学大纲修订、教案与课件设计、教学资料的收集、编写、应用等，以及教学活动中的优势与不足，不断更正和提高自身对课程思政的理解与认识。同时，加强自身师德师风的塑造。

（2）制定或修订教学资料，将思政元素合理融入教学大纲、教案、课件、课程教学等。重新定位具备价值塑造、能力培养、知识传授"三位一体"的课程教学目标，以社会主义核心价值观和中国梦教育为灵魂主线，以专业知识技能为载体，深入挖掘电气工程实践训练课程蕴含的思想政治教育资源。

按照专业、行业、国家、国际的层次延伸拓展，提炼其中蕴含的思政元素，并形成一系列电气工程实践训练课程思政的教学文件，主要包括体现课程思政的教学大纲、教案、课件等。针对课程教学的过程，拟从如下几个方面融入思政元素：①挖掘、利用电气工程专业发展历史的典型案例，回溯历史以激发青年学生的使命感和进取心；②介绍课程伦理价值规范，培养学生正确的行业价值观、伦理观；③介绍本课程在国际国内相关产业所处的发展背景、发展形势、发展动向，引导学生开阔视野，聚焦前沿问题；④引入"大国工匠"思想，讲述优秀校友的奋斗故事；⑤介绍电力系统典型的安全事故，培养学生安全意识，提高学生职业素养。

（3）录制课程思政微课视频。拍摄录制电气工程实践训练课程思政的微课视频，用于教学活动、教学交流等。微课视频涉及的思政部分应具备"短、新、近"的特点，且不能对课程知识点造成喧宾夺主的影响。

（4）开展基于学生学习效果的评价。创新教学效果评价，根据电气工程实践训练课程性质、内容和教学过程，制定基于学生学习效果的评价方案。评价方案应包含价值塑造、能力培养、知识传授"三位一体"，突出"认识问题、分析问题、解决问题"方面的评价效果。

（5）撰写思政育人教学案例。挖掘教学内容、学生成长、校外资源等思政元素，选编 3 个思政育人典型教学案例，建立课程案例库。

（6）开展课程思政集体教学研究、经验交流等教学交流，总结亮点性经验模型形成教改论文。教学团队定期开展集体备课、教学方法研究、教学案例分享、教学经验分享等教学交流活动，在保证课程知识要点讲授的前提下，逐渐明确课程教学活动中课程思政融入的专业知识点、内容、时间、方式，并在课堂讲授阶段性结束期间，集体反思不同教学班的思政融入效果，有针对性地滚动修正下一阶段含课程思政的教学计划。邀请思政课程教师参与教学团队的部分研讨活动，对教学团队的课程思政建设过程提供指导。建设成果经总结形成教改论文。

六、课程思政建设的成效

通过电气工程实践训练的课程思政建设，使学生在正确理解和掌握工程实践训练基本理论知识的基础上，能够综合运用所学理论知识解决工程中的实际问题。同时，接受电气工程师职业精神理念、核心价值观、基本职业规范的教育，养成良好的道德品格、健全的职业人格、强烈的职业认同感和科技报国的责任感和使命感，树立牢固正确的世界观、人生观、价值观。

第二章　工程实践训练实验装置

第一节　工程实践训练实验方案

一、工程实践训练实验方案的类型

工程实践训练实验方案可以分为两种类型：一种是以电力系统局部的变配电设备为主体，配以常规的监控保护二次系统，称之为基础型的实验方案；另一种是以同步发电机组为主体，构成一个多机组的电力系统，采用计算机监控系统并配以各种微机自动装置，称之为提高型的实验方案。两种类型各有特点，培养学生的侧重点也不同，学生一般应先进行基础的工程实践训练，进而进行提高的工程实践训练。

电力系统的监控保护有计算机监控保护方式和常规监控保护方式，显然前者技术先进。但是对于基础型的工程实践训练实验，基于以下原因的考虑，还是选择常规监控保护方式为宜。

（1）目前专业课一般都不涉及具体的电气设备和接线，电气设备只是学生头脑中的符号。常规监控保护方式的功能是由硬件实现的，看得见摸得着，对于初次接触电气工程的学生来说，有利于增加对各种电气设备的感性认识。

（2）常规监控保护方式的单套实验装置的费用比计算机方式少得多。工程实践训练要求人人动手安装接线和进行实验，使学生有充分的实践机会，一般两人一组，这样实验装置的台套数很多，采用计算机方式投资很大；而常规方式的投入要少得多，工程实践训练基地的建设比较容易实现。

（3）常规监控保护方式更易于对学生从方案设计、图纸绘制、设备选型、安装接线、试验调整、运行操作、故障分析等各个环节进行全过程的工程实践训练。

（4）常规监控保护方式对于学生深刻掌握基本概念和基本原理更有利。例如常规的电流型保护，从线路短路→电流互感器反应短路电流→电流继电器动作→动合触点闭合→信号继电器动作→出口中间继电器动作→断路器跳闸→发出声光信号。动作过程直观清晰易懂，对于初涉继电保护的学生来说，能从实验中深刻掌握保护的基本概念和基本原理，获得直接的体验，而这正是培养学生创新能力的基础。而微机保护是在硬件结构的基础上，用软件实现其保护原理，其物理过程观察不到。因此对于初学者来说，通过对常规保护的电气接线、工作原理和动作过程的实验，才能很好地掌握继电保护的有关知识，为学习和掌握微机保护打下牢固的基础。而对于保护原理和外部接线来说，常规保护和微机保护并无区别。

（5）基础型工程实践训练的目的在于培养学生的创新能力、实践能力以及运用知识提出问题、分析问题、解决问题的能力，因此要在硬件上设置各种各样故障和问题（如短路、断线、错误接线、错相、极性错误等），让学生反复实践探索，这也是校内工程实践训练最主要的特点和优势。

（6）计算机监控保护方式和自动装置的实验可以放到提高型的工程实践中去，还可以通过校外实习到大型发电厂变电站去了解。

本书只论述基础型的电气工程实践训练的有关问题。

二、一次回路接线

以一台降压变压器和一条 10kV 供电线路模拟为对象，对线路的测量、控制、保护、信号、同期回路从方案设计、设备选型、安装接线、试验调整、运行操作、故障分析等各个环节对学生进行全过程的工程实践训练。其一次回路接线图如图 2-1 所示。某些实验的一次接线图与图 2-1 有所不同，将在相关实验部分画出。

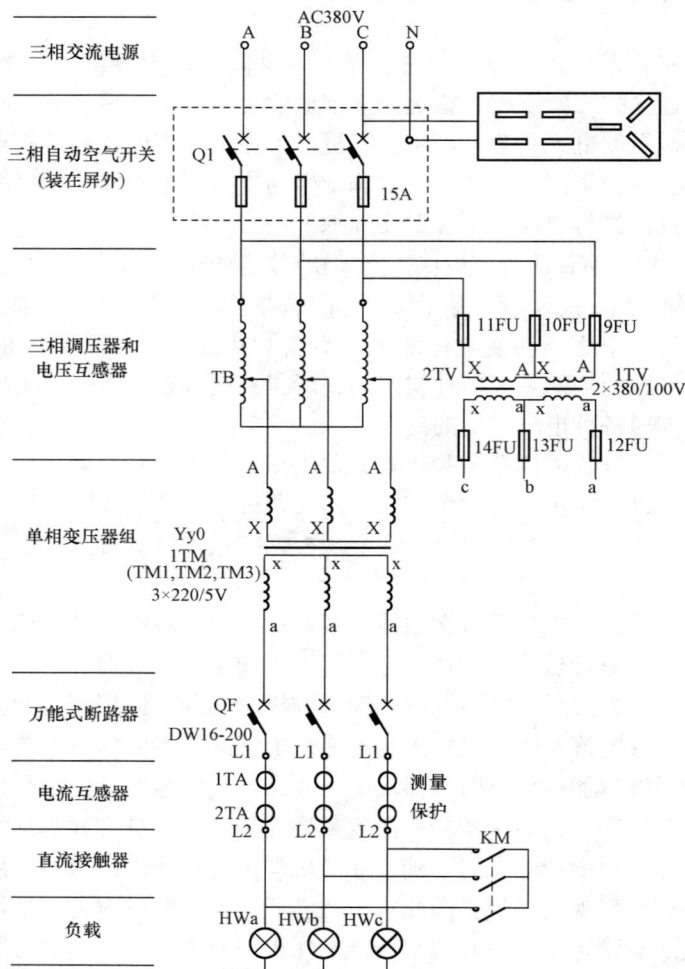

图 2-1 一次回路接线图

三相交流低压电源通过自动空气开关 Q1（相当于高压隔离开关）和熔断器接到三相调压器 TB，TB 的输出端接 Yy0 接法的降压变压器 1TM，1TM 由三个单相变压器组成，为了使小容量的变压器（150VA）产生足够大的短路电流，变压器低压侧的设计电压很低（约 5V）。

变压器低压侧再接万能式断路器 QF，QF 有灭弧主触头和辅助触点，有合闸线圈和跳闸线圈，其功能和高压断路器完全一样，控制回路的接线也相同，可以实现远方操作和就地操作。断路器 QF 后装有两组电流互感器 1TA 和 2TA，1TA 作测量用，2TA 作保护用，电流比取 5A/5A，采用穿心式，一次侧串绕与二次侧同样的匝数。线路末端装一组白炽灯 HW 作为负载。在电流互感器后、负载前接一台直流接触器 KM，作为实现线路短路之用，调节三相调压器 TB 的输出就可以调节短路电流的大小。TB 之前并接有电压互感器 1TV 作测量用，由两台单相互感器组成 V-V 接法。

按安全运行的规定，实验屏体应与实验室的地线相连，而电流互感器和电压互感器二次侧也必须有一点接地。由于实验屏体已接地，故接至屏体上即可。

实验装置一次回路设备表（1 套）见表 2-1。

表 2-1　　　　　　　　　　　　　实验装置一次回路设备表（1 套）

序号	符号	名　称	型　号　规　格	单位	数量	备　注
1	Q	自动空气开关	DZ47，15A，3 极	台	1	用作隔离开关
2	TB	三相调压器	TSGC-6，6kV·A	台	1	
3	TM	单相变压器	BK-150，220/5V，150V·A	台	3	控制变压器
4	QF	万能式断路器	DW16-200，200A，DC220V	台	1	
5	1TA，2TA	电流互感器	LMZJ1-0.5，5/5A	只	6	电流比为 1
6	1TV，2TV	电压互感器	JDG-0.5，380V/100V	只	2	
7	KM	直流接触器	CJX2-40Z，40A，DC220V	台	1	直流操作
8	HW	白炽灯	220V，200W	只	3	

三、二次系统接线

线路的测量、控制、保护、信号、同期等二次系统，将在后面的相关章节中介绍。

第二节　实　验　装　置

一、实验屏体

工程实践训练实验装置为一个标准尺寸的低压屏，屏体高、宽、深分别为 2200、800、800mm。上门为仪表和控制门，自上而下装仪表、信号灯、光字牌、操作开关、按钮；下门为继电器门，装电流、时间、中间、信号、冲击、闪光等各类继电器和连接片。学生根据自己设计的屏面布置图。并结合门上设备的尺寸开孔（开孔数比实际设备多），自行装上设备。

屏内安装的设备，除一次回路设备（见表 2-1，但调压器放在屏外）外，还有蜂鸣器、电铃、熔断器、电阻、电能表等二次设备。屏内装有若干开有长孔的竖条和横条，可以方便安装或拆卸各种设备，便于扩充新的实验。屏内的一侧竖向装有一排端子排，屏面设备和屏内设备的连接要通过端子排接线。

二、屏面布置图

图 2-2 为某实验装置的屏面布置图及相应的设备表，仅供参考。

电气工程实践训练实验装置 No.:_____

| 3PA 5 | 2PA 4 | 1PA 3 | PW 2 | PR 1 |

| 5PA 10 | PF 9 | 4PA 8 | 2PV 7 | 1PV 6 |

| | 8PA 13 | 7PA 12 | 6PA 11 |

HRd ⊗17 HGn ⊗16 1HRd ⊗15 1HGn ⊗14

| 1HL 21 | 2HL 20 | 3HL 19 | 4HL 18 |

| SA ◇26 | SAT ◇25 | Qc ◇24 | Qd ◇23 | QL ◇22 |

| 1SB ◎32 | 1SR ◎31 | 2SB ◎30 | 2SR ◎29 | SB ◎28 | SR ◎27 |

| 1KA 38 | 2KA 37 | 3KA 36 | 4KA 35 | 5KA 34 | 6KA 33 |

| 2KT 44 | 1KT 43 | KOU 42 | KJL 41 | KCP 40 | KTP 39 |

| 1KAI 50 | 2KAI 49 | 1KC 48 | 2KC 47 | 3KC 46 | KVL 45 |

| 1KS 55 | 2KS 54 | 3KS 53 | | 3KT 52 | 4KT 51 |

| 1XB 58 | 2XB 57 | 3XB 56 |

设 备 明 细 表

序号	符号	名 称	型号规格	数量	备注
1	PR	无功功率表	42L6-var,10kV,500A	1	
2	PW	有功功率表	42L6-W,10kV,500A	1	
3,4,5,8	1~4PA	交流电流表	42L6-A,500/5A	4	
6	1PV	交流电压表	42L6-V,10kV/100V	1	
7	2PV	直流电压表	42C6-V,0~250V	1	
9	PF	频率表	42L6-Hz,100V	1	
10,11,12,13	5~8PA	交流电流表	42L6-A,0~500mA	4	
14,16	1HG,HG	绿色信号灯	ZSD-38,DC220V	2	
15,17	1HR,HR	红色信号灯	ZSD-38,DC220V	2	
18~21	1~4HL	光字牌	XD-10,DC220V	4	
22,23	Qd,QL	转换开关	LW5-16.D/1	1	
24	Qc	转换开关	LW5-16.D0406/2	1	
25	SAT	控制开关	LW5-16.D----/4	1	见触点图
26	SA	控制开关	LW2-Z-1a,46a40,20/F8	1	
27,29,31	1,2SR,SR	复归按钮	LAY39B-11BN	3	绿色
28,30,32	1,2SB,SB	试验按钮	LAY39B-11BN	3	红色
33~38	1~6KA	电流继电器	DL-31/10	6	
39,40 46~48	KTP,KCP 1~3KC	中间继电器	DZY-202,DC220V	5	
43,44,51,52	1~4KT	时间继电器	DS-32,DC220V	4	
41	KJL	防跳继电器	DZB-213,DC220V	1	
42	KOU	保护出口继电器	DZB-226,DC220V	1	
45	KVL	闪光继电器	DX-1,DC220V	1	
49,50	1,2KAI	冲击继电器	CJ2,DC220V	2	
53~55	1~3KS	信号继电器	DX-31A/0.015	3	
56~58	1~3XB	连接片	JL1-2.5/2	52	

电气工程实践训练基地

设计		实验装置屏面布置图
校对		
审核	日期	图号

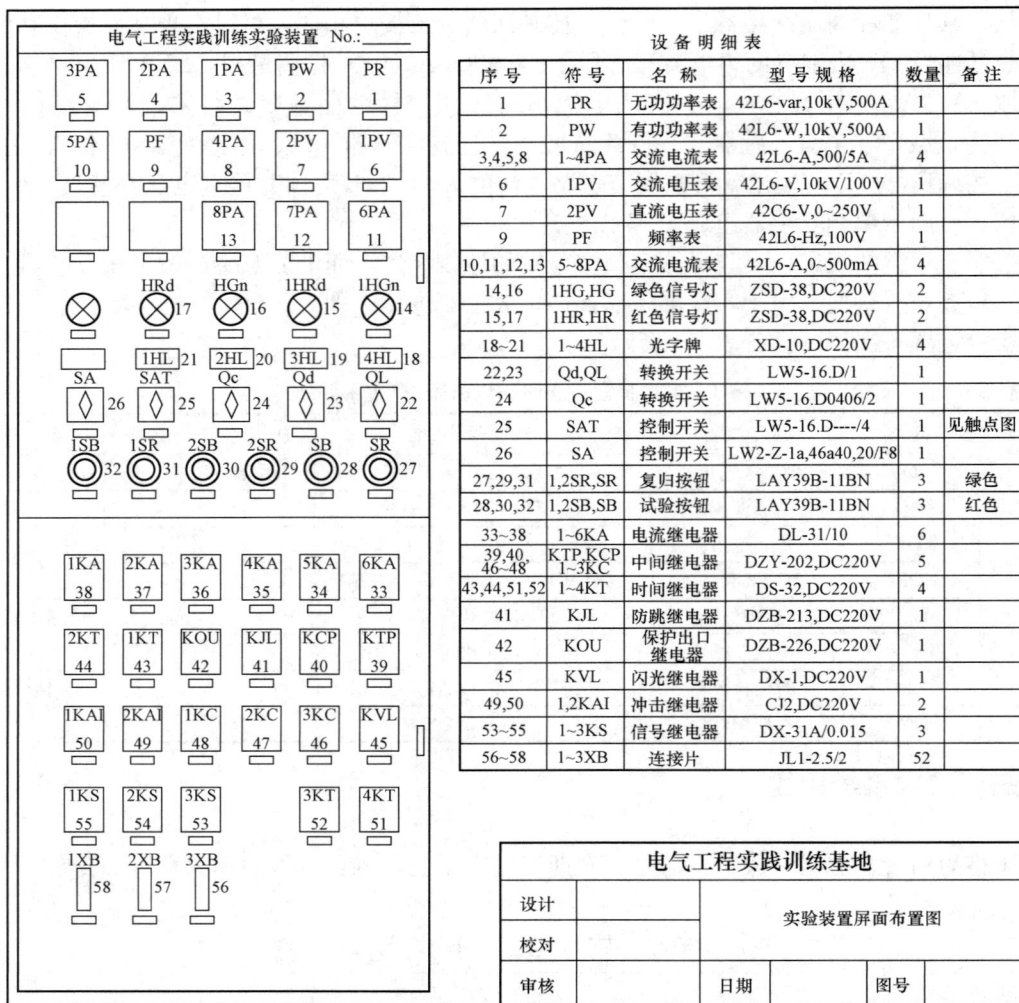

图 2-2 实验装置屏面布置参考图及相应的设备表

应当指出，上述实验装置的布置只是在控制、保护、测量实验中采用，实际上实验装置是开放性的，可以扩充各种实验，如果位置不够，这时可以将用不到的设备拆卸下来，换上当前实验所用的设备。例如，做电力系统中性点接地方式实验时，就需装上三只单相电压互感器接成星形（与不完全三角形的互感器变比不同），以及电抗器、电容器等。

第三节 直 流 电 源

发电厂变电站中的控制、信号、继电保护、计算机监控、自动装置和断路器操作等都需要可靠稳定的工作电源供电，一般都采用蓄电池组直流电源。在实验室进行工程实践训练可以采用整流直流电源。

整流直流电源屏的接线如图 2-3 所示。直流电源分为断路器的合闸电源和操作信号电

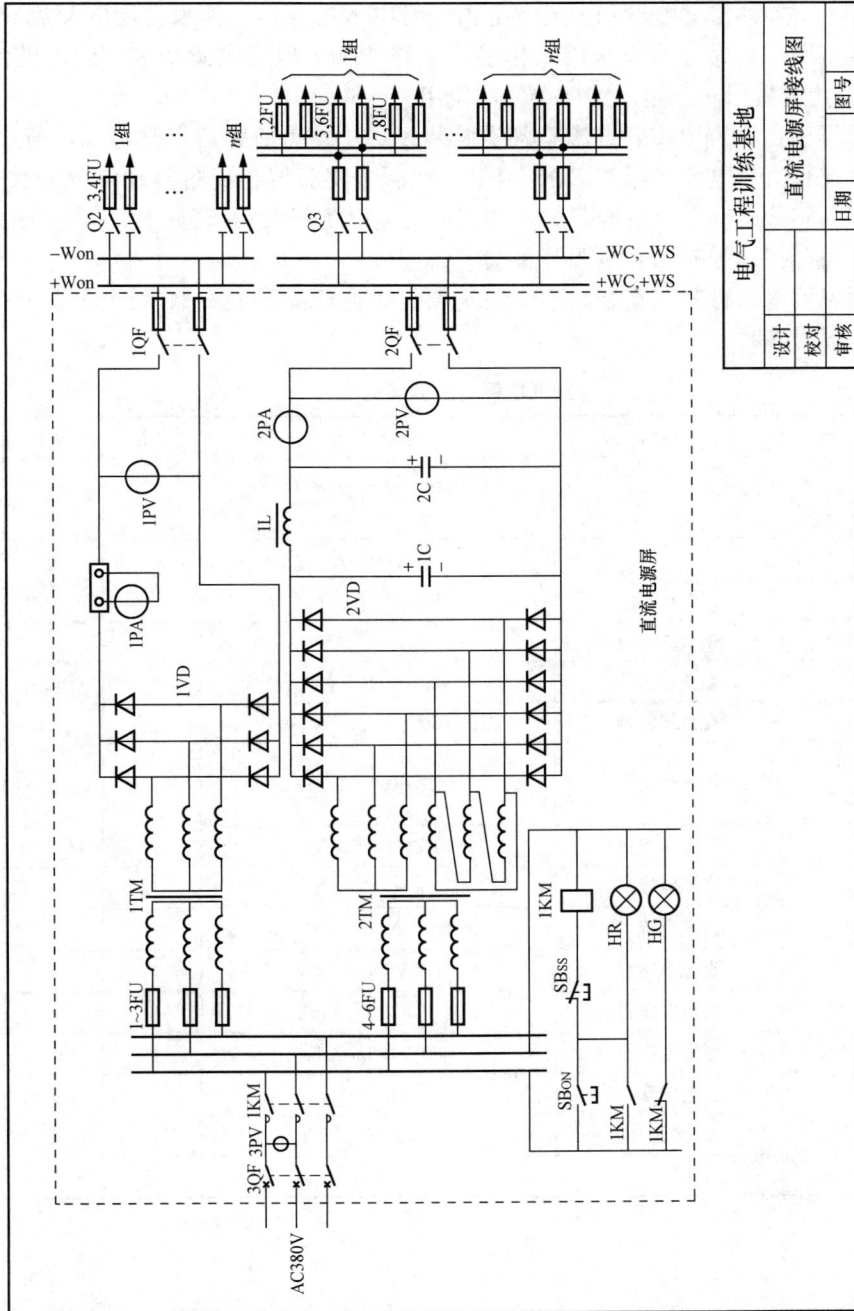

图 2 - 3　整流直流电源屏接线图

源，两部分各有独立的整流电路，整流电源的电压是有一定脉动的，含有交流成分，对于断路器的合闸电源±Won，并不影响断路器的合闸，故经整流变压器 1TM 降压隔离后，采用三相桥式不可控整流电路。对于操作信号电源（±WC，±WS）则要求直流电压比较平直，因为二次设备中，如冲击继电器和闪光继电器因有电解电容器，如果电压的交流成分较大，就会使继电器工作不正常。所以采用六相整流电路并加装电容电感滤波，同时整流变压器 2TM 要有分别接成星形和三角形的两个二次绕组。

直流电源屏引出两路 220V 直流至各实验装置：一路为断路器合闸电源，通过 1QF 引出；另一路为控制信号电源，通过 2QF 引出，然后各实验屏再通过自动空气开关 Q2、Q3 引入。所以每一实验组有三个电源开关，即三相交流电源开关 Q1（见图 2-1）；断路器合闸电源开关 Q2（直流）；控制信号电源开关 Q3（直流）。

直流电源屏可以自行制造安装，不必一定要订工业产品。表 2-2 列出了直流电源屏主要设备，供制屏时参考。

表 2-2 直流电源屏主要设备表

序号	符号	名 称	型 号 规 格	单位	数量	备 注
1	1TM	三相变压器	SG-5，5kV·A，Yy 380V/170V	台	1	干式
2	2TM	三相变压器	SG-3，3kV·A，Yyd 380V/170/170V	台	1	干式
3	1VD	整流二极管	50A，1600V	只	6	
4	2VD	整流二极管	20A，1600V	只	12	
5	1KM	交流接触器	CJ20-100，100A，AC380V	台	1	
6	1QF 3QF	塑壳断路器	DZ20-100，100A	台	2	
7	2QF	塑壳断路器	DZ5-20，20A	台	1	
8	1PA	直流电流表	42C3-A，0～100A	只	1	带分流器
9	2PA	直流电流表	42C3-A，0～20A	只	1	
10	1PV，2PV	直流电压表	42C3-V，0～250V	只	2	
11	3PV	交流电压表	42L6-V，0～450V	只	1	
12	1C，2C	电解电容器	450V，2200μF	只	2	
13	L	电抗器	自制	台	1	
14	SB	按钮		只	2	
15	HR，HG	信号灯		只	2	

第三章 电气工程实践训练基础

第一节 二次接线图

表示二次设备连接的电气接线图，称为二次接线图。二次接线图分为集中式原理图、展开式原理图和安装接线图三类。展开式原理图是设计、施工和运行中用得最为广泛的二次接线图，从事电气工作的人员必须掌握。

一、展开式原理图

1. 展开式原理图的规则

展开式原理图的绘制有一定的规则，只有了解这些规则和特点，才能很好地掌握展开式原理图。展开式原理图的规则和特点有以下几点。

（1）二次设备按统一规定的图形符号和文字符号绘制。常用设备的新标准图形符号及文字符号见附录A。

（2）按供给二次设备的各个独立电源划分回路，各回路在图上分开表示。交流回路以电流互感器或电压互感器的一个二次绕组作为独立电源；直流回路以每组熔断器后引出作为独立电源。各种回路说明如下：

$$
独立回路
\begin{cases}
交流回路
\begin{cases}
交流电流回路：保护、测量、自动装置等 \\
交流电压回路：保护、测量、自动装置、同期等
\end{cases} \\
直流回路
\begin{cases}
操作回路：断路器、隔离开关、灭磁开关、机组等 \\
信号回路：位置、故障、预告、指挥信号等 \\
保护回路：发电机、变压器、线路、母线保护等
\end{cases}
\end{cases}
$$

（3）继电器和接触器的线圈和触点、仪表的电流和电压线圈、控制开关的各对触点、断路器和隔离开关的各个辅助触点，都分开画在所属的回路中，但同一设备的文字符号必须相同。

（4）二次设备的连接次序从左到右，动作顺序从上到下，接线图的右侧有相应的文字说明。

（5）开关电器的触点采用开关断开时的状态，继电器的触点采用线圈不通电时的状态（即不带电表示法）。必须注意，继电器的线圈通电以后，并不一定就会改变线圈不通电时触点的状态，只有通过继电器线圈的电流（或所加的电压）超过其整定值而使继电器动作时，触点的状态才会转换。

（6）二次设备之间的连接按等电位原则和规定的数字进行标号。所谓等电位原则就是连接于同一等电位点的导线只编一个号。

（7）继电器、接触器的线圈和触点不在同一张图上时，要注明引来或引出处。

2. 展开式原理图回路标号

在展开式原理图中，为了便于了解该回路的用途和性质，以及根据编号进行正确的连接，以便于安装、施工、运行和检修，对各个回路要进行标号。

（1）直流回路标号。直流正极回路的线段按奇数顺序标号，负极回路按偶数顺序标号，回路经过主要的压降元件（如线圈、电阻、电容等）后，即改变其电压的极性，回路的标号亦随之改变。直流回路的数字标号见附表 A‑9。

为了便于安装和运行，对某些主要回路，常给予固定的数字标号。例如，断路器的跳闸回路用 33、133、233；合闸回路用 3、103、203 等。

（2）交流回路标号。交流回路的数字标号见附表 A‑8。标号除了数字以外，在数字前面还加有表示相别的文字 A、B、C、N（中性线）、L（零序）等。交流电流回路使用的数字范围是 400～599；交流电压回路使用的数字范围是 600～799，它们都以十位数字为一组。回路使用的标号组应与互感器文字符号的数字序号相对应。例如，2TA 电流互感器 A 相回路标号应为 A421～A429，3TV 电压互感器 A 相回路标号应为 A631～A639。

（3）小母线的标号。为了使二次回路清晰和便于接线，提高回路的可靠性，设置了各种小母线，它们一般敷设在二次屏顶部。小母线分为直流小母线和交流小母线两类，每一类按用途又分为多种。小母线的标号见附表 A‑10。

3. 展开式原理图举例

为了理解上述展开式原理图的规则和特点，现举出 10kV 线路保护和测量的展开式原理图的例子。图 3‑1 中，WC 为控制回路电源小母线，WS 为信号回路电源小母线，Won 为合闸小母线，WFA 为故障音响信号小母线，WVB 为电压小母线。

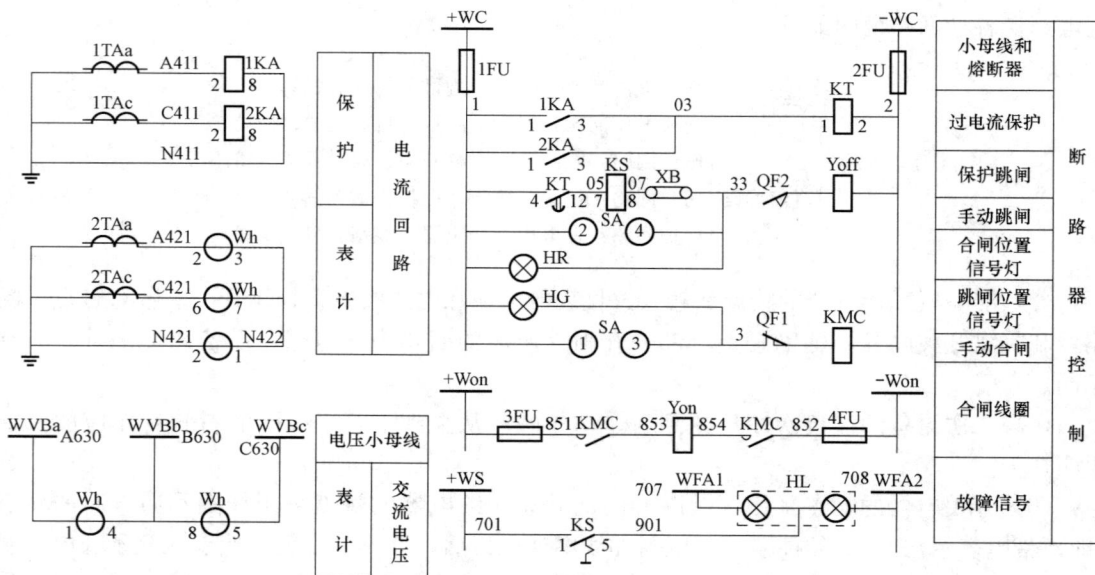

图 3‑1　10kV 线路保护和测量展开式原理图

现以 10kV 线路保护接线为例加以说明。先要了解设备在正常运行时的状态：断路器 QF 合闸，其辅助触点 QF2 通，QF1 断，红灯 HR 亮，绿灯 HG 灭，各继电器（电流、时间、信号）都不动作。

当线路产生短路后，要按照设备状态改变的因果关系顺序阅图，以了解保护的动作过程：

线路短路→1KA、2KA 线圈反应短路电流而动作→1KA、2KA 触点闭合→KT 线圈通电而动作→KT 触点延时闭合→（1）、（2）。

（1）KS 线圈通电而动作→KS 掉牌，触点闭合→光字牌 HL 亮→WFA1、WFA2 带电→发故障音响（通过中央信号装置）。

（2）Yoff 线圈通电→QF 跳闸→$\begin{cases} \text{QF2 断、QF1 通→红灯灭，绿灯亮。} \\ \text{短路切除→继电器 1KA、2KA、KT 返回。} \end{cases}$

二、安装接线图

安装接线图是二次接线的主要施工图，也是提供厂家制造二次屏的图纸。施工图经过施工和试运行检验并加以修正后，就成为对二次回路进行维护、试验和检修的基本图纸。

安装接线图包括屏面布置图、端子接线图、屏后接线图和二次设备现场安装接线图。在作出展开式原理图后，根据选用的设备，作出屏内设备的屏面布置图，然后再按屏作出端子接线图，厂家根据原理图、屏面布置图和端子接线图作出屏后接线图，即可制作屏柜。

1. 屏面布置图

屏面布置图用来表明屏上二次设备的排列位置和相互间的距离尺寸，并表明制作此屏有关的图纸和设备，它是制作屏的总图。一块屏可以布置一个或多个安装单位的设备，每个安装单位一般按纵向分开，屏上元件应注明其所属安装单位和设备的顺序号。所谓安装单位，即是根据所属一次回路来划分，或者根据不同用途的二次回路来划分。不同安装单位的设备装在一块屏上，应该用罗马数字Ⅰ、Ⅱ、Ⅲ…区别开。二次屏有多种型式可供选用。

（1）控制台屏面布置。目前，发电厂、变电站大多不再设单独的控制屏，而是设置集中控制台。集中控制台分直立部分和平面部分，前者布置仪表和光字牌，后者布置控制开关、信号灯、按钮等。屏面设备布置要求清晰、整齐，便于操作监视和检修。

控制台屏面布置图例如图 3-2 所示。

（2）保护屏屏面布置。保护屏设备布置的顺序是：上部是继电器，下面依次是信号继电器、连接片、试验盒等。布置要求紧凑并便于观察、调试和检修。保护屏屏面布置图如图 3-3 所示。

2. 屏后接线图

二次屏的设备大多装置在屏的正面，设备的接线柱在屏后，接线是在屏后进行的，故称为屏后接线图，它是屏的背视图。图上设备的相对位置应与屏面布置图一致。

（1）二次设备的表示方法。在屏后接线图上，要把二次设备的图形画出，在图形上应表示出设备的内部接线和接线柱号，图形左上方有设备的各种标号，它应和展开式原理图、屏面布置图的标号一致。二次设备在屏后图上的表示方法如图 3-4 所示。

（2）二次设备连接的表示方法——相对编号法。在安装接线图上，设备间的连接不画出直接连线图，而是广泛采用"相对编号法"，这一方法就是：如甲、乙两个接线端子要用导线连接起来，就在甲端子上标上乙端子的编号；而在乙端子上标上甲端子的编号，因为编号是互相对应的，故称为相对编号法。

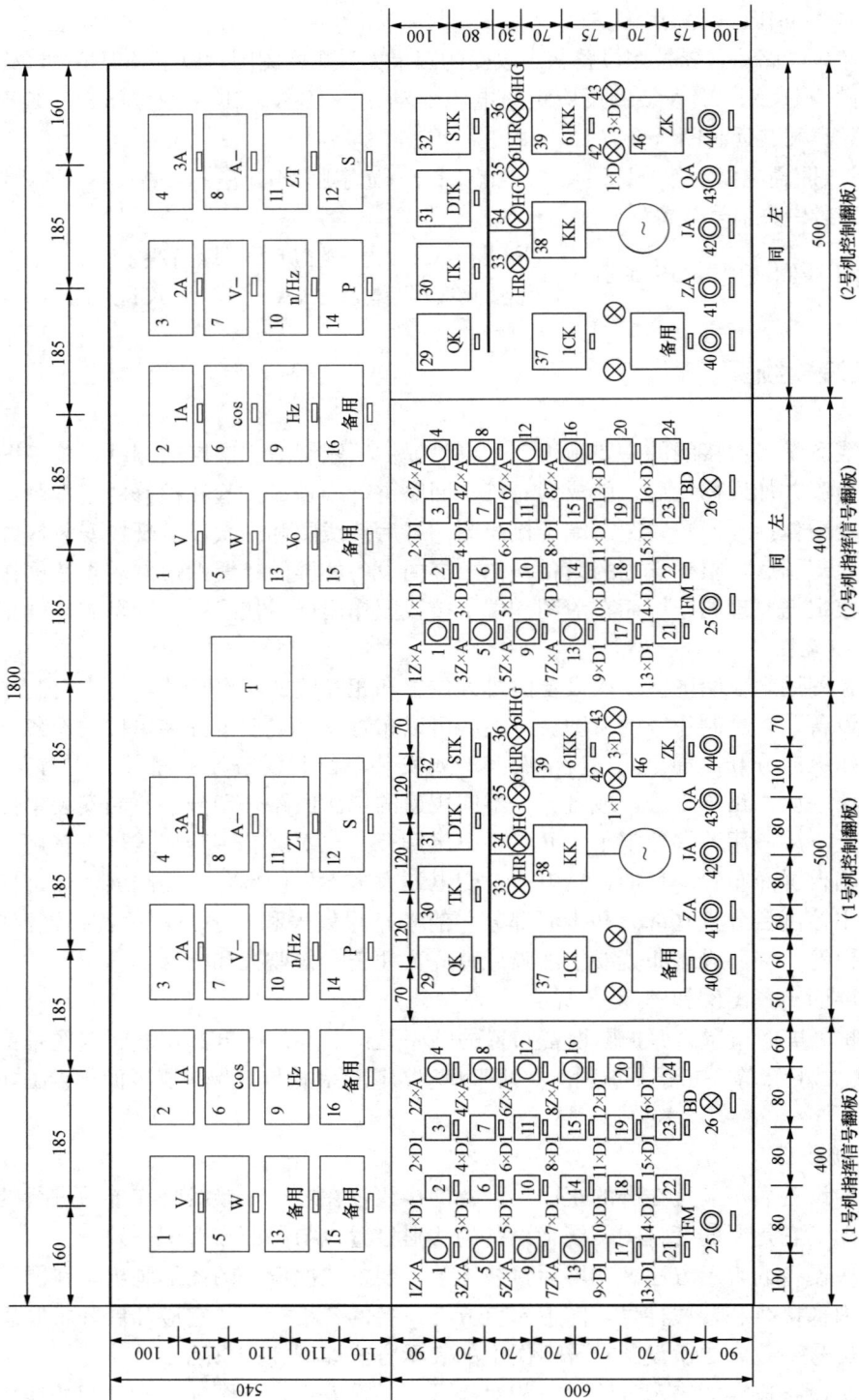

图 3-2 控制台屏面布置图

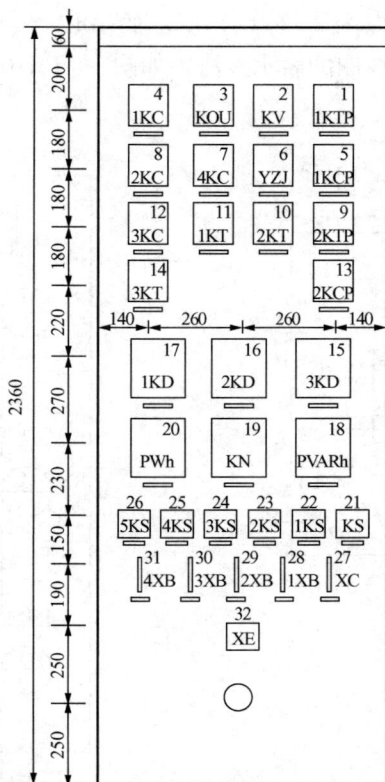

图 3-3 保护屏屏面布置图

图 3-5 表示了用相对编号法表示设备的连接。在屏内安装配线时，相对编号的数字写于（或打印）套在导线端部的号码套管上，以便于运行检修时进行查找。

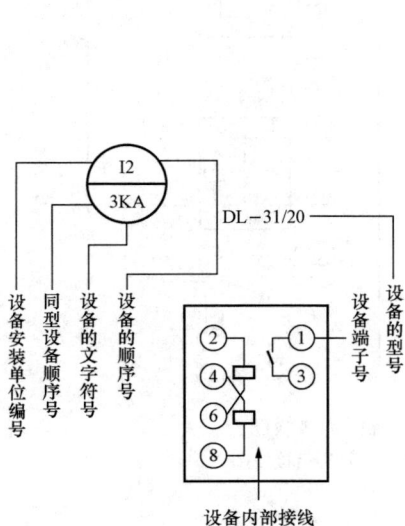

图 3-4 二次设备在屏后图上的表示方法

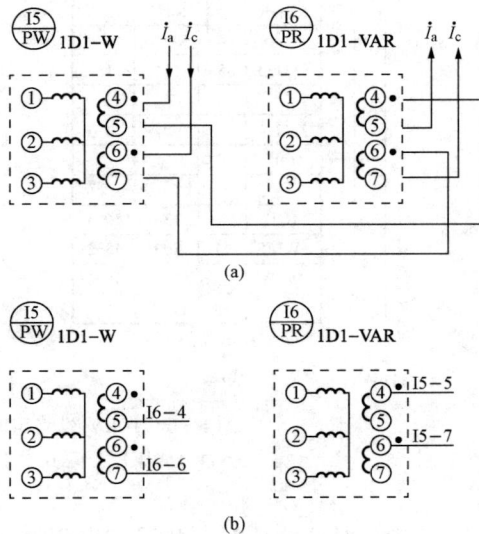

图 3-5 用相对编号法表示设备的连接
（a）实际连线图；（b）相对编号法连接图

19

（3）安装接线图举例。现以图3-6（a）所示的10kV线路定时限过电流保护展开图为例，说明端子接线图和屏后接线图的表示方法，如图3-6（b）、（c）所示。引至端子排的控制电缆应该进行编号。

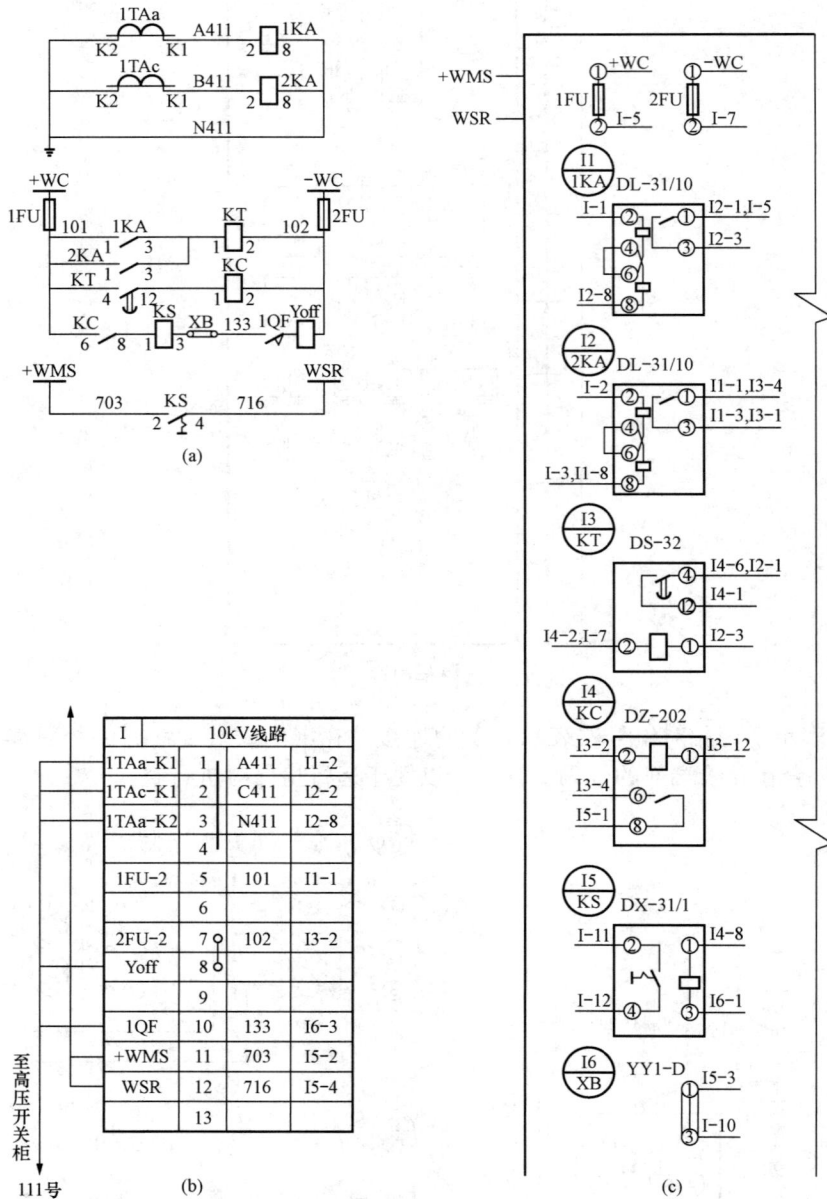

图3-6 10kV线路定时限过电流保护接线图
（a）展开式原理图；（b）端子接线图；（c）屏后接线图

图3-6中，从10kV配电装置的电流互感器1TA处经111号电缆引来三根芯线（回路编号为A411、C411、N411）通过1~3号试验端子，分别与屏上的1KA、2KA的接线柱号②、⑧连接。例如，端子排1号端子与1KA的②号接线柱相连，用相对编号法在1

号端子上标上 I1-2（或 1KA-2），表示接到 1KA 的②号接线柱上；而在 1KA 的②号接线柱上标上 I-1，表示接到安装单位 I 的 1 号端子。正、负控制电源，从屏顶小母线±WC 的熔断器 1FU 和 2FU 引到 5、7 号端子（回路编号 101、102），这两个端子分别与屏上 1KA 的接线柱①、KC 的接线柱②连接。信号回路从屏顶小母线＋WMS 和 WSR 引至 11、12 号端子（回路编号是 703、716），这两个端子分别与屏上 KS 的接线柱②、④连接。断路器的辅助触点 1QF 的正电源和跳闸线圈 Yoff 的负电源，由 10 号和 8 号端子经 111 号电缆引至 10kV 配电装置。屏上各设备之间的连接也应用相对编号法表示，例如，1KA 和 2KA 的③号接线柱要连接，就在 1KA 的接线柱③标上 I2-3，而在 2KA 的接线柱③标上 I1-3。

当一幅图上的全部二次设备都属于同一个安装单位时，例如发电机保护屏就是如此。为了简化，在屏后接线图和端子接线图的标号中，也可以不标出安装单位编号"I"（如 I1-2 写成 1-2；I-5 写成 5），当同一屏台上有两个及以上安装单位设备时，一定要标出安装单位编号。

需要指出，电流（或电压）继电器内部有两个线圈，根据整定值需要可以接成串联或并联。接成串联时，继电器 4、6 端用连接片或导线短接，从 2、8 端引出；接成并联时，继电器 2、4 端和 6、8 端分别短接，也是从 2、8 端引出。如果不短接，继电器将不起作用，并且会引起电流互感器二次侧开路的严重后果。

3. 端子接线图

（1）需经端子排连接的回路。接线端子是二次回路接线不可缺少的部件，它使接线清晰，连接方便，便于试验和检修。在进行设备的连接时，屏内同一安装单位设备的连线不需经过端子排，需经端子排进行连接的回路是：

1）屏内设备和屏外设备的连接。

2）屏内设备和小母线的连接。

3）屏内设备和接于小母线的设备（电阻、熔断器、小开关）的连接。

4）屏内各安装单位之间的连接。

5）转接回路。

（2）端子排的表示方法。在端子接线图中，端子排可采用四格或三格表示法，除其中一格写入端子的序号及表示其型式外，其余的格需要表明设备的符号及回路编号。图 3-7 为屏右侧端子排的四格表示法，如将左起第三格和第四格的内容合写在一格中，即为三格表示法。

（3）端子排排列的原则。为便于运行、检修和调试，端子排一般应按下列原则排列。

1）当同一块屏上有几个安装单位时，每一安装单位应有独立的端子排。它们的排列应与屏面布置相配合，最后留 2~5 个端子作备用，在端子排的两端应装终端端子。

2）端子型式的选用，要根据具体情况决定。一般来说，交流电流回路应经试验端子；运行中需要很方便断开的回路，应经特殊端子或试验端子。

3）正、负电源之间，合闸和跳闸回路之间的端子排不应挨近，需用一个空端子隔开。

4）一个端子的每一个接线螺钉，一般只接一根导线，特殊情况下，最多可接两根导线。

5）端子排的排列顺序应考虑屏面布置的实际情况，一般自上而下按下列顺序排列。

① 交流电流回路：按每组电流互感器标号数字大小排列，再按相别 A、B、C、N 排列。

至小母线或电阻

××屏上的端子排（右侧）

安装单位名称
安装单位编号
写设备编号

写回路编号
写设备编号

表示试验端子
表示连接型试验端子

表示一般端子
表示连接型端子

表示特殊端子
表示电缆与屏内
设备侧端子连接

表示该端子接地

表示一个端子接两根导线

表示电缆编号

表示终端端子

装于屏上的设备

1
2
3
4
5
6
7
8
9
10
11
12
13
14
15
16
17

101 130

至本屏××端子排
至××配电装置
至主控制室××屏

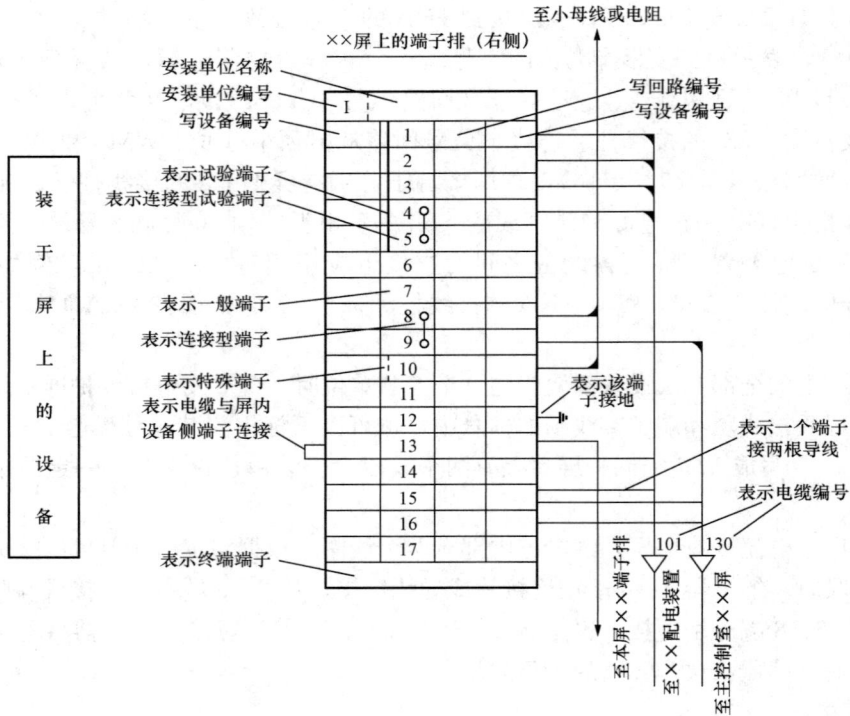

图 3-7　屏右侧端子排的四格表示法

如 A411、B411、C411、N411；A421、B421、C421、N421。

② 交流电压回路：按每组电压互感器标号数字大小排列，再按相别 A、B、C、N、L 排列。

③ 信号回路：按位置、故障、预告及指挥信号分组，每组按数字大小排列。

④ 控制回路：按每组熔断器分组。其中每组先按正极性回路（编号为奇数）由小到大排列；然后再按负极回路（编号为偶数）由大到小排列。例如，101、103、133、142、140、102；201、203、233、242、240、202······

⑤ 其他回路。

⑥ 转接回路。

思考题与习题

1. 图 3-1 中，1KA、2KA 的触点表示继电器线圈不通电时的状态（断开），如果通过正常负荷电流（通过互感器），触点状态会有什么变化吗？

2. 图 3-6（b）中，端子 1~4 右侧有一条竖线，是否表示端子之间是短接的？

3. 在安装图中，I3-5 和 I-5 各表示什么？

4. 交流电流和电压继电器为什么内部要有两个线圈？串联和并联有什么不同？

5. 根据图 3-8 所示三段式过电流保护展开接线图，在图 3-9 画出屏后接线图和端子接线图。电流继电器内部两个线圈 1KA、2KA 接成并联，3KA~6KA 接成串联。

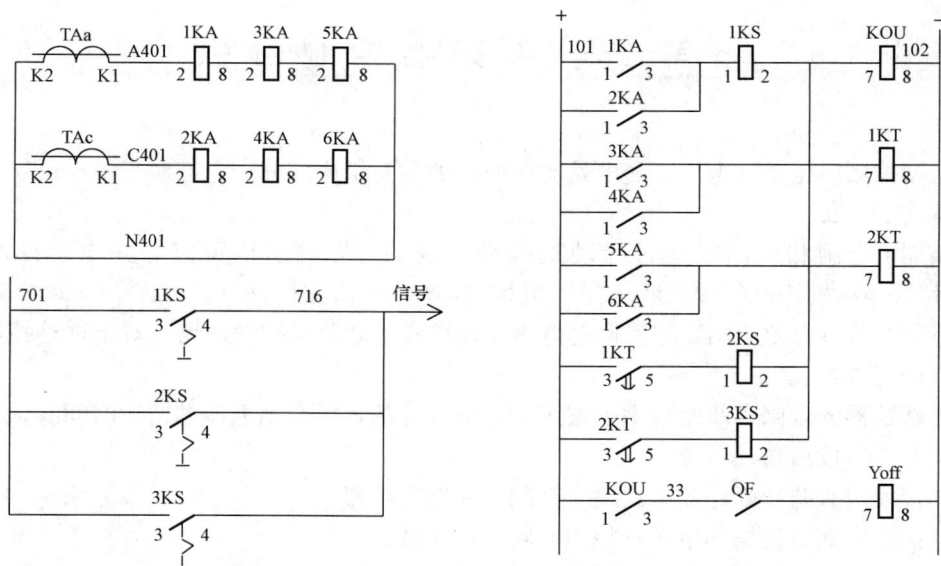

图 3-8 三段式过电流保护展开接线图

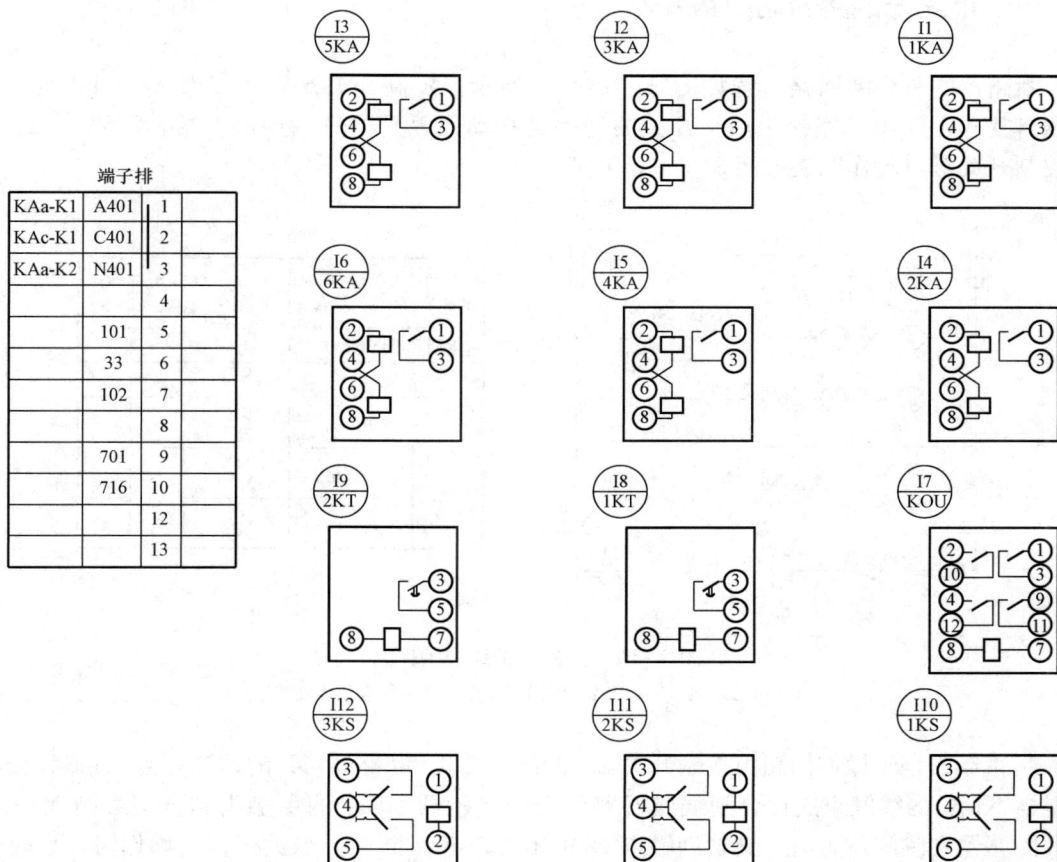

端子排		
KAa-K1	A401	1
KAc-K1	C401	2
KAa-K2	N401	3
		4
	101	5
	33	6
	102	7
		8
	701	9
	716	10
		12
		13

图 3-9 三段式过电流保护装置的图形符号和端子排

第二节 断 路 器 控 制 回 路

断路器控制回路是发电厂、变电站二次回路的重要组成部分，它们对于安全可靠地发供电有很重要的意义。

断路器的合闸和跳闸是通过操动机构来实现的。操动机构可以分为电磁操动机构（CD）、弹簧操动机构（CT）、液压操动机构（CY）、电机操动机构（CJ）、气动操动机构（CQ）等。本节只介绍应用比较普遍的电磁操动机构的断路器控制回路。对于这种控制回路应满足下列要求：

（1）断路器的合闸和跳闸线圈是按短时通电设计的，跳合闸电流的持续时间必须是短暂的，应在操作完成后自动解除。

（2）接线应有防止断路器多次跳合闸的"防跳"装置。

（3）接线应能监视操作电源和控制回路的完整性。

（4）接线应有表示断路器位置状态（合闸和跳闸）的信号。

一、断路器的跳合闸回路

断路器的跳合闸回路接线如图 3 - 10 （a） 所示。控制开关 SA 为 LW2-W-2/F6 型，W 表示自复式，即操作完松手后，开关的把手会自动回复到原来的中间位置，LW2-W-2/F6 型控制开关触点动作图表如图 3 - 10 （b） 所示。

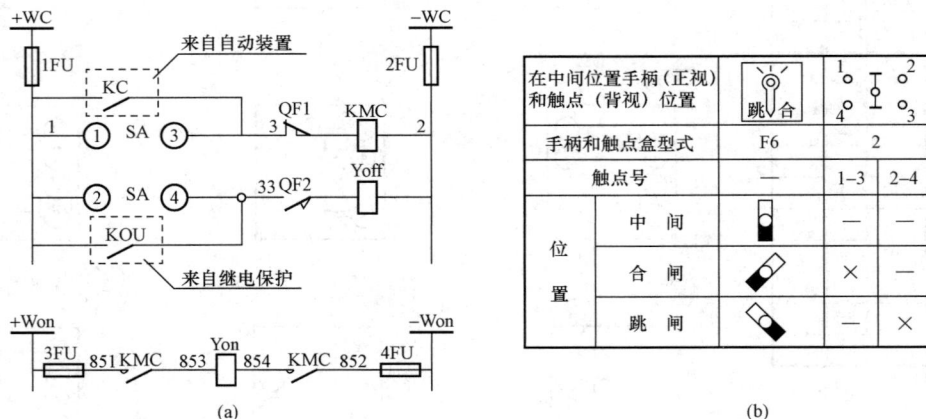

图 3 - 10 断路器的跳合闸回路
（a）接线图；（b）LW2-W-2/F6 型控制开关触点动作图表

断路器的合闸操作回路由控制开关 SA 的触点 1-3，断路器 QF 的动断触点 QF1 和合闸接触器 KMC 的线圈组成；合闸线圈回路由合闸接触器 KMC 的主触头和合闸线圈 Yon 组成。断路器在跳闸位置时，其辅助触点 QF1 闭合，QF2 断开。当进行合闸操作时，顺时针扳动控制开关 SA 的把手，其触点 SA1-3 闭合，接通了合闸操作回路：

$$+WC→1FU→SA1-3→QF1→KMC 线圈→2FU→-WC$$

使合闸接触器 KMC 的线圈通电而动作，KMC 的动合触头闭合，接通了合闸线圈回路：

$$+Won→3FU→KMC 触头→Yon 线圈→KMC 触头→4FU→-Won$$

使断路器的合闸电磁铁动作，通过机械传动机构使断路器合闸；断路器合闸后，其辅助触点 QF1、QF2 切换：QF1 断开，切断了合闸操作回路；QF2 闭合，为跳闸回路做准备。

断路器的跳闸回路由控制开关 SA 的触点 2-4、QF 的动合辅助触点 QF2 和跳闸线圈 Yoff 组成。当进行跳闸操作时，反时针扳动控制开关 SA 的把手，其触点 SA2-4 闭合，接通了跳闸回路

$$+WC→1FU→SA2-4→QF2→Yoff 线圈→2FU→-WC$$

使断路器的跳闸电磁铁动作，搭钩脱开而跳闸。与此同时，辅助触点 QF1、QF2 随之切换，断开跳闸回路，并为合闸回路的操作做好了准备。

由于断路器的合闸电流很大（直流电压 220V 时约为 10A），不能由控制小母线供电而另设合闸母线 Won，通过中间合闸接触器 KMC 来控制合闸线圈 Yon。断路器的跳闸电流小（直流电压 220V 时约为 2.5A），跳闸线圈 Yoff 可直接接到控制回路。

为了实现继电器保护的自动跳闸，保护出口继电器的触点 KOU 与跳闸回路 SA2-4 触点并联；为了实现自动装置（如自动重合闸、备用电源自动投入、自动同期）合闸，自动装置出口继电器的触点 KC 与合闸操作回路的 SA1-3 并联。

二、断路器的"防跳"装置

1. 断路器的"跳跃"

当操作控制开关 SA 使断路器合于存在永久性故障（如检修后地线未拆除）的电路时，会产生以下的过程：

SA 在合闸位置——SA1-3 通——断路器合闸——继电保护动作——
┗—（SA 把手未松开）断路器跳闸 ← 出口继电器 KOU 触点合←┛

这就会使断路器发生多次的"跳—合"，产生"跳跃"现象。SA1-3 触点卡住或自动合闸后 KC 触点粘住不返回，合于故障电路都可能发生断路器的跳跃现象。断路器的跳跃危害很大，因为断路器多次断开和接通短路电流，就可能使断路器损坏甚至引起严重故障，同时也使电力系统的正常工作受到很大的影响，所以断路器应有"防跳"措施。

断路器的防跳有机械防跳、利用跳闸线圈的辅助触点防跳、专用继电器的电气防跳等，一般都采用专用继电器的电气防跳装置。

2. 专用继电器的电气防跳

专用继电器的电气防跳回路接线如图 3-11 所示。

专用防跳继电器 KJL 有两个线圈：串接于断路器跳闸回路的电流启动线圈和并接于 KMC 线圈上的电压自保持线圈。当操作 SA 使断路器合于永久性故障电路时，其防跳原理可用下面的过程来说明：

SA 在合闸位置→SA1-3 通→断路器合闸→继电保护动作→

→{①Yoff 线圈通电→断路器跳闸
　②KJL（I）线圈通电→继电器 KJL 动作→

→ {
a. KJL1 通→KJL（U）线圈通电→继电器 KJL 自保持直至 SA1-3 断开。

b. KJL2 断→切断 KMC 线圈回路。
}

触点 KJL3 的作用是防止 KOU 触点先于 QF2 触点复归而烧坏，电阻器 R 的作用是使并接的信号继电器能可靠动作。但 KJL3 触点回路有可能引起跳闸线圈烧毁的故障，有关分析及采取的措施将在下面论述。

在图 3-11 中，继电器的触点 KJL3 的目的是：在保护动作跳闸后，当继电保护出口中间继电器的触点 KOU 先于断路器辅助触点 QF2 断开时，对触点 KOU 起保护作用。但在实际运行中，曾多次发生断路器跳闸线圈 Yoff 烧毁的故障。Yoff 线圈烧毁的原因都是由于断路器辅助触点的连杆调整不当或经多次动作后松动，当断路器跳闸时，其动合辅助触点 QF2 却未能随之断开所致。当手动跳闸时，电流通过 Yoff 使断路器跳闸的同时，防跳继电器的电流线圈 KJL（I）也通电动作，使 KJL3 闭合。而如果 QF2 不断开，继电器 KJL 就会由于 KJL3 闭合而自保持其动作状态，使 Yoff 继续通电，且因 KJL3 短接了合闸位置继电器 KCP 线圈，使 KCP 不动作，故没有任何信号使运行人员发现故障，最终导致 Yoff 线圈烧毁。

解决这一问题的措施是取消触点 KJL3 回路，但这样会失去对触点 KOU 的保护作用。为此，保护出口继电器 KOU 要改用具有电流自保持线圈的中间继电器（如 DZB-257 型），如图 3-11 中虚线框所示。

当保护跳闸时，跳闸电流的通路［＋WC→KOU 触点→KOU（I）线圈→KJL（I）线圈→QF2 触点→Yoff 线圈→2FU→— WC］，使出口继电器 KOU 的电流线圈流过跳闸电流而自保持，直至触点 QF2 断开切断跳闸电流，继电器 KOU 才返回，同样能起到保护 KOU 触点的作用。当然，如果继电保护动作使断路器跳闸后，QF2 不断开，仍然会产生 Yoff 继续通电的情况，但手动跳闸比保护跳闸的机会要多得多。当手动跳闸而 QF2 不断开时，断路器跳闸后，红灯 HR 仍点亮，运行人员很容易判断是跳闸回路没有断开，从而进行检查处理，使之恢复正常。实践证明，凡是采用这一简易措施的再没有发生过 Yoff 烧毁的故障。

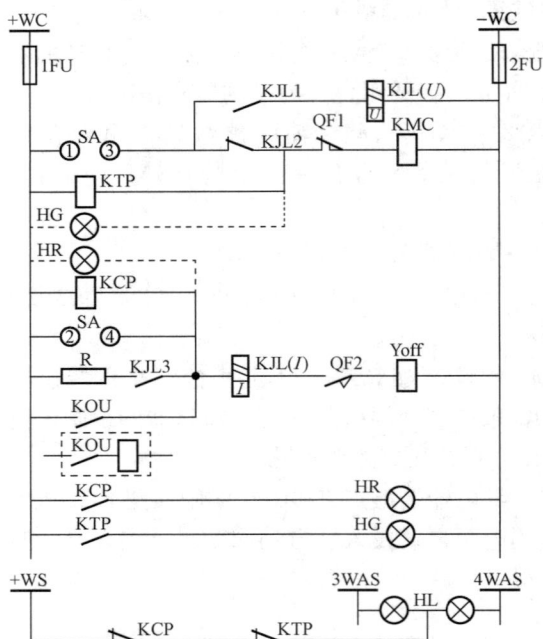

图 3-11　专用继电器的电气防跳回路接线

三、断路器控制回路的监视

断路器控制回路电源消失或跳合闸回路断线，都会危及到设备的安全运行，所以要对控制回路的完整性进行监视，以便及时发现和处理故障。一般采用灯光监视和音响监视两种接线。

1. 灯光监视的控制回路

灯光监视的控制回路接线如图 3-11 中虚线所示，在合闸回路中接入绿灯 HG，在跳闸回路中接入红灯 HR。当断路器在合闸状态时，红灯 HR 亮，表示电源和跳闸回路是完好的；当断路器在跳闸状态时，绿灯 HG 亮，表示电源和合闸回路是完好的。如果控制电源消失、操作电源熔断器熔断或控制回路断线，相应的指示灯就会熄灭。由于信号灯的电阻相对于 KMC 线圈或 Yoff 线圈的电阻大得多，不会引起 KMC 或 QF 动作。

2. 音响的监视控制回路

灯光监视的控制回路接线简单，但出现故障不易被及时发现，灯泡烧坏和控制回路故障也不能区别。对于比较重要的发电厂和变电站，常采用音响监视的回路，其接线如图 3-11 所示。在合闸回路中，接入跳闸位置继电器 KTP，在跳闸回路中接入合闸位置继电器 KCP。KTP 和 KCP 各有一对动断触点串联再与光字牌 HL 串接后连至延时预告信号小母线 3WAS、4WAS。当断路器处于合闸状态时，合闸位置继电器 KCP 动作，其动合触点闭合，红灯 HR 亮，表示电源和跳闸回路是完好的，同时 KCP 的动断触点断开，切断光字牌的信号回路；当断路器处于跳闸状态时，跳闸位置继电器 KTP 动作，其动合触点闭合，绿灯 HG 亮，表示电源和合闸回路是完好的，同时 KTP 的动断触点断开，切断光字牌的信号回路。

如果控制电源消失，在合闸状态时跳闸回路断线或在跳闸状态时合闸回路断线，位置继电器 KCP 和 KTP 都返回，使两继电器的动断触点都接通，使光字牌 HL 亮，并通过中央预告信号装置发出音响信号（电铃）。

四、具有闪光的断路器控制回路

在火电厂和容量大的重要变电站，常采用断路器位置信号灯可以闪光的控制回路。控制开关采用 LW2-Z-1a，4，6a，40，20，20/F8 型转换开关，它有六个位置，即"跳闸后""预备合闸""合闸""合闸后""预备跳闸""跳闸"。图 3-12 示出了这种转换开关的触点动作图表。

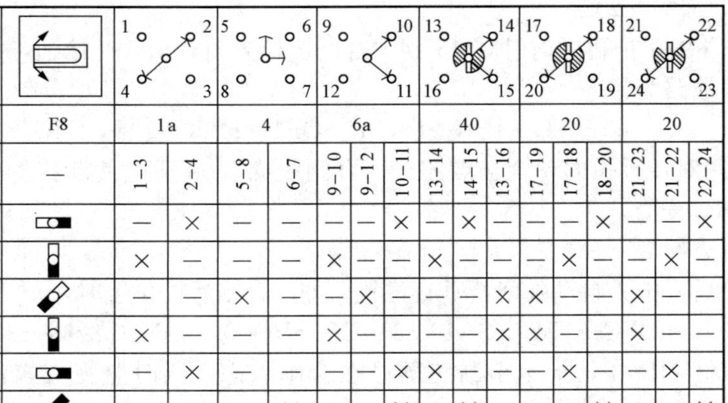

"跳闸后"位置的手柄（正面）的样式和触点盒（背面）接线图			1 ⌒ 2 / 4 ⌒ 3	5 ⌒ 6 / 8 ⌒ 7	9 ⌒ 10 / 12 ⌒ 11	13 ⌒ 14 / 16 ⌒ 15	17 ⌒ 18 / 20 ⌒ 19	21 ⌒ 22 / 24 ⌒ 23		
手柄和触点盒型式		F8	1a		4	6a	40	20	20	
触点号		—	1-3	2-4	5-8	6-7	9-10	9-12	10-11	13-14	14-15	13-16	17-19	17-18	18-20	21-23	21-22	22-24
位置	跳闸后	▭●	—	×	—	—	—	×	—	×	—	—	—	—	×	—	—	×
	预备合闸	▯	×	—	—	×	—	×	—	—	×	—	—	×	—	—	×	—
	合闸	◢	—	—	×	—	—	×	—	—	×	—	—	×	—	—	×	—
	合闸后	▯	×	—	—	×	—	×	—	—	×	—	—	×	—	—	×	—
	预备跳闸	▭●	—	×	—	—	—	×	—	×	—	—	—	—	×	—	—	×
	跳闸	◣	—	×	—	—	×	—	—	—	×	—	—	—	—	×	—	—	×

图 3-12　LW2-Z-1a，4，6a，40，20，20/F8 型转换开关触点动作图表

图 3-13 示出了具有闪光的断路器控制电路图，下面说明控制回路的动作情况。

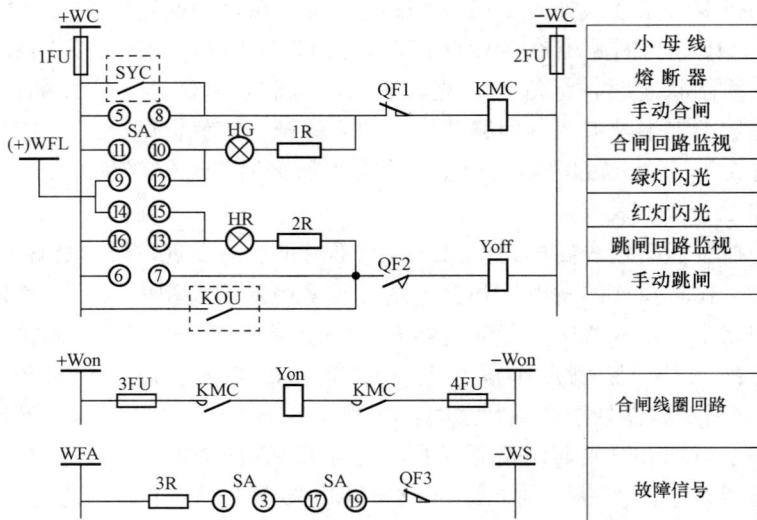

图 3-13　具有闪光的断路器控制电路图

1. "跳闸后"位置

当控制开关 SA 在"跳闸后"位置，其触点 SA11-10 通，且断路器也在跳闸状态时，QF1 触点闭合，形成了以下的通路：

$$+WC \rightarrow 1FU \rightarrow SA11\text{-}10 \rightarrow HG \rightarrow R \rightarrow QF1 \rightarrow KMC \text{ 线圈} \rightarrow 2FU \rightarrow -WC$$

此时，绿灯 HG 亮，指示出断路器在跳闸位置，并监视控制电源和合闸操作回路的完整性。

2. "预备合闸"位置

SA 把手顺时针转 90° 在"预备合闸"位置，SA9-10 接通，而动断触点 QF1 尚未断开，使闪光母线（＋）WFL 和控制母线－WC 之间形成了电流通路，即：

$$（＋）WFL \rightarrow SA9\text{-}10 \rightarrow HG \rightarrow R \rightarrow QF1 \rightarrow KMC \text{ 线圈} \rightarrow 2FU \rightarrow -WC$$

此时，接通了闪光电源，使绿灯 HG 闪光，这时可以核对确认所需合闸的断路器。

3. "合闸"位置

当 SA 的手把再顺时针转 45° 到"合闸"位置时，SA5-8 接通，HG 及 R 被短接，KMC 启动。其通路为：

$$+WC \rightarrow 1FU \rightarrow SA5\text{-}8 \rightarrow QF1 \rightarrow KMC \text{ 线圈} \rightarrow 2FU \rightarrow -WC$$

KMC 的两对带灭弧的动合触点闭合，合闸线圈 Yon 通电使断路器合闸，其辅助触点 QF1 断开，QF2 闭合。

4. "合闸后"位置

松手后，把手自动弹回至垂直位置，即"合闸后"位置时，SA16-13 接通，其通路为：

$$+WC \rightarrow 1FU \rightarrow SA16\text{-}13 \rightarrow HR \rightarrow R \rightarrow QF2 \rightarrow Yoff \text{ 线圈} \rightarrow 2FU \rightarrow -WC$$

此时，红灯 HR 亮，指示出断路器已在合闸状态，同时监视着控制电源和跳闸回路的完整性。

5. "预备跳闸"位置

SA 把手逆时针转 90° 在"预备跳闸"位置时，SA14-13 接通，其通路为：

$$（＋）WFL→SA14-13→HR→R→QF2→Yoff 线圈→2FU→－WC$$

此时，接通了闪光电源，红灯 HR 闪光，可核对跳备跳闸的断路器。

6．"跳闸"位置

将 SA 把手逆时针转 45°到"跳闸"位置时，SA6-7 接通，HR 和 R 被短接，直流电压加到 Yoff 线圈上，其通路为：

$$＋WC→1FU→SA6-7→QF2→Yoff 线圈→2FU→－WC$$

此时，跳闸线圈 Yoff 通电使断路器跳闸，辅助触点 QF2 断开，QF1 闭合。松开把手，SA 即回到"跳闸后"位置，绿灯 HGn 亮。

7．故障跳闸

由于继电保护动作，断路器故障跳闸时，SA 把手仍在"合闸后"位置，SA9-10 接通，其通路为：

$$（＋）WFL→SA9-10→HG→R→QF1→KMC 线圈→2FU→－WC$$

此时，HG 闪光，表示故障跳闸；若合闸过程中发生自动跳闸，因 SA9-10 已接通，HG 也会闪光。

故障跳闸时，还会发出故障音响信号。其通路为：

$$－WS→QF3→SA17-19→SA1-3→R→WFA→中央信号装置→＋WC$$

图 3 - 11 中 SA1-3 与 SA17-19 相串联可满足断路器在"合闸后"位置时才接通的要求，以防止 SA 在合闸操作过程中，发生由于位置不对应而引起短时的故障音响动作。当断路器在合闸后位置时，其控制开关触点 SA1-3、SA17-19 闭合，如此时继电保护动作或断路器误脱扣跳闸，断路器辅助触点 QF3 闭合，接通故障音响小母线 WFA 回路，发出故障音响信号。

值班人员处理故障时，首先停止音响信号，但保留闪光，以便在处理故障过程中知道是哪一回路发生了故障跳闸。故障处理完毕后，将 SA 把手旋转到"跳闸后"位置；SA9-10 断开，闪光便解除；同时，SA1-3、SA17-19 断开，故障信号回路又随之切断。

8．断路器自动合闸

当自动装置动作使其出口继电器动合触点 KYC 闭合时，断路器自动合闸，此时 SA 把手在"跳闸后"位置，SA14-15 接通，QF2 也是接通的，此时的通路为：

$$（＋）WFL→SA14-15→HR→R→QF2→Yoff 线圈→2FU→－WC$$

这时 HR 闪光，发出自动合闸信号。将 SA 把手旋转到"合闸后"位置，SA14-15 断开，闪光即解除。

由上述说明可知，当断路器的状态和控制开关的位置不对应时，信号灯即被接通到闪光母线（＋）WFL 上，并发出闪光，闪光装置由闪光继电器构成。上述控制回路可以加装防跳装置，也可以改为音响监视的控制回路。

五、综合自动化变电站断路器控制回路

在发电厂和变电站中，计算机监控已取代常规控制系统成为技术发展的主流。实际应用中综合自动化变电站比较典型的弹簧储能断路器控制回路接线图如图 3 - 14 所示，断路器采用弹簧储能操动机构。这种接线和前面的常规具有闪光的断路器控制回路接线（见图 3 - 13）有所不同，不设置预跳、预合闪光信号，采用了合闸后状态继电器 KKJ，减少了转换开关

触点，接线简化。

1. 就地操作

控制开关 SA 为 LW21 型，它有五个位置，其触点动作图表如图 3-14 所示。

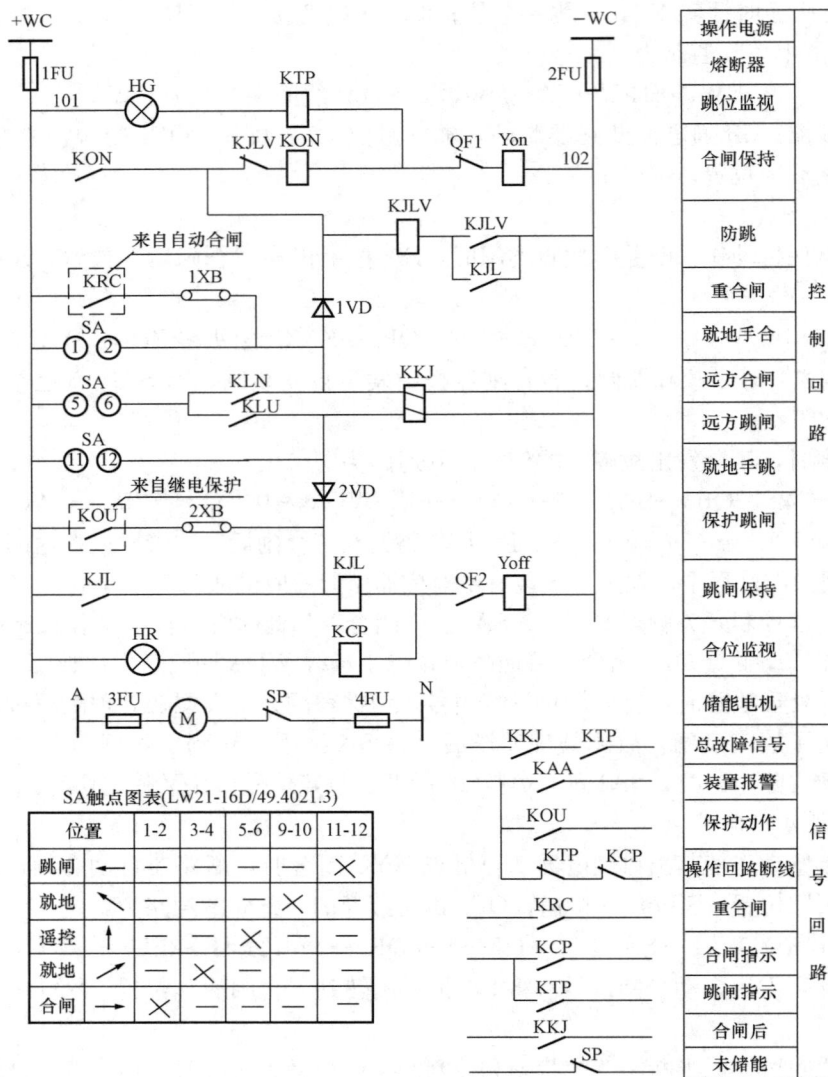

SA触点图表(LW21-16D/49.4021.3)

位置	1-2	3-4	5-6	9-10	11-12
跳闸 ←	—	—	—	—	×
就地 ↘	—	—	—	×	—
遥控 ↑	—	—	×	—	—
就地 ↗	—	×	—	—	—
合闸 →	×	—	—	—	—

右侧表格（控制回路/信号回路）：

操作电源	
熔断器	
跳位监视	
合闸保持	
防跳	控制回路
重合闸	
就地手合	
远方合闸	
远方跳闸	
就地手跳	
保护跳闸	
跳闸保持	
合位监视	
储能电机	
总故障信号	
装置报警	
保护动作	信号回路
操作回路断线	
重合闸	
合闸指示	
跳闸指示	
合闸后	
未储能	

图 3-14　弹簧储能断路器控制回路接线图

（1）断路器合闸。断路器在跳闸位置时，其辅助触点 QF1 闭合，QF2 断开。当进行合闸操作时，先将 SA 把手放在右 45°"就地"位置，SA3-4 闭合，可向上位机发位置信号，再将 SA 把手顺时针扳动 45°到"合闸"位置，其触点 SA1-2 闭合，接通了合闸操作回路

＋WC→1FU→SA1-2→1D→KJLV 触点→KON 线圈→QF1→Yon 线圈→2FU→－WC

使断路器释能合闸，同时合闸保持继电器 KON 动作并自保持（这是常规控制没有的），断路器合闸后，其辅助触点 QF1、QF2 切换：QF1 断开，切断了合闸操作回路，也解除了 KON 的自保持；QF2 闭合，准备了跳闸回路。SA 在这一位置是自复的，松手后又回到就

地位置。

（2）断路器跳闸。当进行跳闸操作时，先将 SA 把手放在左 45°"就地"位置，SA9-10 通，可向上位机发位置信号，再将 SA 把手反时针扳动 45°到"跳闸"位置，其触点 SA11-12 闭合，接通了跳闸回路

$$+WC \rightarrow 1FU \rightarrow SA11-12 \rightarrow 2D \rightarrow KJL 线圈 \rightarrow QF2 \rightarrow Yoff 线圈 \rightarrow 2FU \rightarrow -WC$$

使断路器 Yoff 线圈通电跳闸，同时跳闸保持继电器 KJL 动作并自保持；断路器跳闸后，辅助触点 QF1、QF2 随之切换，断开跳闸回路，解除了 KJL 的自保持，并为合闸回路的操作做好了准备。断路器跳闸后，行程开关 SP 触点闭合，接通了储能电机的交流电源，使储能电机转动储能，储能完成后 SP 触点断开。

为了实现继电保护的自动跳闸，保护出口继电器的触点 KOU 与跳闸回路 SA11-12 触点并联；为了实现自动装置（如自动重合闸、备用电源自动投入、自动同期）合闸，自动装置出口继电器的触点 KRC 与合闸操作回路的 SA1-2 并联。

2. 远方操作

（1）遥合：将 SA 把手放在垂直的"远控"位置，当站内计算机或上级调度发出合闸命令时，出口继电器 KLN 的触点闭合，接通了合闸回路。

（2）遥跳：SA 把手仍放在垂直的"远控"位置，当站内计算机或上级调度发出跳闸命令时，出口继电器 KLU 的触点闭合，接通了跳闸回路。

3. 自动操作

（1）自动跳闸：当发生故障继电保护装置动作时，其出口继电器 KOU 触点闭合，接通了跳闸回路。

（2）自动合闸：当自动重合闸装置（或备用电源自动投入装置、自动同期装置）动作时，其出口继电器 KRC 触点闭合，接通了合闸回路。

4. 防跳回路

综合自动化系统断路器控制的防跳回路，一般不采用图 3-11 的双线圈防跳继电器，而是利用跳闸保持继电器 KJL（电流型）和防跳继电器 KJLV（电压型）组成，如图 3-14 所示。当手动合闸于永久性故障时，保护动作跳闸使 KJL 动作，KJL 动合触点闭合。如果 SA 未松手返回，则 KJLV 动作并自保持，同时其动断触点断开，切断合闸回路。

5. 合闸后位置

在图 3-13 的常规控制中，"合闸后"位置是由控制开关 SA 来反映的；而综合自动化系统断路器控制中，SA 并没有"合闸后"位置，"合闸后"位置是由合后状态继电器 KKJ 反映的。KKJ 是一种双位置继电器，有启动线圈和返回线圈。启动线圈接合闸操作回路，当发出合闸脉冲（就地、遥合、重合）时，KKJ 动作，其动合触点闭合，合闸完成合闸脉冲消失后，KKJ 继续保持动作状态，故 KKJ 能反映"合闸后"的位置。KKJ 返回线圈接跳闸操作回路，当发出跳闸脉冲（就地、遥跳）时，KKJ 返回，其动合触点断开。

6. 信号回路

与断路器控制有关的信号如图 3-14 所示。

（1）总故障信号：由合后状态继电器 KKJ 和跳闸位置继电器 KTP 动合触点串联而成，当发生故障某种保护动作使断路器跳闸时，KTP 触点闭合，接通总故障信号回路，点亮信号灯并发故障音响，屏幕上指明什么保护动作。

（2）操作回路断线信号：用来监视断路器跳、合闸回路和控制电源是否完好。分别采用合闸位置继电器 KCP 和跳闸位置继电器 KTP 各一对动断触点串联，操作回路故障时，发"操作回路断线"告警信号。

（3）装置报警：综合自动化系统有很多报警事件（如电压互感器断线、过负荷、跳合闸失败等），当发生报警事件时，报警继电器 KAA 动作使其动合触点闭合，发报警信号，点亮信号灯，屏幕上指明具体的告警事件。

（4）保护动作：保护动作时发信号，并会具体指出断路器所控制的设备（或线路）什么保护动作。

（5）跳合闸位置信号：分别用 KCP 和 KTP 动合触点表示断路器的位置，点亮指示灯。

（6）储能位置：断路器机构未储能，行程开关 SP 触点闭合发信号。

思考题与习题

1. 图 3-11 中，进行操作使断路器跳闸时，KJL 是否动作？能否自保持？

2. 图 3-13 中，Yoff 线圈电阻 100Ω，红灯 HR 电阻 20Ω，R 电阻 2500Ω，±WC 为 220V，断路器在合闸状态时，流过 Yoff 线圈的电流是多少？断路器是否会跳闸？当操作 SA 使断路器跳闸时，流过 Yoff 线圈的电流又是多少？

3. 图 3-13 中，Yon 线圈电阻 2.2Ω，±Won 为 220V，当操作 SA 使断路器合闸时，流过 Yon 线圈的电流是多少？

4. 图 3-11 中，KJL(I) 和 KJL(U) 线圈哪个电阻大？

5. 断路器故障跳闸后绿灯闪光，将 SA 由"合闸后"扳到"预备跳闸"位置能解除闪光吗？

第三节 中央信号回路

在发电厂和变电站中，运行人员除了依靠电气测量仪表对设备的运行进行监视外，还需借助于各种信号装置来查看设备的状态和运行中的不正常工作情况，以便分析和判断故障的性质及其发生的地点，及时采取对策。

一、信号的分类

信号装置按用途可以分为以下四类。

1. 位置信号

位置信号用来表示开关电器和设备的状态。例如，断路器和闸门的位置状态用红、绿灯来表示。

2. 故障信号

故障信号用来在电气设备和发电机组发生故障或严重不正常情况时，及时向运行人员报警。例如，线路短路、发电机和变压器内部故障以及水力机械故障等，在造成断路器跳闸或停机时，就需要发出故障信号。这时，运行人员不仅要立刻知道发生了故障，而且要知道发生故障的地点和性质，以便及时处理故障。所以故障信号由警报音响（喇叭）和光字牌两部分组成。前者用以引起值班人员的注意，后者用以指明故障对象及性质。故障信号是由装在保护出口回路的信号继电器的动合触点来启动的，信号继电器有机械掉牌装置（或红色弹子），当通电使继电器动作后，机械掉牌能固定本身的动作状态，通过手动才能复位。这样就可以用信号继电器将所发生的故障记忆下来，便于故障的分析和统计。

3. 预告信号

预告信号用来在电气设备和发电机组发生不正常运行情况时，向运行人员报警。这些不正常运行情况一般不会立即造成设备的损坏或危及人身的安全，故可以继续运行一段时间，但应使运行人员及时了解情况并采取措施恢复正常。发电厂或变电站（除机组外）常见的不正常运行情况有：发电机过负荷，发电机转子回路一点接地，发电机轴承温度升高，发电机轴承油位异常，水轮机轴承温度升高，水轮机轴承油位异常，油压装置油压异常，剪断销剪断，冷却水中断，变压器过负荷，变压器油温升高，变压器轻瓦斯动作，自动装置动作，交流回路绝缘损坏，电压互感器二次回路断线，直流回路绝缘损坏，断路器控制回路断线，直流回路熔断器熔断等。

预告信号的构成原则与故障信号相同，也是由音响（电铃）和光字牌组成。预告信号直接由在发生不正常运行状态时反映参数变化的继电器启动。对于装有冲击继电器的预告信号装置，预告音响应有一定的延时，因为有些异常情况是瞬时性的，有些回路在切换过程中也可能误发信号，加上延时，可以避免发出音响信号。

发电厂和变电站一般只装设一套故障和预告信号装置，设在中央控制室内，故称为中央信号装置。中央信号装置有重复动作和不重复动作两种型式。所谓重复动作，是指发生一个故障在音响解除后，引起故障的原因还未消除或有关故障回路没有复归时，相继又发生了故障，仍能发出音响。发电厂和变电站一般采用重复动作的信号装置，对于小型发电厂和变电站，可以采用较简单的不重复动作的信号装置，即只有第一个故障发出音响，当第一个故障原因尚未消除时，相继出现的故障只能点亮光字牌而不发出音响。

4. 指挥信号

发电厂中的指挥信号是用以传达车间之间的操作命令的，一般用于火电厂主控制室与汽机房之间的联系。

二、用 JC-2 型冲击继电器构成的中央信号

1. 故障信号

JC-2 型冲击继电器构成的中央信号接线如图 3-15 所示。冲击继电器中有一个双线圈双位置的极化继电器 K1 和 K2。K1 或 K2 线圈中流过冲击正向电流时（即 K1 从左到右，K2 从右到左），可动衔铁的顶部被磁化，使触点动作，并保持在该位置。如果其中一个线圈中流过相反方向的电流，致使可动衔铁的极性改变，可使触点回复原状。

故障信号的动作情况说明如下：

（1）冲击继电器启动。故障信号启动回路如图 3-16 所示。当断路器故障跳闸时，故障信号小母线 WFA 经 1R、SA1-3、SA17-19、QF3 与负电源接通，正电源通过线圈 K1，电容 C 及

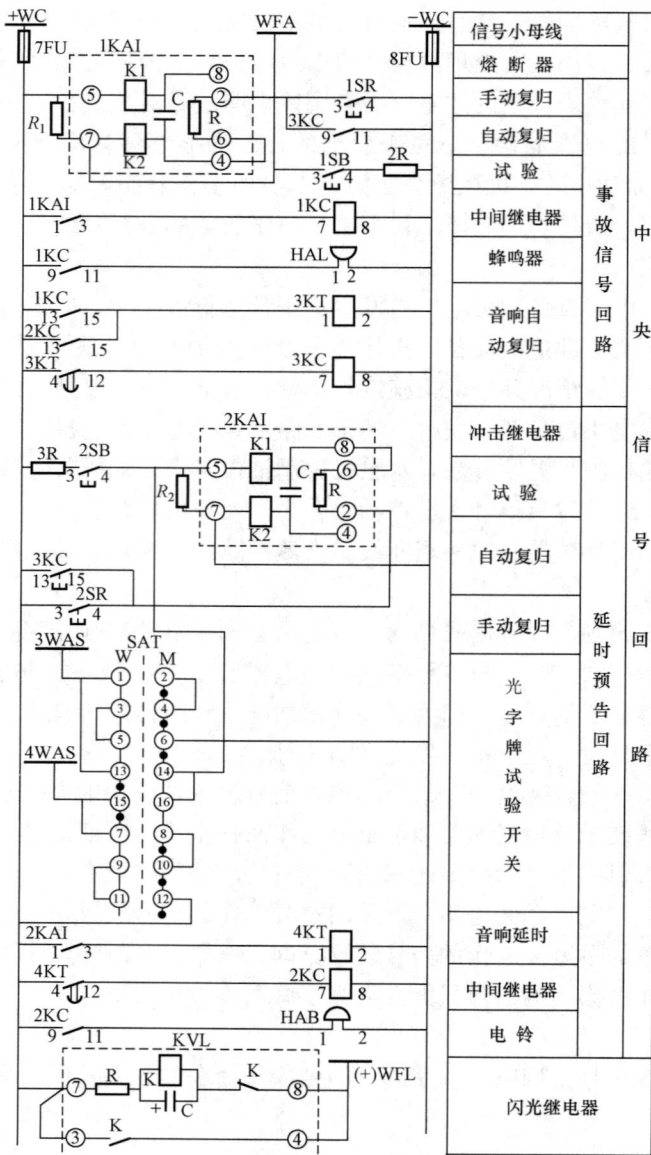

图 3-15 JC-2 型冲击继电器构成的中央信号接线图

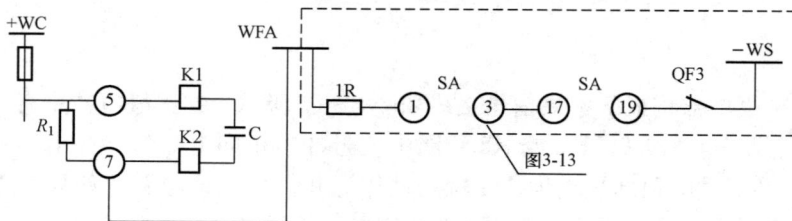

图 3-16 故障信号启动回路

线圈 K2，对电容器充电，使冲击继电器 1KAI 启动。在充电期间，继电器线圈中流过电流使衔铁动作，带动触点闭合。充电完毕后，线圈中电流消失，衔铁亦保留在动作位置，让触点可靠闭合。1KAI 的触点闭合后，便启动中间继电器 1KC。它有两对动合触点，其中一对触点启动时间继电器 3KT，另一对触点接通蜂鸣器 HAL，发出音响，表明已发生故障。

（2）自动解除和手动解除。上述动作状态，只是暂时存在，经时间继电器触点延时后，便自动解除。时间继电器的整定时间约为 5s，待延时到达后，3KT 的触点 3KT4-12 立即闭合，启动中间继电器 3KC，使触点 3KC9-11 闭合，使电流从小母线＋WC 经 1KAI 的端子⑤流入，经电阻 1R、1KAI 的端子⑦、线圈 K2、电阻 R、1KAI 端子②至小母线－WC。此时，线圈 K2 中电流的方向正好与动作时相反（从左到右），衔铁的极性改变，使 1KAI 的触点重新断开，中间继电器 1KC 也相继断电返回。然后，时间继电器复原，触点 1KC9-11 将蜂鸣器回路切断，响声也就自动停止。

欲使蜂鸣器提前解除，可按下手动复归按钮 1SR，其动作过程与上述相同。

（3）重复动作。前面已分析过，冲击继电器能自动复归，为下次动作做好准备。断路器故障跳闸后，小母线 WFA 是通过一电阻和负电源接通的，若开关 SA 尚在"合闸后"位置时，又发生另一个断路器故障跳闸，由于两个电阻并联使电容充电回路电阻的减小，电容会再次充电，使冲击继电器再次启动，保证信号装置又重复动作。只要故障信号回路电阻选择适当，可重复动作 8 次。

（4）试验。在运行中，须对故障信号装置进行试验，检查是否处于完好状态。试验时，按下试验按钮 1SB，启动冲击继电器发出音响。同样，音响可用手动复归按钮 1SR 加以解除。注意：按下 1SB 的时间要超过 3KT 的整定时间，才能对复归回路进行试验。

2. 预告信号

预告信号分为瞬时预告信号和延时预告信号，图 3-15 中只画出延时预告信号接线图。它的工作原理和故障信号是基本相同的。

（1）音响的启动与复归。光字牌试验开关 SAT 置于"工作"位置时，其触点 13-14、15-16 接通。当产生不正常运行情况时，正电源通过相应的光字牌到延时预告信号小母线 3WAS 和 4WAS（例如，断路器操作回路断线，见图 3-11，＋WS 通过合闸位置继电器 KCP 和跳闸位置继电器 KTP 的动断触点，再经过"操作回路断线"光字牌 HL 到延时预告信号小母线 3WAS 和 4WAS），再通过 SAT13-14、15-16 开关触点向冲击继电器 2KAI 中的电容 C 充电，2KAI 中的 K1 和 K2 流过充电电流而动作，从而启动时间继电器 4KT，其触点延时闭合后启动中间继电器 2KC，触点 2KC9-11 闭合使电铃响，另一对触点 2KC13-15 闭合启动 3KT（与故障信号共用），从而使 3KC 动作将其触点 3KC13-15 闭合使音响自动复归。按下按钮 2SR 可以手动复归音响。

（2）冲击自动返回。JC-2 型冲击继电器由于采用极化继电器作为执行元件，本身具有冲击自动返回的性能。当遇到短时异常信号时（如短时过负荷），和前述一样，3WAS 和 4WAS 带正电，并通过 2KAI 内的 K1 和 K2 向电容器 C 充电，使 2KAI 启动，闭合其触点从而使 4KT 线圈通电。假如在 4KT 的触点闭合前异常信号消失，3WAS 和 4WAS 不再带正电，前已充在电容器 C 上的电压，就会通过 K1 和 K2 线圈放电，由于流过 K1 和 K2 是反方向的电流，使 2KAI 自动返回，4KT 也随之返回，不会误发音响。

（3）试验。检查光字牌的电流通路，如图 3-17 所示。将开关 SAT 扳向试验（M）位置，其触点 1-2、3-4、5-6、7-8、9-10、11-12 接通，3WAS 带负电，4WAS 带正电，使接于两条小母线上的所有光字牌都点亮。由于光字牌的两只灯是串联的，其亮度比真正产生故障时（两灯并联）要低。当光字牌较多时，通过 SAT 的电流较大，为了在开关断开时减小触点灭弧电压而保护触点，采用多对触点串联的方法。

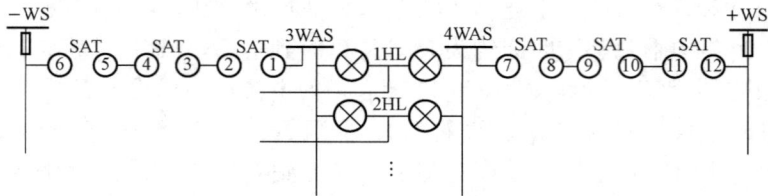

图 3-17   检查光字牌的电流通路

音响的试验按下按钮 2SB 即可，但按下时间一定要超过 4KT 整定的动作时限（一般整定为 9s 左右），如果按下时间不够，一旦松手，2KAI 会自动返回而不能发音响。

3. 冲击继电器接线的改进

在预告信号试验中，当短暂的异常信号冲击时，发现冲击继电器触点不能断开、音响不能复归的问题，现以图 3-11 的断路器操作过程为例加以说明。断路器跳合闸过程中，辅助触点 QF1、QF2 要切换（即由动合到动断或相反），在触点切换的短暂间隙中，QF1 和 QF2 都会断开，使位置继电器 KTP 和 KCP 都返回，瞬时接通了"操作回路断线"回路，这就会使冲击继电器 2KAI 内的电容器 C 充电并使 2KAI 启动，其动合触点 2KAI1-3 闭合，从而使电铃响，如图 3-15 所示。但 KTP 很快动作使其动断触点断开，切断了"操作回路断线"回路，冲击继电器内的电容器 C 随之放电：

$$C+\to K1\ 线圈\to 2KAI5\to 2R\to 2KAI7\to K2\ 线圈\to C-$$

电容器放电使 K1、K2 线圈都流过相反方向的电流，但由于电容器的充电时间是很短暂的，其上的充电电压很小，在放电时不足以产生使 2KAI 返回的反向电流，所以 2KAI1-3 触点继续接通。

当按下复归按钮 2SR 欲使音响复归时，预告音响复归回路如图 3-18 所示。正电源经 2SR3-4、复归电阻 R 至 2KAI8 端，再经两个并联的通路至负电源：

（1）$2KAI8\to K1\ 线圈\to 2KAI5\to 2R\to -$，这时 K1 上通以反方向的电流欲使 2KAI 复归。

（2）$2KAI8\to C+\to C-\to K2\ 线圈\to 2KAI7\to -$，这时 K2 上通的是正方向的电流欲使 2KAI 动作，由于电容器 C 在此前已放完电，按下 2SR 瞬间相当于短路，故流过 K2 线圈的正向电流与流过 K1 线圈的反向电流应基本接近（后者由于串有 2R 在通电瞬间可能还小一点）。

由此可见，由于极化继电器的两个线圈 K1、K2 流过电流时产生的磁化作用互相抵消，使冲击继电器不能返回，2KAI1-3 继续接通，音响不能复归。

冲击继电器的改进接线如图 3-19 所示。将电容器 C 改接为只串在 K1 线圈上，将冲击继电器的启动回路和复归回路完全分开，极化继电器一个线圈 K1 作启动用，另一个线圈

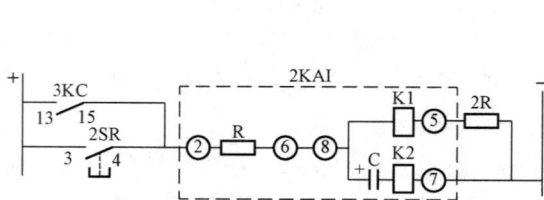

图 3-18   预告音响复归回路

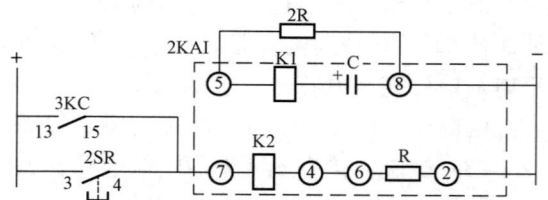

图 3-19   冲击继电器的改进接线

K2 作复归用。当按下复归按钮 2SR 时，K2 线圈通过反向电流使冲击继电器返回，音响随之复归。做了如此改进之后，断路器操作过程不再出现过冲击继电器触点不能断开、音响不能复归的现象。

三、简易中央信号接线

目前，多数发电厂和变电站采用了计算机监控系统，不再设置常规的中央信号系统，在实验室中如果没有上述的常规中央信号装置，可以安装一个简易中央信号装置供实验用。简易中央信号装置接线如图 3-20 所示。现用故障信号加以说明，它包括带红灯闪光的电喇叭 1HAL、信号继电器 4KS、中间继电器 KC、时间继电器 3KT 和按钮 1SB 等，WFA 为故障信号小母线。故障信号装置的动作过程说明如下。

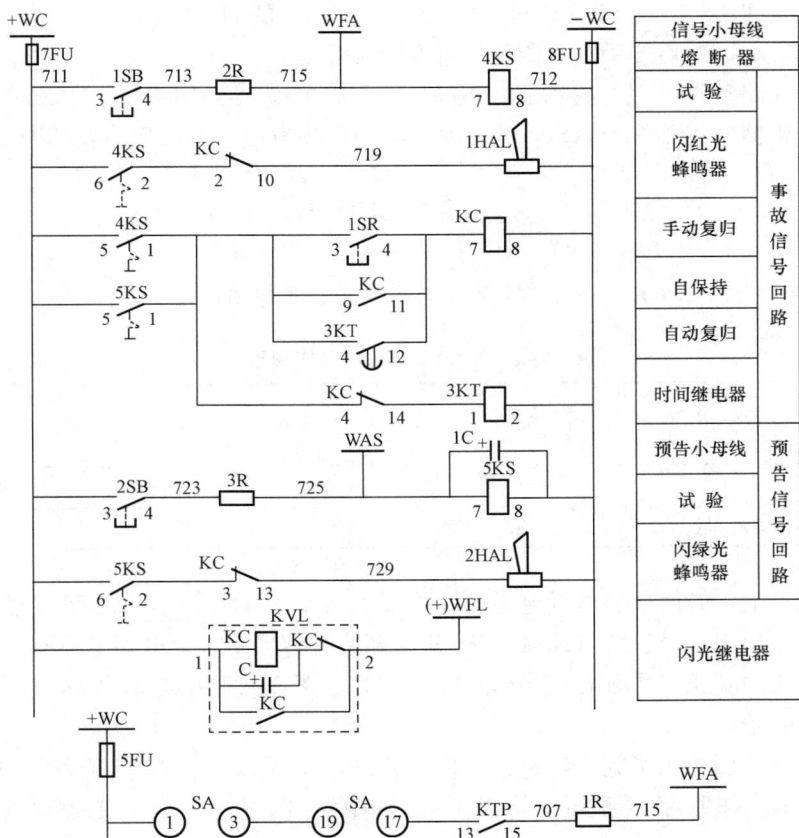

图 3-20 简易中央信号装置接线

1. 故障发声光信号

设备发生故障时，其对应的保护装置动作，跳开该设备的断路器，KTP 动作，通过 SA1-3、SA17-19、KTP13-15、1R 使 WFA 带正电，形成了以下通路：

+WC→5FU→SA1-3→SA19-17→KTP13-15→1R→WFA→4KS 线圈→8FU→—WC

使 4KS 动作，动合触点闭合，形成了以下通路：

$$+WC \rightarrow 7FU \rightarrow 4KS6\text{-}2 \rightarrow KC2\text{-}10 \rightarrow 1HAL \rightarrow 8FU \rightarrow -WC$$

使喇叭发出故障音响并闪红光。

同时，相应保护的信号继电器动作，点亮"保护动作"光字牌。

2. 音响复归

为了在安静的环境下处理故障，运行人员在听到喇叭声响后应将音响复归，这时可按下复归按钮 1SR 使中间继电器 KC 动作，其一对动合触点自保持，另一对动断触点切断音响回路。

音响也可以自动复归，4KS 动作时，其触点 5-1 闭合，使时间继电器 3KT 通电，触点 4-12 经过一定延时闭合，使 KC 动作，复归音响。当全部信号都复归后，要手动复归信号继电器 4KS，准备下次动作。

3. 试验

按下试验按钮 1SB，使 4KS 动作，接通喇叭 1HAL 的回路发出音响，按下 1SR 手动复归或自动复归音响，然后要手动复归信号继电器 4KS。

预告信号回路动作原理与故障信号相同，只是将电喇叭换为闪绿光的 2HAL，故障信号小母线换成预告信号小母线 WAS 即可。预告信号和故障信号共用音响复归回路。

思考题与习题

1. 完成图 3-15 转换开关 SAT 的触点动作图表，见表 3-1。

表 3-1　　　　　　　　　转换开关 SAT 的触点动作图表

触点号 位置	1-2	3-4	5-6	7-8	9-10	11-12	13-14	15-16
工作								
试验								

2. 图 3-15 中，如信号小母线电源极性接反了（即＋WS 接负，－WS 接正），对中央信号的工作有什么影响？（提示：1KAI、2KAI 内部的电容器是一个电解电容器，上正下负）

3. 图 3-11 为真正发生预告信号时点亮光字牌，图 3-17 为试验时点亮光字牌，两种情况下光字牌亮度是否一样？

4. 图 3-15 下面画出了闪光继电器的内部接线，说明 SA 在"预备合闸"、QF 在跳闸状态时闪光回路的工作原理。［提示：将图 3-15 和图 3-13 的（＋）WFL 联系起来］

第四节　二次回路故障分析

下面结合某校电气工程实践训练所采用的保护、控制、测量、信号回路进行故障分析，其交流回路接线如图 3-21 所示，直流回路接线如图 3-22 所示，并采用由 JC-2 型冲击继电器构成的中央信号回路接线图（见图 3-19），对一些典型的问题进行分析。

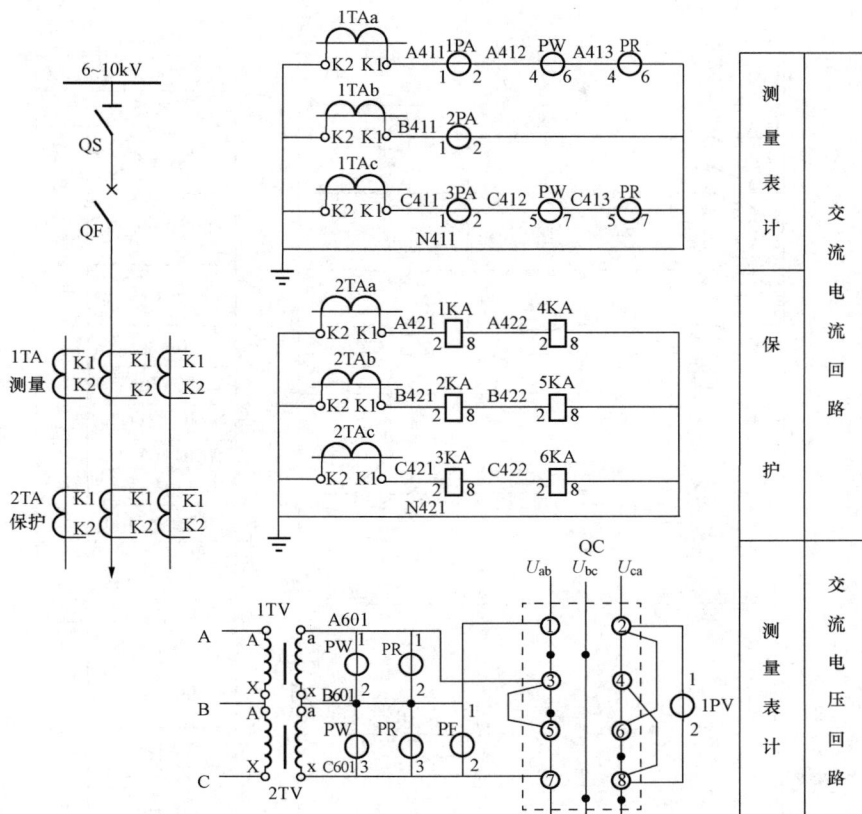

SA（LW2-Z-1a.4.6a.40.20/F8）触点表

接触点 位置		1-3	2-4	5-8	6-7	9-10	9-12	10-11	13-14	14-15	13-16	17-19	18-20
跳闸后	←	—	×	—	—	—	—	×	—	×	—	—	×
预备合闸	↑	×	—	—	—	×	—	—	×	—	—	—	—
合闸	↗	—	—	×	—	—	×	—	—	—	×	×	—
合闸后	↑	×	—	—	—	—	×	—	—	—	×	×	—
预备跳闸	←	—	×	—	—	—	—	×	—	×	—	—	—
跳闸	↙	—	—	—	×	—	—	×	—	×	—	—	×

图 3-21 交流回路接线图

一、断路器故障跳闸

1. 看图原则

断路器故障跳闸是由于产生短路故障继电保护动作而产生的。分析这类故障，应遵循"先一次，后二次；先交流，后直流；先线圈，后触点；先上后下，先左后右"的原则，现以线路产生相间短路故障为例进行分析。

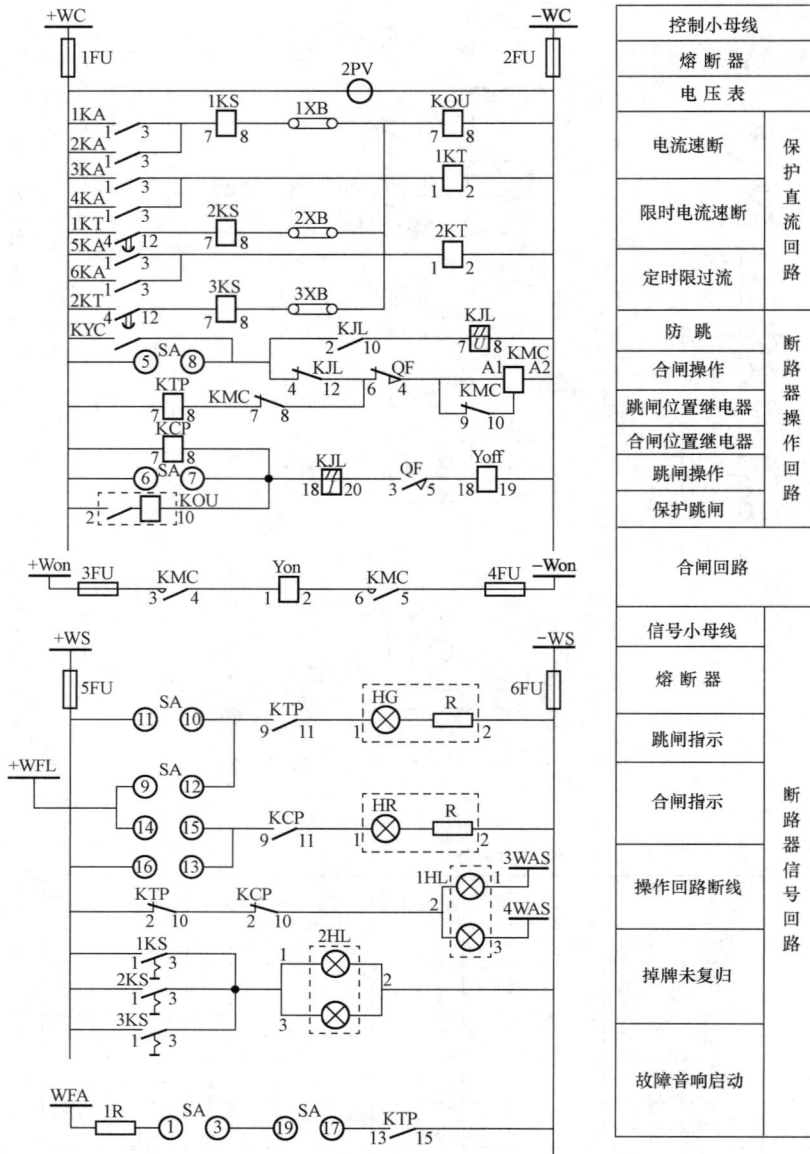

图 3-22　直流回路接线图

先一次，后二次：先是线路的一次主电路产生了相间短路，从而产生了比负载电流大得多的短路电流，由于电流互感器 2TA 的一次绕组是串联在线路上的，它同样流过这一短路电流，从而在电流互感器 2TA 的二次绕组上也反映了这一短路电流，其二次电流值由互感器的变流比而定。所以电流互感器是联系交流一次电路和交流二次电路的桥梁。

先交流，后直流：线路装有典型的三段式过电流保护，由电流继电器 1KA 和 2KA 构成瞬时电流速断保护，由电流继电器 3KA 和 4KA 构成限时电流速断保护，由电流继电器 5KA 和 6KA 构成定时限过电流保护。电流互感器的二次绕组经电流继电器线圈形成二次交流电流通路，当二次短路电流大于电流继电器的整定动作电流时，相应保护的继电器就会动作，而电流继电器的触点是接于直流操作回路中的。

先线圈，后触点：继电器触点的通断转换依赖于继电器的动作，而继电器的动作又依赖于流过其线圈的电流（或所加的电压）是否大于其动作值，所以看图时，一定要先看线圈回路是否形成电流通路而使继电器动作。如果动作，就要找到这一继电器的各对触点，看这些触点的转换（动合触点通，动断触点断）会引起什么变化。

先上后下，先左后右：在接线图中，二次设备的动作顺序一般都是从上到下，连接次序从左到右，在看图时也应遵循这一原则。

2. 动作过程的分析

现以定时限过电流保护的动作过程为例进行说明。

（1）短路前，线路断路器 QF 处于合闸状态，其辅助触点 QF6-4 断开而 QF3-5 闭合，合闸位置继电器 KCP 动作：

$$+WC \rightarrow 1FU \rightarrow KCP \text{ 线圈} \rightarrow KJL（I）\rightarrow QF3-5 \rightarrow \text{跳闸线圈 } Yoff \rightarrow 2FU \rightarrow -WC$$

其动合触点闭合、动断触点断开。操作开关 SA 处于"合闸后"位置，触点 SA16-13 闭合，红灯 HR 亮平光：

$$+WS \rightarrow 5FU \rightarrow SA16-13 \rightarrow KCP9-11 \rightarrow HR \rightarrow R \rightarrow 6FU \rightarrow -WS$$

（2）线路发生短路故障：

线路短路 → 线路上产生短路电流 → 短路电流流过 2TA 一次绕组 → 2TA 二次绕组反应二次短路电流

1）5KA（6KA）动作：

二次短路电流由 2TA-K1 → 2KA 线圈 → 5KA 线圈 → 2TA-K2，形成闭合回路

2）5KA（6KA）动合触点 1-3 闭合，使时间继电器 2KT 动作：

$$+WC \rightarrow 1FU \rightarrow 5，6KA1-3 \rightarrow 2KT \text{ 线圈} \rightarrow 2FU \rightarrow -WC$$

3）触点 2KT4－12 延时闭合，使信号继电器 3KS 和保护出口中间继电器 KOU 动作：

$$+WC \rightarrow 1FU \rightarrow 2KT4-12 \rightarrow 3KS \text{ 线圈} \rightarrow 3XB \rightarrow KOU \text{ 线圈} \rightarrow 2FU \rightarrow -WC$$

4）3KS 动作掉牌（红色弹子弹出），其动合触点 3KS1-3 闭合，点亮"掉牌未复归"光字牌 2HL：

$$+WS \rightarrow 5FU \rightarrow 3KS1-3 \rightarrow 2HL \rightarrow 6FU \rightarrow -WS$$

5）KOU 动作，其动合触点 KOU2-10 闭合，使 QF 跳闸：

$$+WC \rightarrow 1FU \rightarrow KOU2-10 \rightarrow KJL（I）\text{ 线圈} \rightarrow QF3-5 \text{ 触点} \rightarrow Yoff \text{ 线圈} \rightarrow 2FU \rightarrow -WC$$

其辅助触点也随之转换。

6）QF4-6 闭合，跳闸位置继电器 KTP 动作：

$$+WC \rightarrow 1FU \rightarrow KTP \text{ 线圈} \rightarrow QF4-6 \rightarrow \text{合闸接触器 KMC 线圈} \rightarrow 2FU \rightarrow -WC$$

KTP 动合触点闭合，动断触点断开。

7）绿灯 HG 闪光：

$$+WFL \rightarrow SA9-10 \rightarrow KTP9-11 \rightarrow HG \rightarrow R \rightarrow 6FU \rightarrow -WS$$

8）故障信号小母线 WFA 带负电：

$$-WS \rightarrow 6FU \rightarrow KTP15-13 \rightarrow SA17-19 \rightarrow SA3-1 \rightarrow 1R \rightarrow WFA$$

从而启动中央故障信号回路，使蜂鸣器 HAL 发故障音响。

9）将 SA 扳至"跳闸后"位置，使 SA 与断路器跳闸状态对应，闪光解除而绿灯亮平光。

综上所述，断路器故障跳闸所发生的现象是：蜂鸣器响，绿灯闪光，"掉牌未复归"光字牌亮，相应保护的信号继电器掉牌。

3. 二次图之间的联系

必须强调，发电厂和变电站的二次接线是一个整体，二次设备之间有着紧密的联系，而根据各种设备和各种功能绘出的图纸有几十张甚至上百张，各图纸之间必然也有着紧密的联系，看图时一定要找出图纸之间的联系点，用全局的、联系的观点来分析工作原理和动作过程。例如，分析断路器事故跳闸发故障音响的动作过程，就是通过故障信号小母线 WFA 这一"桥梁"，将断路器控制信号接线图与中央故障信号接线图联系起来了。在实际工程设计中，断路器控制信号接线图与其他部分的联系可以归纳为：

（1）与中央信号的联系，通过故障信号小母线 WFA 和预告信号小母线 WAS。

（2）工程设计中继电保护接线往往是单独的图纸，与继电保护的联系，通过保护出口继电器 KOU 的动合触点接至跳闸回路。

（3）断路器需要同期时，与同期接线的联系，通过同期转换开关和同期装置的相关触点接至合闸回路。

（4）装有自动重合闸装置时，与重合闸接线的联系，通过重合闸装置的输出触点接至合闸回路。

（5）装有备用电源自动投入装置时，通过装置的输出触点接至跳、合闸回路。

（6）原动机（水轮机或汽轮机）故障时，通过故障输出触点接至跳闸回路。

（7）装有低周减载、低周解列等自动装置时，通过故障输出触点接至跳闸回路。

（8）断路器的辅助触点根据需要分别接至继电保护回路、原动机操作回路、励磁控制回路、自动装置回路等。

二、操作回路故障

操作回路断线信号是用来监视断路器跳、合闸回路和控制电源是否完好的。分别采用合闸位置继电器 KCP 和跳闸位置继电器 KTP 各一对动断触点 2-10，串联后经"操作回路断线"光字牌 1HL、延时预告信号小母线 3WAS 和 4WAS 至中央延时预告信号回路。下面就几种情况加以分析。

1. 控制电源消失

控制电源不消失而正常运行时，断路器无论是在合闸状态还是跳闸状态，合闸位置继电器 KCP 和跳闸位置继电器 KTP 总有一只是动作的，因而它们串联的两对动断触点也总有一对是断开的，操作回路断线信号回路是不通的。同时断路器位置信号灯 HR 和 HG 总有一只是亮的，对应着断路器的状态。

控制电源消失一般是由于操作熔断器 1FU 或 2FU 熔断或者小母线＋WC 或－WC 无电所致。这时，继电器 KCP 和 KTP 都失电返回，点亮了"操作回路断线"光字牌 1HL：

＋WS→5FU→KTP2-10→KCP2-10→1HL→3、4WAS→SAT13-14、15-16→2KAI5→K1→C→K2→2KAI7→8FU→－WC

由于冲击继电器 2KAI 的动作，电铃发出音响。同时，由于继电器 KCP 和 KTP 都失电返回，位置信号灯灭。

由此可见，控制电源消失产生的现象是：电铃响，"操作回路断线"光字牌亮，信号灯灭。

2. 断路器在合闸状态，跳闸回路断线

跳闸回路指的是与断路器跳闸线圈 Yoff 相关的回路，当没有断线时，合闸位置继电器 KCP 动作，红灯 HR 亮平光。

当跳闸回路断线（如 QF3-5 断开、Yoff 线圈断线、连线断线或接触不良等）时，继电器 KCP 返回，就产生以下现象：

（1）接通"操作回路断线"光字牌 1HL 的回路，使光字牌亮。

（2）启动冲击继电器 2KAI，使电铃响。

（3）断开了红灯 HR 回路，使红灯灭。

3. 断路器在跳闸状态，合闸接触器回路断线

与上述分析相同，在合闸接触器回路没有断线时，跳闸位置继电器 KTP 动作，绿灯 HG 亮平光。当合闸接触器回路断线（如 KMC 线圈断线、QF6-4 断开）时，继电器 KTP 返回，就产生以下现象：

（1）接通"操作回路断线"光字牌 1HL 的回路，使光字牌亮。

（2）启动冲击继电器 2KAI，使电铃响。

（3）断开了绿灯 HG 回路，使绿灯灭。

4. 断路器在合闸状态，合闸接触器回路断线

断路器在合闸状态，其辅助触点 QF6-4 本来就是断开的，继电器 KTP 不动作。合闸接触器回路断线，并不改变继电器 KTP 和 KCP 的状态，因而不会产生任何信号。同样，断路器在跳闸状态，跳闸回路断线，也不会产生任何信号。因此，值班人员并不能靠信号及时发现断线故障。但这并不影响断路器的操作，当断路器下一次操作改变状态后，其辅助触点也随之切换，操作回路断线的信号和现象就会立即出现，值班人员就会检查处理。

5. 断路器合闸熔断器熔断，操作 SA 欲使断路器合闸

断路器在跳闸状态时，合闸熔断器 3FU 或 4FU 熔断后，本身并不出现什么信号。这时，辅助触点 QF4-6 通，QF3-5 断，操作开关 SA 对应断路器的状态在"跳闸后"位置，跳闸位置继电器 KTP 动作，绿灯 HG 亮平光。

当手动操作开关 SA 欲使断路器合闸时，操作者松手后 SA 处在"合闸后"位置，而由于合闸熔断器熔断，断路器并没有合闸，其辅助触点当然也不会切换，跳闸位置继电器 KTP 照样维持动作，而操作开关 SA 却由"跳闸后"转换到"合闸后"位置，其触点的通断情况改变了。这时，会产生以下现象：

（1）断路器合不上闸，仍在跳闸状态。

（2）发故障音响：

＋WC→7FU→1KAI5→K1→C→K2→1KAI7→WFA→1R→SA1-3→SA19-17→KTP13-15→6FU→－WS

使 1KAI 启动，通过故障信号回路使蜂鸣器响。

（3）绿灯闪光：

＋WFL→SA9-10→KTP9-11→HG→R→6FU→－WS

6. QF 故障跳闸后，KOU 触点 2-10 粘住不返回，下次手动合闸

断路器故障跳闸后，如果继电器 KOU 的动合触点粘住不返回，由于辅助触点 QF3-5 已经断开，并不会引起什么改变，值班人员不会觉察。断路器跳闸后，相应的绿灯会闪光，为了解除闪光并为下一次操作做好准备，在故障处理就绪后，值班人员会将开关 SA 扳至对应断路器状态的"跳闸后"位置，使绿灯亮平光。

当手动操作 SA 放到"合闸"位置时，SA5-8 通，断路器合闸过程如下：

$$+WC \rightarrow 1FU \rightarrow SA5\text{-}8 \rightarrow KJL4\text{-}12 \rightarrow QF6\text{-}4 \rightarrow KMC \text{ 线圈} \rightarrow 2FU \rightarrow -WC$$

使合闸接触器动作。

$$+Won \rightarrow 3FU \rightarrow KMC3\text{-}4 \rightarrow Yon \text{ 线圈} \rightarrow KMC6\text{-}5 \rightarrow 4FU \rightarrow -Won$$

使断路器合闸，其辅助触点随之转换，QF3-5 闭合，由于 KOU 触点粘住，断路器跳闸线圈 Yoff 立即通电跳闸，如果操作者还未松手，SA5-8 继续接通，会不会产生断路器多次跳合闸的跳跃现象呢？

由于装设了防跳继电器 KJL，跳跃现象是不会产生的。当断路器跳闸时，跳闸电流流过了防跳继电器的电流启动线圈 KJL（I），使继电器 KJL 动作，其动断触点 KJL4-12 断开，切断了合闸接触器线圈回路，使断路器不能再次合闸，同时动合触点 KJL2-10 闭合，使继电器 KJL 自保持：

$$+WC \rightarrow 1FU \rightarrow SA5\text{-}8 \rightarrow KJL2\text{-}10 \rightarrow KJL(U)\text{线圈} \rightarrow 2FU \rightarrow -WC$$

直至松手后 SA5-8 断开，KJL 自保持才解除而复归，此时，SA 在"合闸后"位置，使触点 SA1-3、SA17-19 接通，且由于断路器在跳闸状态，触点 QF6-4 接通，使跳闸位置继电器 KTP 动作，WFA 会接通负电源。这时，会产生以下现象：

（1）断路器合上即跳，但不会再合。

（2）启动中央故障信号回路，发故障音响。

（3）接通闪光母线至绿灯的回路，使绿灯闪光。

7. QF 自动合闸后，触点 KYC 粘住，下次手动跳闸和再次合闸

断路器自动合闸后，红灯闪光，运行人员会将 SA 扳向对应 QF 合闸状态的"合闸后"位置，自动合闸触点 KYC 虽然粘住不返回，但断路器已完成了合闸，QF6-4 断、QF3-5 通，继电器 KCP 动作，红灯亮，并没有出现什么信号。

当操作 SA 进行手动跳闸时，SA6-7 通，Yoff 线圈通电而使断路器跳闸。这时，由于 KJL（I）线圈也通过跳闸电流而使 KJL 动作，其触点 KJL2-10 通，因为触点 KYC 粘住，使 KJL（U）线圈通电而一直自保持。同时，因 KJL4-12 断开，触点 KYC 并不能短接继电器 KTP 的线圈，因此继电器 KTP 照常动作，绿灯 HG 亮平光，并没有产生异常信号。

当操作 SA 再次合闸时，由于继电器 KJL 保持在动作状态而使 KJL4-12 断开，断路器不能合闸，操作者松手后，SA 就回到了"合闸后"的位置。这时产生的现象是：断路器合不上；发故障音响；绿灯闪光。动作过程的分析同上。

应该指出，发电厂、变电站的二次接线设备多、接头多、连线多、屏柜多、电缆多，要比一次接线复杂得多，故障要隐蔽得多。以上只是举了几个故障分析的例子，目的是使读者掌握分析工程实际问题的方法。电气接线故障的原因是很多的，要将接线的工作原理和动作过程学深学透，将所学的知识用好用活，培养自己的创新能力、分析能力、思维能力、自学能力，提高自己的素质，切忌死记硬背。这里的故障分析，是先设定故障的原因，然后根据

接线图分析工作过程，从而得出所产生的现象。而实际运行中，情况正好相反，先是出现了故障的现象和信号，然后去寻找原因并进行处理，而产生同一故障现象的原因却是多种多样的，要找出故障所在就比较困难。但只要深刻掌握正确的分析检查方法，就能融会贯通，运用自如，问题就会迎刃而解。

思考题与习题

1. 图 3-22 的断路器合闸运行中，继电器 KCP 线圈断线，有何现象？

2. 图 3-22 的断路器跳闸后，KJL（I）线圈断了，下次合闸有什么现象？

3. 图 3-22 的断路器合闸运行中，防跳继电器 KJL4-12 触点锈蚀不通，手动跳闸有什么信号吗？下次合闸有什么现象？

4. 图 3-22 中，分析下列情况下进行合闸操作时有什么现象（灯、信号、音响）：

（1）合闸前动断辅助触点（称 QF1）通，动合辅助触点（称 QF2）断，扳动 SA 至合闸，断路器操动机构卡死拒绝合闸；

（2）合闸前 QF1 通、QF2 断，扳动 SA 至合闸，断路器成功合闸后 QF1、QF2 不切换；

（3）合闸前 QF1 通、QF2 断，扳动 SA 至合闸，断路器成功合闸后 QF2 通但 QF1 不断开；

（4）合闸前 QF1、QF2 均断开，扳动 SA 至合闸位置。

5. 图 3-22 中，断路器在合闸状态，QF1 断，QF2 通，进行跳闸操作断路器跳闸成功，但因连杆断了辅助触点不切换，有何现象？

6. 图 3-22 中，线路产生暂时性故障，保护动作跳闸后重合闸成功，有何信号？

7. 图 3-22 中，线路产生永久性故障，保护动作跳闸后重合闸不成功，有何信号？

8. 图 3-22 中，断路器合不上闸，用电压法测量得：SA-5～KMC-A1，220V；SA-5～QF-4，220V；SA-5～KJL-12，220V；SA-5～KJL-4，0V。试分析故障。

9. 图 3-22 断路器合闸运行中，因与 HR 串的电阻 R 烧断了，用电压表测量电压为：SA-16～SA-13，＿＿＿＿V；SA-16～KCP-9，＿＿＿＿V；SA-16～KCP-11，＿＿＿＿V；SA-16～HR-1，＿＿＿＿V；SA-16～R 左，＿＿＿V；SA-16～R 右，＿＿＿＿V。

（注：±WS 为 220V）

第五节　继　电　保　护

一、继电保护的基本知识

1. 电力系统的故障和不正常运行状态

电力系统的故障和不正常运行状态对电力系统的安全影响很大，故障和不正常运行状态主要有下列几种。

（1）短路故障。短路是输电线路和电气设备最严重的故障，它可以分为对称短路（三相短路）和不对称短路，后者又分为单相短路、两相短路、两相短路接地。短路引起的危害很大：主要有以下几点：

1）中断或影响对用户的供电。

2）损坏电气设备。

3）破坏电力系统稳定。

4）使电厂失去厂用电，甚至引起全厂停电。

5）引起对通信线路的干扰。

为了减少短路的危害，必须尽快将发生故障的元件从电网中切除，以便恢复系统的正常运行，并减轻故障设备损坏的程度，这就借助于继电保护装置。

（2）不正常运行状态。电气设备的不正常运行状态有多种，如小电流接地系统的单相接地、电气设备温度过高、过负荷、发电机转子一点接地等。发生不正常运行状态时，不需立即将设备从电网中切除，只发出预告信号，通知值班人员以便及时处理，使系统恢复正常运行，这也要借助于继电保护装置。

2. 对继电保护的基本要求

为了使继电保护装置能及时、正确地完成它所担负的任务，对其有以下四个基本要求：

（1）选择性。当电力系统某部分发生故障时，继电保护应只切除网络中的故障元件，称为保护装置的选择性。也就是先切除靠近故障点的断路器，使停电范围尽量缩小，保证非故障部分的正常运行。

继电保护的选择性动作如图 3-23 所示，在各个断路器处都装有保护装置。当 k1 点故障时，因为短路电流经过断路器 QF1～QF6 流至故障点 k1，则相应的保护装置都有可能动作。但根据选择性的要求，应先由断路器 QF6 处的保护装置动作，使断路器 QF6 跳开，切除故障线路。若此时，保护装置首先使断路器 QF5 跳开，则变电站Ⅲ将全部停止供电，这种情况称为无选择性的动作，一般是不允许的。同理，k2 点短路时，应由断路器 QF5 跳开；k3 点短路时，应将断路器 QF1、QF2 跳开。

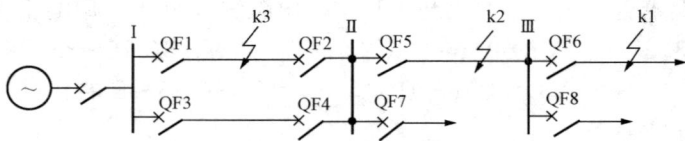

图 3-23　继电保护的选择性动作

（2）快速性。快速切除故障可以减轻短路电流对电气设备的损坏程度，加快系统电压的恢复，为电动机自启动创造有利条件，并可提高电力系统的稳定性。但切除故障的时间越短，往往使保护装置越复杂，可靠性将相应降低，因此对不同元件的保护，应作具体的分析。

（3）灵敏性。灵敏性是指保护装置对故障和不正常工作状态的反应能力。在继电保护装置保护范围内发生故障，不管系统的运行方式、短路点位置和短路性质如何，保护装置都应正确动作；而在保护范围外发生故障时，保护装置又都不应动作。通常用灵敏系数来衡量保护装置对故障的反应能力，各种保护装置的最小灵敏系数，都有具体的规定数值。

（4）可靠性。投入运行的保护装置，应随时处于准备状态，当被保护设备发生故障时，保护装置应能有选择性地正确动作，不应拒动，而当无故障或故障发生在保护范围外时，则不应该误动作，若不能保证工作的可靠性，保护装置本身便成为扩大故障或直接造成故障的根源。为了保证保护装置的可靠性，要求保护的设计原理、整定计算、安装调试正确无误，还要求组成保护的各元件质量好，并需加强运行维护。

应该指出，对上述四项要求要结合具体情况作综合处理，对于 35kV 及以下的电网，在满足选择性和灵敏度的条件下，应尽量采用简单的保护，以提高保护的可靠性。

二、继电保护的基本原理

1. 继电保护的类型

电力系统发生故障时的特点是电流增大、电压降低、电流和电压间的相位角会发生变化。因此，应用于电力系统中的各种继电保护的绝大多数都是以反应这些物理量的变化为基础，利用正常运行与发生故障时各物理量间的差别来实现的。

根据所反应的上述各种物理量的不同，构成了以下各种不同类型的继电保护：

（1）反应电流改变的，有电流速断、定时限过电流、反时限过电流及零序电流保护等。

（2）反应电压改变的，有低电压和过电压保护。

（3）既反应电流又反应电流与电压间相角改变的，有方向过电流保护。

（4）反应电压和电流的比值，即反应短路点到保护安装处阻抗（或距离）的，有距离保护等。

（5）反应输入电流和输出电流之差的，有差动保护。

2. 继电保护的组成

继电保护虽有各种类型，但一般都由测量部分、逻辑部分和执行部分三个基本环节组成，继电保护组成框图如图 3 - 24 所示。各基本部分的作用如下。

图 3 - 24　继电保护组成框图

（1）测量部分：是测量反映被保护设备工作状态（正常工作状态、不正常工作状态或故障状态）的一个或几个有关的物理量。

（2）逻辑部分：是根据各测量元件输出量的大小或性质及其组成或出现的顺序，判断被保护设备的工作状态，以决定保护是否应该动作。

（3）执行部分：是根据逻辑部分所作出的决定，执行保护的任务（即给出信号或跳闸，或不动作）。

现以图 3 - 1 过电流保护接线为例加以说明。在该保护中，电流继电器 1KA、2KA 的线圈回路就是测量部分，用于监视被保护设备的工作状态，反应电流的大小，只有线路发生短路故障时，它才会动作。因此，测量部分可处于动作或不动作两种状态，并根据这两种状态确定发出作用于逻辑部分的信号。电流继电器的触点回路就是逻辑部分，它接受测量部分送来的信号后，确定是否启动整套保护。执行部分就是时间继电器和信号继电器回路，它接到逻辑部分送来的信号后，给出断路器的跳闸脉冲并发出信号。

继电保护装置经历了电磁型、电子型、微机型的发展历程。目前，微机保护已经在我国得到广泛应用，并且功能也在不断地提高和扩展。

三、输电线路的继电保护

输电线路有多种类型的继电保护，如电流电压保护、距离保护、高频保护等。这里只介绍输电线路的电流保护。

1. 定时限过电流保护

在电力系统中，输电线路发生相间短路故障的特点是，线路中的电流突然增大、电压突然降低。由于电流突然增大而引起电流继电器动作的保护，就是线路的电流保护。

定时限过电流保护的配置及时限特性，如图 3 - 25 所示。表示单侧电源辐射形网络的定时限过电流保护，每一线路的始端均有断路器和保护装置。当线路 WL-3 的 k1 点发生短路故障时，短路电流 I_{k1} 将流过装设在电源至短路点之间所有的保护装置1、2、3，且当 I_{k1} 大于保护装置1、2、3的整定电流时，各保护装置均将启动。但按选择性的要求，只要求距故障点 k1 最近的保护装置3动作，跳开断路器 QF3。QF3 跳闸后，保护装置1、2 的电流继电器都应返回。为了获得过流保护的选择性，各保护装置的动作时限应为

$$t_1 > t_2 > t_3$$

因此可得

$$t_1 = t_2 + \Delta t, \quad t_2 = t_3 + \Delta t$$

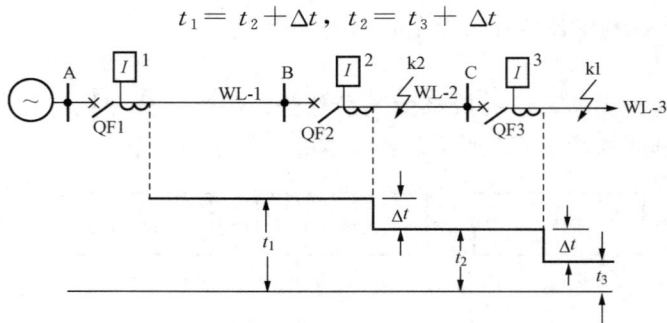

图 3 - 25　定时限过电流保护的配置及时限特性

Δt 称为时限级差，一般取 0.5 秒。从图 3 - 25 的时限特性可以看出，各段保护的动作时限是从用户到电源逐级增大的，即越靠近电源，过电流保护的动作时限越长，这好比一个阶梯，故称为阶梯形时限特性。由于各段保护的动作时限都是分别固定的，而与短路电流的大小无关，所以称这种过电流保护为定时限过电流保护。

每一线路的定时限过电流保护除保护本线路外，还应起与其相邻的下一段线路的后备作用。例如，图 3 - 25 中的保护2应起保护3的后备保护作用，即当线路 WL-3 发生故障时，由于某种原因，保护3不动作或断路器 QF3 拒动时，保护2应动作跳开断路器 QF2。同理，保护1应起保护2的后备保护作用。

保护一次动作电流整定值计算式为

$$I_{act} = \frac{K_{rel}}{K_r} K_{ast} I_{Lmax}$$

式中　I_{act}——保护装置一次动作电流；

　　　I_{Lmax}——正常工作时被保护线路的最大负荷电流；

　　　K_{rel}——可靠系数，一般取 $1.15 \sim 1.25$；

　　　K_r——电流继电器的返回系数，电磁式电流继电器一般取 0.85；

　　　K_{ast}——计及电动机的自启动系数，一般为 $1.15 \sim 3$。

三相三继电器定时限过电流保护的原理接线图如图 3-26 所示。保护装置中各元件的作用如下。

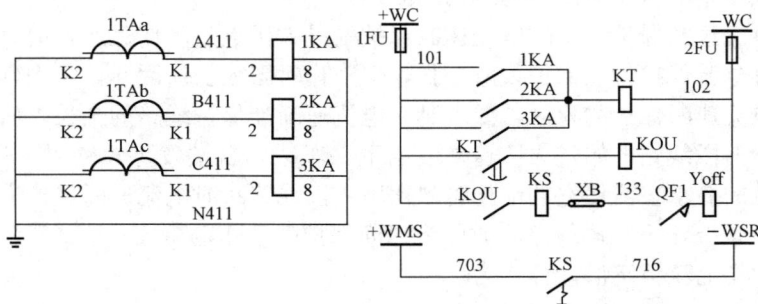

图 3-26　三相三继电器定时限过电流保护的原理接线图

1~3KA：电流继电器，担负测量电流的任务。当线路发生短路故障时，电流互感器 1TA 的二次电流超过任一只电流继电器的动作电流时，其相应的继电器将启动。

KT：时间继电器，建立保护装置所需要的动作时限。

KOU：保护出口中间继电器，当线路装有两套以上的保护时，各保护动作都启动 KOU，由它发出断路器跳闸脉冲。

KS：信号继电器，动作后，其触点闭合发信号，并掉牌指明所动作的保护装置。

QF1：断路器动合辅助触点，当断路器跳开后，QF1 随之断开，切断跳闸线圈 Yoff 中的电流，以防出口继电器 KOU 的动合触点来切断跳闸电流而烧坏。

保护装置的动作过程可以表述如下：

线路短路→TA 电流增大→KA 动作→KA 触点闭合→KT 动作→KT 触点延时闭合→跳 QF，发故障音响；KS 动作，光字牌亮。

此外，定时限过电流保护还有两相三继电器、两相两继电器、两相一继电器的接线。

2. 电流速断保护

定时限过电流保护简单可靠，但它为了保证有选择性的动作，必须逐级加上一个 Δt 的延时，因而影响了近电源端保护动作的快速性。为了迅速切除故障，根据越靠近电源发生故障，其短路电流越大的特点，可采用提高电流继电器的动作电流值来获得保护的选择性，这就构成了电流速断保护，它可以分为瞬时电流速断保护和延时电流速断保护。

（1）瞬时电流速断保护。瞬时电流速断保护与过电流保护的区别，在于它的动作电流值不是躲过最大负荷电流，而是按躲过被保护线路末端短路时的最大短路电流整定，从而使其保护范围限制在被保护线路的内部，从整定值上保证了选择性，因此可以瞬时跳闸。

保护一次动作电流整定值计算式为

$$I_{act} = K_{rel} I_{SCmax}$$

式中　I_{act}——保护装置一次动作电流；

　　I_{SCmax}——线路末端短路时，流过保护装置的最大短路电流；

　　K_{rel}——可靠系数，一般取 1.2~1.3。

由此可见，瞬时电流速断保护不能保护线路的全长，只能保护线路的一部分。一般保护范围能达到线路全长的 50%，即认为该保护有良好的保护效果。在最小运行方式能保护线路全长的 15%~20%，即可装设。线路不能被保护的区域称为死区。所以瞬时电流速断保护的任务是在线路始端短路时能快速地切除故障。

（2）延时电流速断保护。瞬时电流速断保护的最大优点是动作迅速，但只能保护线路首端；而定时限过电流保护虽能保护线路全长，但动作时限太长。因此，常用延时电流速断保护来消除瞬时电流速断保护的死区，要求延时电流速断能保护线路的全长。所以它的保护范围必然会伸到下一段线路的始端去，这样，当下一段线路首端发生短路时，保护也会启动。为了保证选择性的要求，需使它的动作时限比下一段线路瞬时电流速断保护大一个时限级差 Δt，其动作电流也要比下一段线路瞬时电流速断保护的动作电流大一些。

保护一次动作电流整定值计算式为

$$I_{act1} = K_{rel} I_{act2}$$

式中　I_{act1}——本段线路延时电流速断保护装置一次动作电流；

　　I_{act2}——下一段线路瞬时电流速断保护装置一次动作电流；

　　K_{rel}——可靠系数，一般取 1.1~1.2。

3. 三段式过电流保护装置

瞬时电流速断保护只能保护线路的一部分，延时电流速断保护虽能保护线路全长，但不能保护下一段线路的全长，所以必须装设定时限过电流保护，以作为本段或下段线路的后备保护，这就构成了三段式过电流保护装置，常应用于单侧电源的供电线路上。各保护的功能如下：

（1）在线路的始端，瞬时电流速断保护作为主保护，延时电流速断保护和定时限过电流保护作为后备保护。

（2）在线路的末端，延时电流速断保护作为主保护，定时限过电流保护作后备保护——近后备。

（3）当下段线路短路，下段线路的保护或断路器拒绝动作时，上段线路的定时限过流保护动作跳闸——远后备。

图 3-27 为三段式过电流保护装置接线图，其中 1KA、2KA 及 1KS 构成Ⅰ段保护，3KA、4KA、IKT 及 2KS 构成Ⅱ段保护，5KA、6KA、2KT 和 3KS 构成Ⅲ段保护，KOU 为保护出口中间继电器。任一段保护动作时，都有相应的信号继电器掉牌，可以知道是哪一段保护动作。从保护的动作情况和其他征象可以判断短路故障发生的大致范围。

最后需要指出，输电线路并不一定都要装三段式过电流保护装置，有时只装瞬时电流速断保护和定时限过流保护就能满足要求。

四、电力变压器的继电保护

变压器是发电厂和变电站的重要电气设备，在运行中可能发生各种故障及不正常运行情

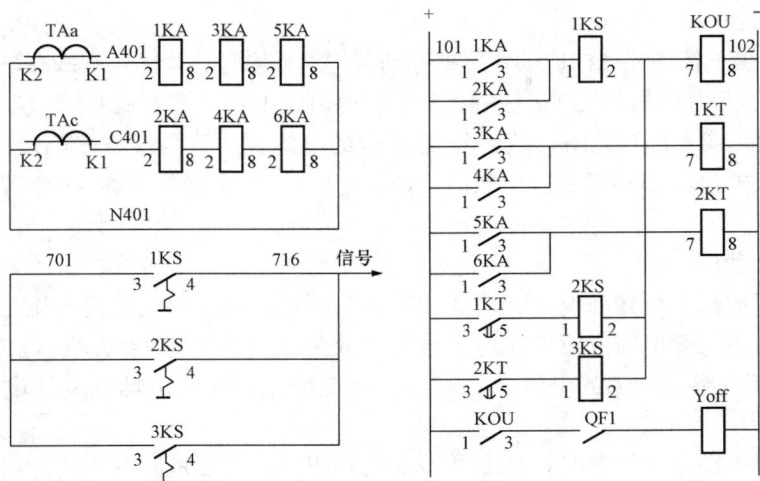

图 3 - 27　三段式过电流保护装置接线图

况，影响系统的运行和供电的可靠性。因此，必须对电力变压器装设专用的保护装置。

电力变压器多为油浸式，其高、低压绕组均在油箱内，故在变压器内部发生相间短路的可能性较小。其常见的内部故障是匝间短路，常见的外部故障是绝缘套管闪络或击穿，这种故障可能引起出线端相间短路或一相碰接外壳。此外，变压器还可能出现外壳损坏而漏油及过负荷等不正常的工作状况。为此，变压器通常需装设下列保护装置。

（1）瓦斯保护。容量在 800kV·A（车间用容量为 400kV·A）以上的变压器，应装设瓦斯保护，作为变压器内部故障和油面降低的主保护。重瓦斯保护动作于跳闸，轻瓦斯保护作用于信号。

（2）纵联差动保护或电流速断保护。容量在 5600kV·A 及以上的变压器，采用纵联差动保护，作为变压器的内部绕组、绝缘套管及引出线相间短路的主保护。小容量的变压器可采用电流速断保护代替纵联差动保护。

（3）过电流保护。作为变压器外部短路及瓦斯和纵联差动（或电流速断）保护的后备保护。

（4）零序电流保护。当变压器中性点直接接地时，装设零序电流保护，以提高发生单相接地时保护的灵敏度。

（5）过负荷保护。变压器过负荷时，保护延时动作发出信号。

1. 瓦斯保护

当变压器内部发生故障时，短路电流所产生的电弧将使变压器油和绝缘物分解，并产生大量瓦斯气体，利用这种瓦斯来动作的保护装置，称为瓦斯保护。瓦斯保护灵敏、快速、接线简单。运行实践证明，变压器油箱内的故障大部分是由瓦斯保护动作切除的。瓦斯保护和差动保护共同构成变压器的主保护。瓦斯保护的主要元件是气体继电器，它装于变压器油箱与油枕之间的连接管道上。

瓦斯保护不能反映变压器油箱外套管和连接线上的故障，因此还要装设纵差动保护或电流速断保护。

2. 变压器的差动保护

首先，用线路的差动保护来说明纵差动保护的一般工作原理，然后再说明变压器差动保护的一些特殊问题。

图 3-28 示出了按环流法构成的线路纵差动保护单相原理接线图。在线路两侧装有型式相同、变比相同的电流互感器，且同极性端相连接。电流继电器接在差流回路内，如图 3-28（a）所示。当正常运行或外部短路时，流经线路两侧的电流相等，即 $I_{I1} = I_{II1}$。于是，两个电流互感器的二次电流大小相等、方向相同，即 $I_{I2} = I_{II2}$。流过继电器的电流为

$$I_{act} = I_{I2} - I_{II2} = 0$$

因而继电器不会动作。

当单侧电源内部发生短路时，如图 3-25（b）所示，线路的电源侧电流互感器流过短路电流，而线路的负荷侧电流互感器无电流流过，故两组电流互感器二次侧电流大小不相等。由于 $I_{II2} = 0$，流过继电器中的电流 $I_{act} = I_{I2}$，当此电流大于继电器的动作电流时，继电器即动作。

当双侧电源内部发生短路时，如图 3-28（c）所示，两侧短路电流的方向都是由电源流向短路点，两组电流互感器二次侧电流在差流回路中方向相同，流过继电器中的电流为两电流之和，即 $I_{act} = I_{I2} + I_{II2}$，使继电器动作，将故障元件自两侧同时切除。

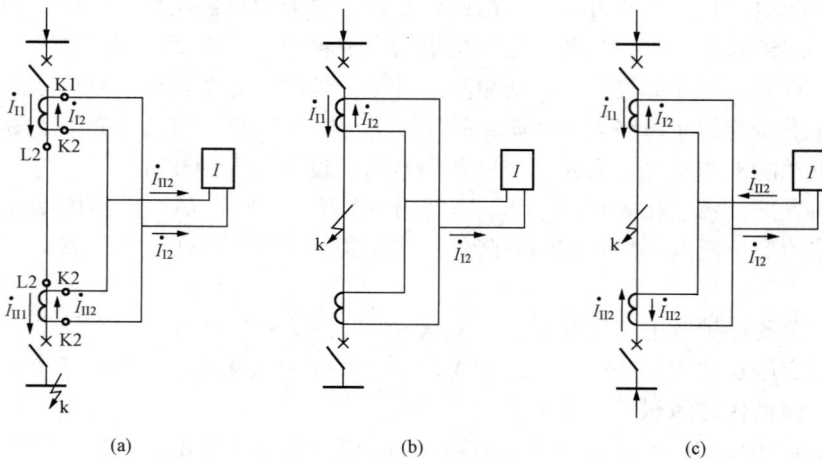

图 3-28　线路纵差动保护单相原理接线图
（a）正常运行或外部短路；（b）单侧电源内部短路；（c）双侧电源内部短路

由此可见，纵差动保护的保护范围是两侧电流互感器所包括的范围。在保护范围外部故障时，保护装置不动作，因此，不需要与相邻元件保护相配合，故可构成瞬时动作的保护。差动保护广泛用来保护发电机和变压器，当用于保护输电线路时，需要很长的二次辅助导线，因而很少采用。

变压器差动保护的原理与线路差动保护是相同的，但存在两侧电流互感器型式和变比不同、各侧绕组接线方式不同、存在励磁涌流、分接头位置改变等特殊问题，要采用相位补偿、躲过励磁涌流等措施。

3. 变压器的后备保护

为了反应变压器外短路引起的过电流，并作为变压器主保护的后备保护，变压器还需装设过电流保护。过电流保护可以分为单纯的过电流保护、低电压启动的过电流保护、复合电

压启动的过电流保护、负序过电流保护等。

4. 变压器保护接线总图

图 3 - 29 和图 3 - 30 分别示出了 35kV 双绕组变压器保护接线的交流回路和直流回路。变压器装设以下保护装置。

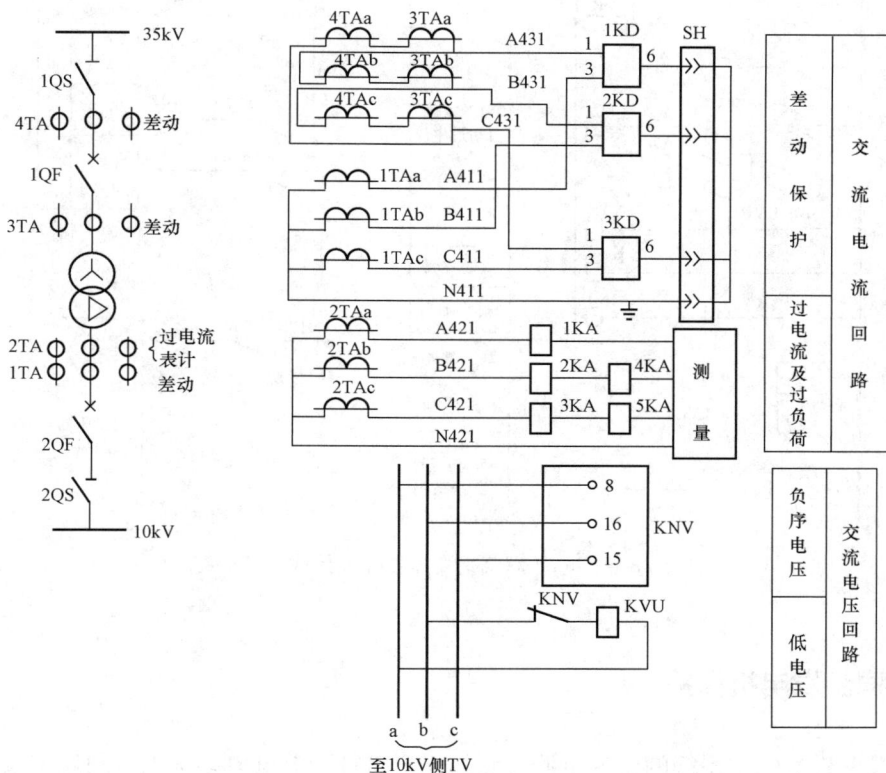

图 3 - 29　35kV 双绕组变压器保护接线交流回路

（1）纵差动保护：由 DCD-2（或 BCH-2）型差动继电器 1KD、2KD、3KD 和信号继电器 1KS 组成，瞬时动作于变压器两侧的断路器跳闸。

（2）瓦斯保护：由气体继电器 KG、信号继电器 2KS、切换片 XBC 和电阻 2R 组成。轻瓦斯保护动作于信号；重瓦斯保护瞬时动作于变压器两侧的断路器跳闸，也可由 XBC 切换到电阻 2R，只动作于信号。

（3）复合电压启动的过电流保护：装于电源侧，由负序电压继电器 KNV，低电压继电器 KVU，中间继电器 KVM，电流继电器 1KA、2KA、3KA，时间继电器 1KT 和信号继电器 3KS 组成。它作为变压器主保护的后备保护，经延时后作用于两侧的断路器跳闸。

（4）过负荷保护：由电流继电器 4KA 和时间继电器 2KT 组成。经延时后作用于故障信号。附加电阻 1R 的作用，是当变压器内部发生故障，几种保护同时动作于出口中间继电器 KOU 时，保证各保护装置中相应的串联信号继电器都能可靠动作。

在各个保护的跳闸回路中，都装有连接片 XB，以便在需要时将相应的保护退出工作。

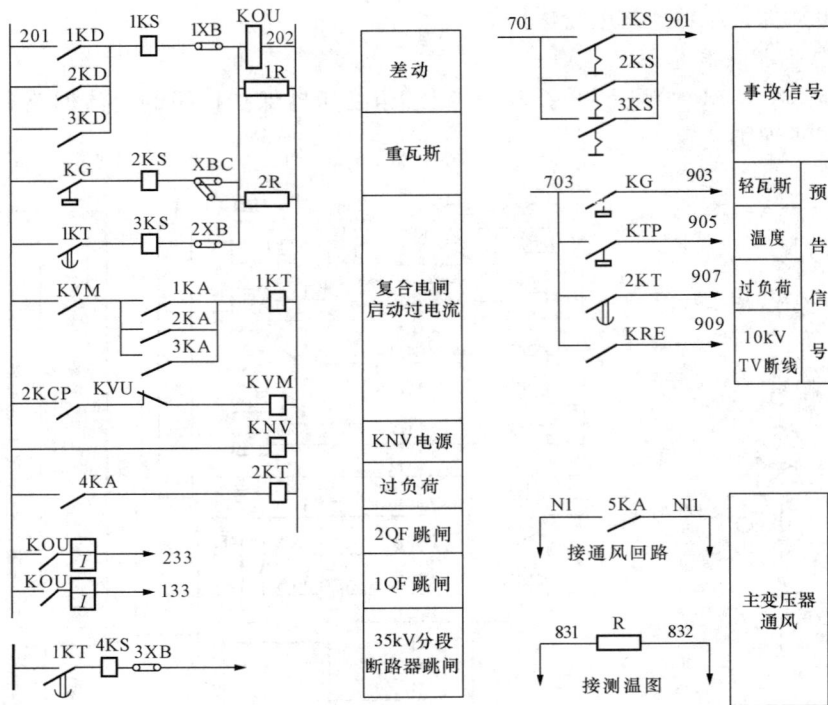

图 3-30 35kV 双绕组变压器保护接线直流回路

五、同步发电机保护

同步发电机是电力系统的主要电源，它的安全运行，对电力系统工作的稳定性和对用户供电的可靠性，起着决定性的影响。因此，对发电机各种不同类型的故障和不正常工作状态，应装设专门的保护装置：

（1）纵联差动保护或电流速断保护。容量在 1000kW 以上的发电机，装设纵联差动保护，作为发电机定子绕组及其引出线相间短路的主保护。1000kW 以下的发电机，当与其他机组或系统并列运行时，可在发电机出口侧装设电流速断保护。如果电流速断保护的灵敏度不满足要求，也可装设纵联差动保护。保护均动作于跳闸、灭磁和停机。

（2）过电流保护。作为发电机外部短路及纵联差动（或电流速断）保护的后备保护，保护动作于跳闸和灭磁。过电流保护也可以分为单纯的过电流保护、低电压启动的过电流保护、复合电压启动的过电流保护、负序过电流保护等。

（3）过负荷保护。由于过负荷引起发电机定子绕组过电流时，过负荷保护延时动作于信号。

（4）过电压保护。由于水轮发电机突然甩负荷或励磁调节装置误强励时，会引起发电机定子绕组过电压，过电压保护带延时动作于跳闸和灭磁。

（5）接地保护。发电机电压网络发生接地故障时，接地保护动作于信号。

（6）励磁回路一点接地保护。励磁回路产生一点接地时，保护作用于信号。

54

（7）失磁保护。发电机励磁消失时，失磁保护作用于跳闸。

（8）横差动保护。对于定子绕组为双星形接法的大型机组，作为绕组匝间短路的保护作用于跳闸。

发电机保护接线总图与变压器保护相似，这里不再画出。

思考题与习题

1. 一条线路最大负荷电流是 90A，末端最大三相短路电流是 500A，试计算瞬时电流速断保护和定时限过电流保护的动作电流。

2. 线路Ⅲ段过电流保护在什么情况下会动作？

3. 变电站运行中，某 10kV 线路Ⅰ、Ⅱ、Ⅲ段电流都超过保护定值，而由变压器后备保护动作跳闸，分析故障。

4. 运行中，变压器油箱内线圈产生相间短路，什么保护可能动作？变压器套管产生相间短路，什么保护可能动作？

第六节　互　感　器

在电力系统的测量、保护和自动装置中，广泛应用着电压互感器和电流互感器，它们的作用如下：

（1）将高电压、大电流变为便于测量的低电压（额定值为 100V）和小电流（额定值为 5A 或 1A），使测量仪表和继电器小型化和标准化，并可采用小截面积的电缆进行远距离测量。

（2）使测量仪表和继电器与高压装置在电气上隔离，保证工作人员的安全，同时还可以降低仪表和继电器的绝缘要求，使之结构简化，成本降低。

电压互感器用于将高电压变为低电压；电流互感器用于将大电流变为小电流。

一、电压互感器

电压互感器是一种特制的仪用变压器，其工作原理和电力变压器是相同的。互感器按绝缘特点可分为干式和油浸式两种，干式电压互感器只用于 10kV 以下的户内配电装置中。油浸式电压互感器又分为普通式和串级式两种：所谓普通式就是二次绕组和一次绕组完全互相耦合，和普通的变压器一样，这种结构常用于一次电压为 35kV 及以下的电压互感器；所谓串级式就是一次绕组分为几个单元串联而成，最后一个单元接地，二次绕组只和最后一个单元耦合，这种结构常用于一次电压为 110kV 及以上的电压互感器。

1. 电压互感器的接线方式

根据发电厂和变电站中测量仪表、继电器等二次设备的要求，电压互感器常用的接线方式有以下几种。

（1）单相接线。如图 3 - 31（a）所示，单相电压互感器的一次侧接于电源的线电压上，二次侧一端接地，可以测量一个线电压，常接于需要同期或检查电压的线路侧。

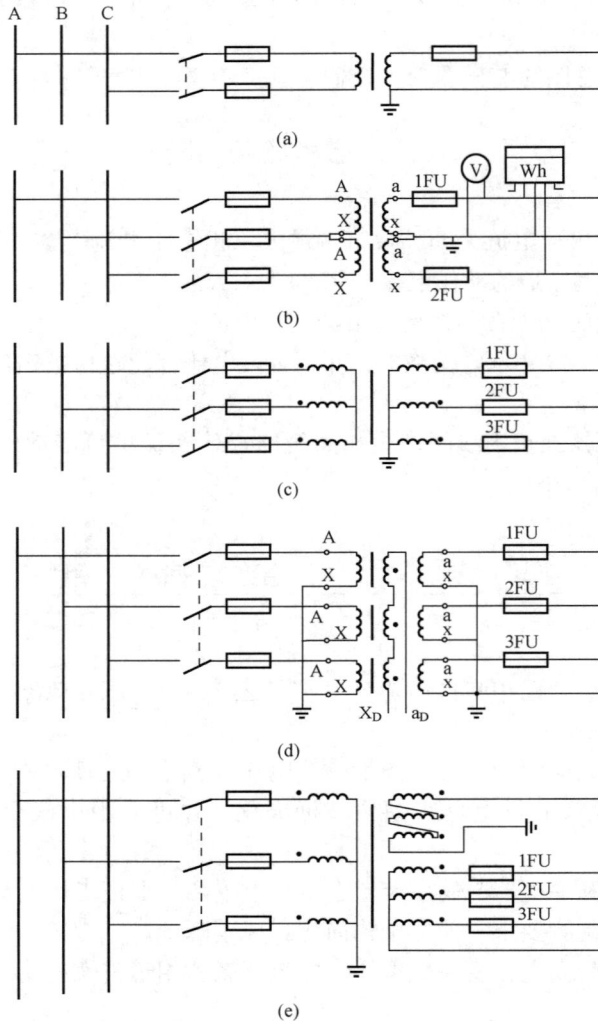

图 3-31　电压互感器的各种接线

（a）单相接线；（b）不完全三角形接线；（c）星形-星形接线；
（d）星形-星形-开口三角形；（e）三相五柱电压互感器接线

　　（2）不完全三角形接线（Vv 接线）。如图 3-31（b）所示，它由两台单相电压互感器组成，电压互感器二次绕组分别接在一次回路 AB、BC 相间，可以测量三个线电压 U_{ab}、U_{bc}、U_{ca}。当仪表和保护只需接三个线电压时（如三相功率表、电能表），采用此接线最简单。但这种接线不能测量相电压，而且其输出的有效容量仅为两台电压互感器额定容量总和的 $\sqrt{3}/2$ 倍。这种接线常用于小型发电厂和变电站中。

　　（3）星形-星形接线（Yyn 接线）。如图 3-31（c）所示，它由三相三柱式的电压互感器构成。电压互感器的一、二次绕组都接成星形，可以用来测量三个线电压。但在负载不平衡时，将引起较大误差，而且一次侧中性点不允许接地，否则当一次侧电网有单相接地故障时，可能烧坏互感器，故互感器一次侧中性点无引出线，也就不能测量对地电压，由于存在这些缺点，这种接线方式应用较少。

（4）星形—星形—开口三角接线（YNynd 接线）。如图 3-31（d）、（e）所示，电压互感器的绕组是按相电压设计的，它的三个基本二次绕组接成星形，可以测量三个线电压和三个相电压（由于一次侧中性点接地，也即三个相对地电压）；它的三个辅助二次绕组接成开口三角形，可以测量零序电压，辅助绕组的额定电压，用于小电流接地系统时按 100/3V 设计，用于大接地电流系统为 100V。这种接线方式应用很广泛。

此接线方式由三台三绕组的单相电压互感器构成，如图 3-31（d）所示。在 35kV 及以上系统中，均采用单相电压互感器。在 10kV 及以下的系统中，也大多数采用单相电压互感器，有一些老的发电厂和变电站仍有采用三相五柱式电压互感器，如图 3-31（e）所示。

2. Vv 接线电压互感器分析

（1）Vv 接线电压互感器的正确接线。Vv 接线电压互感器的正确接线如图 3-32（a）所示，为了更直观可以画成图 3-32（b）的连接简化图，可见三角形连接缺了一边，故称不完全三角形接法。由此可以画出互感器一、二次侧的电压相量图，如图 3-32（c）所示。为了便于分析各电压相量的关系，将电压相量用平移的方法使相量的始端画在一起，如图 3-32（d）所示。

从接线可以看出，电压 $\dot{U}_{ab}$ 和 $\dot{U}_{bc}$ 是可以从电压互感器 1TV 和 2TV 二次侧直接测量到的，但电压 $\dot{U}_{ca}$ 的大小和相位则是由 $\dot{U}_{ab}$ 和 $\dot{U}_{bc}$ 的关系得到的，从图 3-32（a）、（c）二次侧的电压相量关系可得

$$\dot{U}_{ca} = -(\dot{U}_{ab} + \dot{U}_{bc})$$

同一起点的电压相量图如图 3-32（d）所示。可见，三个二次电压是对称的，正确反映了一次侧电压的关系。

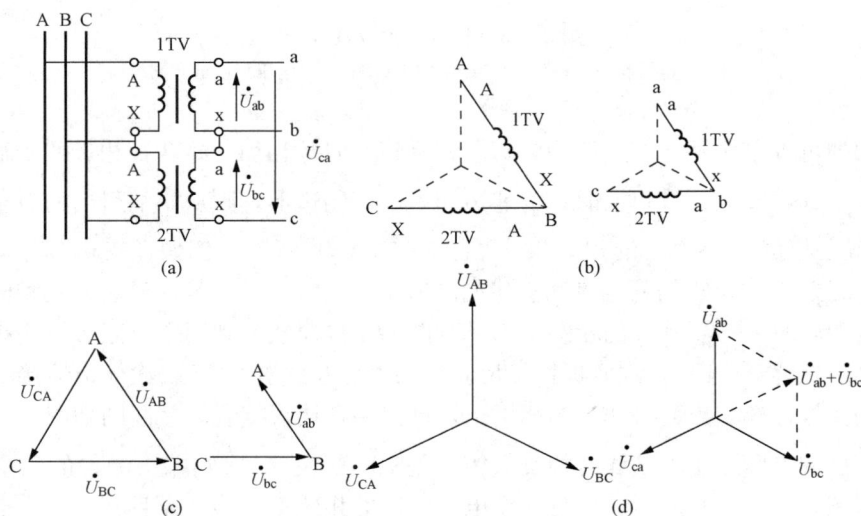

图 3-32　Vv 接法电压互感器的正确接线
（a）接线图；（b）连接简化图；（c）电压相量图；（d）同一起点的电压相量图

在此顺便指出，表示交流电的变化规律，可以用数学表达式、波形图和相量的方法，其

中相量法是分析交流电路的重要方法。

有的物理量，只有数值的大小（如时间、长度、电阻等），称为标量。有的物理量，既有大小，又有方向（如力、速度、电磁场等），称为相量。显然，交流电也是相量，但由于它的大小和方向是随时间周期性变化的，因而不能用一个固定相量来表示，必须采用旋转相量。但是，如果两个或两个以上的旋转相量的频率是相同的，它们的旋转速度就相同，那么它们之间的相位关系就是固定的，因而可以画在同一张图上。

用相量表示交流电的目的在于了解多个交流电量之间的相位关系和它们之间的合成。为此要画出相量图，画相量图时应注意：

1）在一个相量图上只能画同一频率的相量。由于频率相同，各相量的相对位置总是保持不变的，因而不再在图上标出角频率 ω 以及相量旋转方向和直角坐标轴。

2）参考相量的位置可以任意选定。一般选初相角为零的相量为参考相量，其他相量的位置则由它们和参考相量之间的相位差来确定。

3）用相量的长度表示交流电的有效值。例如，三相交流电压为

$$u_a = \sqrt{2} U_A \sin\omega t$$

$$u_b = \sqrt{2} U_B \sin(\omega t - 120°)$$

$$u_c = \sqrt{2} U_C \sin(\omega t + 120°)$$

它们之间的相位差为 120°，如图 3-33（a）所示。

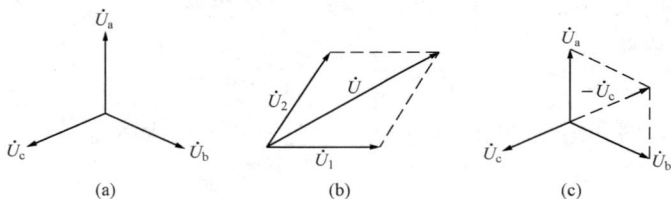

图 3-33 相量表示及其加减
(a) 电压相量图；(b) 电压相量相加图；(c) 电压相量求和图

相量相加可以采用平行四边形法，两个相量 $\dot{U}_1$ 和 $\dot{U}_2$ 相加，将两个相量的始端（不带箭头端）放在一起，并以相量 $\dot{U}_1$ 和 $\dot{U}_2$ 为邻边作一平行四边形，则从始端引出的对角线所表示的相量 $\dot{U}$ 就是相量 $\dot{U}_1$ 和 $\dot{U}_2$ 的相量和，如图 3-33（b）所示。例如，三相对称电压有效值相等，相位互差 120°，它们的相量和求法如图所示 3-33（c）所示。显然，三相电压相量和为零。相量相减时，将要减去的相量变为反方向的相量，然后利用平行四边形法相加即可。

（2）电压互感器 2TV 二次侧极性接反。如果电压互感器 2TV 二次侧极性接反，两个互感器二次侧同极性端 x 连起来作为 b 相引出，这是一种错误接线，接线图如图 3-34（a）所示。这时 $\dot{U}_{bc}$ 的方向与正确接线时相反（相位差 180°），在二次侧端头测得的三个电压的电压相量图如图 3-34（b）所示，可见三个电压之间的相位不相等，而且其中一个电压值增大了 $\sqrt{3}$ 倍。

（3）电压互感器 2TV 一次侧极性接反。电压互感器 2TV 一次侧极性接反而二次侧接线正确，这时二次侧 $\dot{U}_{bc}$ 的方向也是与正确接线时相反（相位差 180°），其相量图与图 3-34

（b）是相同的。

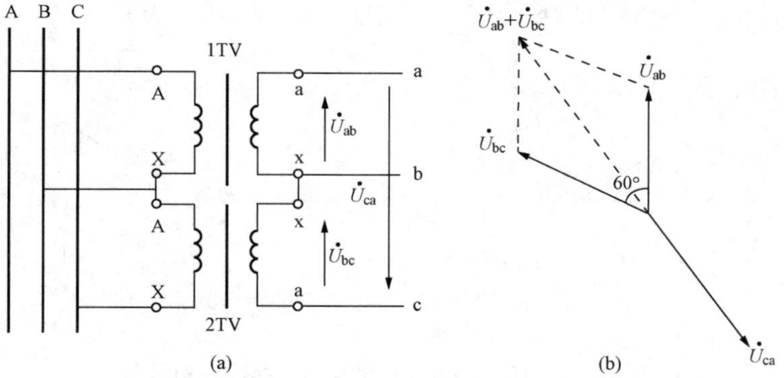

图 3-34　2TV 二次侧极性接反的接线和相量图
(a) 接线图；(b) 电压相量图

　　Vv 接法的电压互感器还可能有多种错误接线，如 1TV 一、二次侧极性分别接反；1TV、2TV 一、二次侧极性分别同时接反；1TV 一次侧、2TV 二次侧极性同时接反等，相量分析方法与上述是相同的。

　　3. 星形—星形—开口三角（YNynd）接线电压互感器分析

　　（1）正确接线。正确接线的电压互感器的接线图和相量图如图 3-35 所示，二次侧的线电压和相电压与一次侧是同相位的。

　　电压互感器开口三角绕组上测得的是零序电压，即

$$3\dot{U}_0 = \dot{U}_{a2} + \dot{U}_{b2} + \dot{U}_{c2}$$

如果三相电压是对称的，则 $3U_0 = 0$。

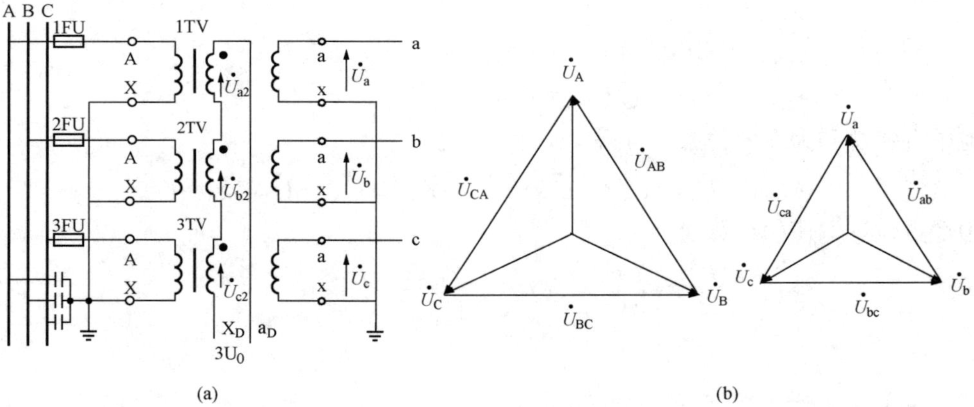

图 3-35　正确接线的 YNynd 接法电压互感器
(a) 接线图；(b) 电压相量图

　　（2）1TV 一次侧极性接反。1TV 一次侧极性接反后，二次侧相电压相量 $\dot{U}_a$ 反方向，从 3-36（a）的一次侧电压相量可见，线电压 $\dot{U}_{bc}$ 的大小和方向没有改变，但线电压 $\dot{U}_{ab}$ 和 $\dot{U}_{ca}$ 的大小和相位都改变了，从图 3-36（b）的线电压相量始端连在一起可见，线电压 $\dot{U}_{ab}$

和 $\dot{U}_{ca}$ 的数值减小为相电压，$\dot{U}_{ab}$ 和 $\dot{U}_{ca}$ 的相位差为 $60°$。

零序电压相量图如图 3-36（c）所示，可见零序电压 $3\dot{U}_0$ 为开口三角一相电压的两倍，相量方向与 $\dot{U}_a$ 相同。

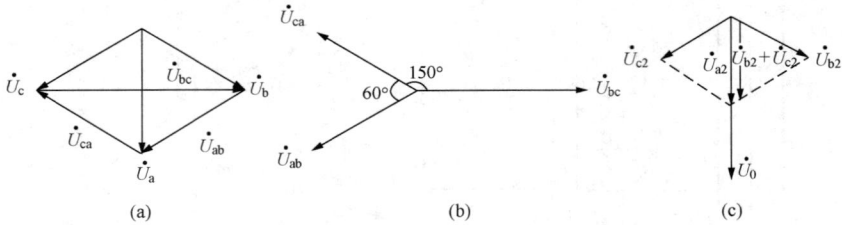

图 3-36　1TV 一次侧极性接反的接线和相量图

（a）一次侧电压相量图；（b）线电压相量始端连在一起；（c）零序电压相量图

4. 电压互感器的铁磁谐振

在中性点不接地系统中，由于电压互感器引起的铁磁谐振故障比较普遍，致使电压互感器的高压熔断器熔断或电压互感器烧毁，甚至引起避雷器爆炸和系统停电故障。因此，分析铁磁谐振产生的原因并采取有效的防止措施，对电力系统的安全可靠运行，有重要的现实意义。

（1）铁磁谐振的机理。

图 3-37 的中性点不接地系统中，各相对地电压表示为

$$\left.\begin{array}{l} \dot{U}_{Ad}=\dot{U}_A+\dot{U}_{Nd} \\ \dot{U}_{Bd}=\dot{U}_B+\dot{U}_{Nd} \\ \dot{U}_{Cd}=\dot{U}_C+\dot{U}_{Nd} \end{array}\right\} \tag{3-1}$$

式中　$\dot{U}_A$，$\dot{U}_B$，$\dot{U}_C$——相电压；

$\dot{U}_{Nd}$——中性点对地位移电压。

利用地中电流总和为零的关系，可得

$$(\dot{U}_A+\dot{U}_{Nd})Y_A+(\dot{U}_B+\dot{U}_{Nd})Y_B+(\dot{U}_C+\dot{U}_{Nd})Y_C=0$$

中性点位移电压的计算式为

$$\dot{U}_{Nd}=-\frac{\dot{U}_AY_A+\dot{U}_BY_B+\dot{U}_CY_C}{Y_A+Y_B+Y_C} \tag{3-2}$$

式中　Y_A，Y_B，Y_C——三相对地导纳。

$$\left.\begin{array}{l} Y_A=\dfrac{1}{r_A}+j\left(\omega C_A-\dfrac{1}{\omega L_A}\right) \\[2mm] Y_B=\dfrac{1}{r_B}+j\left(\omega C_B-\dfrac{1}{\omega L_B}\right) \\[2mm] Y_C=\dfrac{1}{r_C}+j\left(\omega C_C-\dfrac{1}{\omega L_C}\right) \end{array}\right\} \tag{3-3}$$

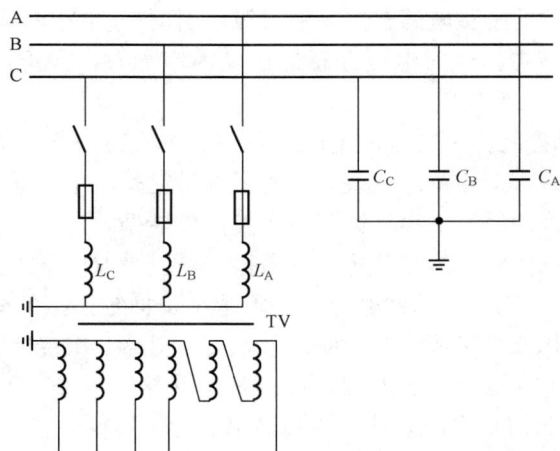

图 3 - 37　中性点不接地系统示意图

式中　r_A，r_B，r_C——各相对地泄漏电阻，一般可认为无穷大；

$\quad\quad$ C_A，C_B，C_C——各相对地电容；

$\quad\quad$ L_A，L_B，L_C——电压互感器各相电感。

电压互感器是一种铁磁元件，正常运行时互感器不饱和，其电感很大。式（3-3）中各相导纳表现为容性且三者相差甚小，因而式（3-2）中性点位移电压是很小的。但是，当产生某种故障或冲击扰动时，可能使一相或多相对地电压骤然升高，致使电压互感器的铁芯趋于饱和，励磁电感急剧下降，使中性点位移电压明显上升。在某些情况下，当参数的配合使总导纳（$Y_A+Y_B+Y_C$）很小时，就会产生铁磁谐振，使系统中性点的位移电压大大增加。各相对地电压是其电源电压和中性点电压的相量和，这就导致一相、两相或三相对地电压显著升高，从而在电压互感器流过大大超过额定值的电流，这是互感器高压熔断器不正常熔断或烧毁以及避雷器爆炸的主要原因。铁磁谐振可以是高频、基频和分频谐振。

（2）铁磁谐振产生的原因。在电力系统运行中，引起铁磁谐振产生的原因大致有以下几方面：

1）系统单相接地。中性点不接地系统的单相接地故障率比较高，当产生金属性完全接地时，接地相对地电压为零，非接地相对地电压升高为线电压，而产生间歇性单相弧光接地时，某些相的对地电压更高，可能为正常电压的好几倍，这就使电压互感器的铁芯高度饱和而引发铁磁谐振，这在系统中最为常见。

2）雷电干扰。电网遭受直击雷或感应雷击时，雷电波幅值很高，波头很陡，雷电感应到输电线上使其对地电压瞬间升高，也会使电压互感器的铁芯高度饱和，同时还可能使线路绝缘闪络，产生弧光接地，以致引发铁磁谐振，电压互感器的高压熔断器往往在雷电频繁时熔断，就是这个原因。

3）线路断线。线路发生断线时，断线相对地电容减小，会使该相对地导纳降低，导致中性点位移电压上升，在某些运行方式或某种参数的配合下，中性点位移电压可能很高，从而引发铁磁谐振。同时，断线又往往引起接地故障，诱发铁磁谐振。

4）空载母线充电。变电站因检修或其他原因停电而恢复供电时，往往是先向母线充上电压，然后再向用户送电。当母线带电空载运行时，由于母线对地电容很小，其容抗往往与接于母线上的电压互感器的励磁电感在同一数量级，因而 $Y_A + Y_B + Y_C$ 很小，使中性点位移电压大大升高产生铁磁谐振。这时电压互感器往往因饱和发出异声，三相电压表打到头或摆动。

5）电压互感器的励磁特性差。在配电网运行中，中性点不接地系统铁磁谐振频发，与电压互感器的励磁特性差直接相关。一些厂家为了省材料降成本，减少互感器铁芯截面和线圈匝数，使互感器在外因的诱发下很易饱和而激发铁磁谐振。

（3）铁磁谐振的防止措施。为了防止铁磁谐振，可以采取以下措施：

1）电压互感器的开口三角两端接电阻。电阻越小，抑制谐振的效果越好，但电阻数值过小，在产生间歇性单相弧光接地时，会使流过电压互感器一次绕组的电流显著增大，可能损坏电压互感器。对 10kV 及以下的电网，可以长期并接 $50\sim200\Omega$、500W 的线绕电阻或 $200\sim500W$ 的白炽灯作为阻尼电阻，这一措施简单易行，运行中有一定效果。

2）电压互感器一次侧中性点经电阻接地。这一措施能限制电压互感器一次侧电流，并能减少每相电压互感器的电压，相当于改善了电压互感器的伏安特性。一般采用 $10\sim20k\Omega$、100W 的电阻接地，10kV 以下系统用下限值，35kV 系统用上限值。注意：电压互感器中性点需按全绝缘设计才能应用。

3）电压互感器一次侧中性点通过一台零序电压感器接地。零序电压互感器的额定电压和三台单相主电压互感器的额定电压是相同的，原接成开口三角的三个辅助绕组接成闭口三角形，零序电压互感器二次侧引出零序电压。一些电力部门的运行实践表明，这一措施对消除铁磁谐振有显著的效果，对 10kV 及以下的中性点不接地系统可以普遍采用；对于 35kV 系统，若采用的电压互感器中性点侧是按全绝缘设计的，也可以采用这一措施。现在已有厂家生产这种 4TV 的三相消谐互感器。

4）采用消谐器。消谐器的原理是发生铁磁谐振时，装置首先判别是高频、基频、分频谐振，然后由电子电路自动实现不同的消谐措施（如开口三角接入电阻或电压互感器中性点经电阻接地）。但在实际应用中，由于消谐原理或装置可靠性还不够完善，运行效果并不太理想，还有待在理论上和制造上加以完善。

5）减少同一网络并接的接地电压互感器台数。高压侧中性点接地的电压互感器并联后，减少了总的对地励磁电感，中性点位移电压增加，容易引发铁磁谐振。因此，变电站母线电压互感器除作为对地绝缘监视而必须接地外，其余电压互感器可以不接地。

6）采用励磁特性优良的电压互感器。上述措施既增加了设备，又给运行维护工作带来麻烦，有时要综合采用才能奏效，并要通过运行实践的考验。而采用励磁特性优良的电压互感器，使其在最高线电压下铁芯仍不饱和，这可以说是铁磁谐振问题的治本措施。

7）采用电子式电压互感器。随着电力系统向智能化以及大容量，超高压方向发展，对电气设备小型化、智能化、高可靠性的要求也越来越高。目前在电气系统中广泛应用的是常规电磁式电压互感器，这已难以满足电力系统的应用发展要求。电子式电流、电压互感器具有结构紧凑、体积小、抗电磁干扰、不饱和以及易于数字信号传输的优点。电磁式电压互感器产生铁磁谐振的根本原因在于铁芯饱和，而电子式电压互感器没有铁芯，不存在磁饱和、磁干扰的问题，这就从根本上消除了铁磁谐振。随着数字化变电站的建设，电子式电压互感器将越来越多应用于电力系统，铁磁谐振问题有望彻底解决。

8）35kV 系统中性点经消弧线圈接地。由于消弧线圈的电抗比电压互感器小得多，可以消除一切铁磁谐振，但投资较大。例如，35kV 系统线路长、电缆多，电容电流较大，装消弧线圈既可以防止单相接地时形成稳定电弧，又可以防止铁磁谐振。

需要指出，防止铁磁谐振的多个措施各有优缺点和局限性，要结合具体情况加以比较选择，并在运行实践中验证和完善。

二、电流互感器

电流互感器的一次绕组串联于一次电路中，二次绕组则与仪表和继电器的电流线圈串联，由于通过电流互感器将大电流变为小电流，所以其一次绕组匝数仅一匝或几匝，而二次绕组匝数较多。

1. 电流互感器的接线方式

根据发电厂和变电站中测量仪表、继电器等二次设备的要求，电流互感器常用的接线方式有以下几种。

（1）单相接线。如图 3-38（a）所示，只能测量一相电流，用于平衡的三相电路中。

（2）星形接线。如图 3-38（b）所示，能反应各相电流和各种类型的故障电流，广泛用于发电机，变压器和 35kV 以上电力线路的保护和测量。

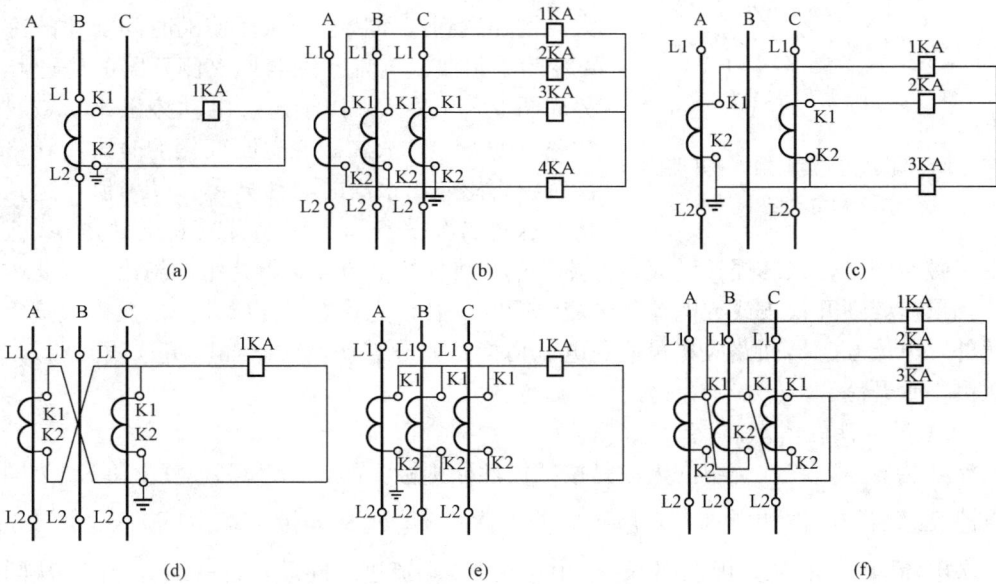

图 3-38 电流互感器的接线

（a）单相接线；（b）星形接线；（c）不完全星形接线；
（d）两相电流差接线；（e）零序接线；（f）三角形接线

（3）不完全星形接线。如图 3-38（c）所示，这种接线也称 V 形接线，二次侧公共线中流过的电流，正好是未接电流互感器一相的二次电流 $\dot{I}_b$，即

$$\dot{I}_a + \dot{I}_c = -\dot{I}_b$$

这种两相式接线的三只电流表，分别反应了三相电流，节省了一台电流互感器，但不能

反应所有的接地故障，所以广泛用于小电流接地系统中，供测量和保护用。

（4）两相电流差接线。如图 3-38（d）所示，这种接线的二次侧公共线中流过的电流等于其他两相电流之差，其值是一相电流的 $\sqrt{3}$ 倍，这种接线不能反应所有的接地故障，一般只用于三相三线制不重要电路的保护中。此外，同步发电机的相复励励磁系统的电流互感器也常用这种接线方式。

（5）零序接线。如图 3-38（e）所示，它由三台同型号电流互感器的同极性端子并联后引出，二次侧公共线流过的电流等于三相电流之和，即 $\dot{I}_a + \dot{I}_b + \dot{I}_c = 3\dot{I}_0$，反应的是零序电流，这种接线专用于零序保护。

（6）三角形接线。如图 3-38（f）所示，用于星形－三角形连接的变压器差动保护的接线中。

2. 电流互感器二次侧开路

串联于电流互感器二次侧的仪表、继电器的电流线圈，阻抗都是很小的，电流互感器的工作接近于短路状况。这时，二次负荷电流所产生的磁通和一次电流所产生的磁通相互抵消，铁芯中的合成磁通是不大的。如果二次侧开路，二次电流为零，而一次电流 $\dot{I}_1$ 仍然保持不变，这就使铁芯中的磁通大大增加达到饱和状态，从而使随时间变化的磁通波 ϕ 变为平顶波，电流互感器二次侧开路的磁通和电动势如图 3-39 所示。由于感应电动势正比于磁通的变化率（$\mathrm{d}\phi/\mathrm{d}t$），故在磁通急剧变化的时段，开路的二次绕组将感应出很高的电动势 e_2，其峰值可达到数千伏，这对二次设备和工作人员的安全都是很危险的。

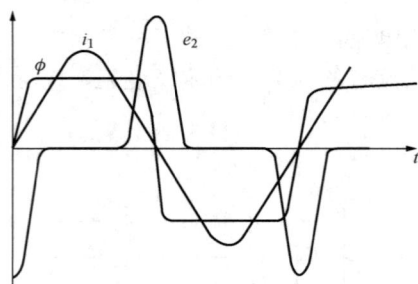

图 3-39　电流互感器二次侧开路的磁通和电动势

同时由于磁通剧增，铁芯损耗增大，发热严重，将损坏电流互感器绕组的绝缘。因此，在运行中，如果需要断开仪表或继电器的电流线圈时，必须先将电流互感器的二次侧短接后再进行。此外，电流互感器回路应尽量避免电流切换，如确需切换时（如电流选线回路），要确保二次侧不致开路。

3. 互感器极性的测定

电流互感器一、二次绕组的极性是按减极性原则标注的，L1 和 K1、L2 和 K2 为同极性端，电流互感器的极性如图 3-40 所示。若一次电流 $\dot{I}_1$ 从同极性端 L1 流入，从 L2 端流出，二次电流 $\dot{I}_2$ 必然从同极性端 K1 流出，从 K2 端流进。同理，若一次电流 $\dot{I}_1$ 从同极性端 L2 流入，二次电流 $\dot{I}_2$ 必然从同极性端 K2 流出。由于电流互感器的极性错误而产生异常情况的事例屡见不鲜。例如：

（1）继电保护装置可能误动或拒动，如发电机或变压器的纵差动保护。

（2）有功功率表、无功功率表、功率因数表指示不正常。

（3）有功电能表、无功电能表读数不对，电能计量错误。

（4）发电机励磁调节器调差回路接反，正调差变成负调差，使运行不稳定。

当电流或电压互感器标记掉了或修理后要判别极性时，测定极性的方法有直流法和交流法。

（1）直流法。最简单和常用的是直流法，极性测定的步骤如下：

1）先将一、二次绕组上标上＋、－号，作为假定的极性端，直流法测定互感器的极性如图 3 - 41 所示。

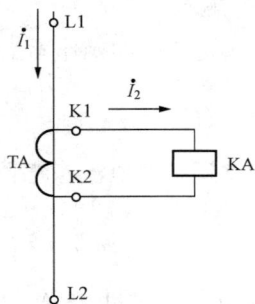

图 3 - 40　电流互感器的极性　　　　图 3 - 41　直流法测定互感器的极性

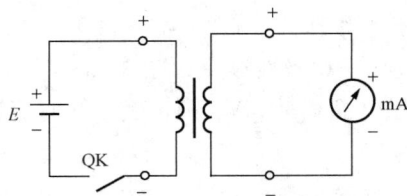

2）将电池的正极接到匝数较多的绕组（电压互感器的一次侧、电流互感器的二次侧）的"＋"端，电池的负极经一开关 QK 接至绕组的"－"端。

3）将一万用表的量程转换到毫安或微安挡，接到互感器另一绕组上，万用表的正笔接绕组"＋"端，负笔接绕组的"－"端。

4）开关 QK 合上的瞬间，万用表指针正向偏转，说明开始假定的极性是正确的，如指针反转，说明原假定的极性不对。

（2）交流法。交流法测定电压互感器极性的接线如图 3 - 42（a）所示。将电压互感器一、二次侧的一个同名端 X 和 x（或 A、a）连接起来，互感器的一次侧加上交流低电压，测量互感器端头 A-X、a-x、A-a 的电压，并分别用 $\dot{U}_1$、$\dot{U}_2$ 和 $\dot{U}_{Aa}$ 表示。在图 3 - 42（a）的情况下有

$$U_{Aa} = U_1 - U_2 < U_1$$

即不相连的另一对同名端的电压小于外加电压。同名端相连时的电压相量图如图 3 - 42（b）所示。

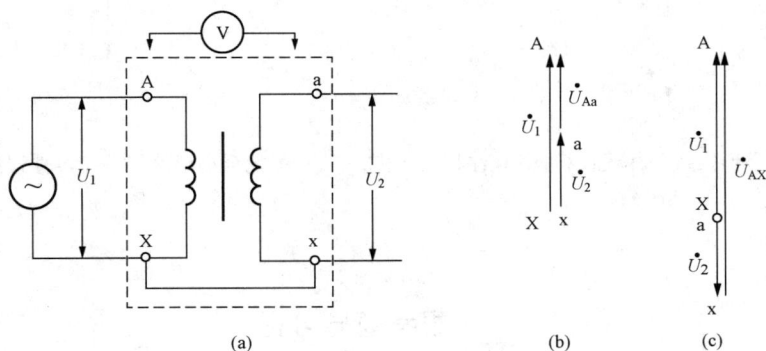

图 3 - 42　交流法测定电压互感器的极性

（a）测定接线；（b）同名端相连时的电压相量图；（c）异名端相连时的电压相量图

当电压互感器一、二次侧的一个是异名端 X 和 a（或 A、x）相接时，另一对异名端的

电压为

$$U_{Ax} = U_1 + U_2 > U_1$$

异名端相连时的电压相量图如图 3 - 42 (c) 所示。

因此，比较所测定的三个电压，即可判别电压互感器的极性。

电流互感器极性的测定也可以使用交流法，但接线比较复杂，如操作不当还可能导致电流互感器二次侧开路，要特别注意。

4. 互感器极性接反的分析

（1）星形接线—相极性接反。图 3 - 38 (b) 中，设正常运行时电流互感器二次侧 1KA、2KA、3KA 流过电流都是 3A，则正确接线时流过 4KA 的电流为

$$3\dot{I}_0 = \dot{I}_a + \dot{I}_b + \dot{I}_c = 0$$

当 A 相电流互感器一次或二次极性接反时，A 相电流反向，流过 1KA、2KA、3KA 的电流仍为 3A，但 4KA 的电流变为

$$3\dot{I}_0 = -\dot{I}_a + \dot{I}_b + \dot{I}_c$$

从图 3 - 43 星形接线—相极性接反相量图可见，这时 4KA 电流为 6A。

（2）不完全星形接线—相极性接反。图 3 - 38 (c) 中，正确接线时，1KA、2KA 流过的电流为 3A，3KA 反映 B 相电流也为 3A。当 A 相电流互感器一次或二次极性接反时，A 相电流反向，1KA、2KA 流过的电流仍为 3A，但 3KA 的电流变为

$$3\dot{I}_0 = -\dot{I}_a + \dot{I}_c$$

从图 3 - 44 不完全星形接线—相极性接反相量图可见，这时 3KA 的电流为 $3\sqrt{3}$ A。

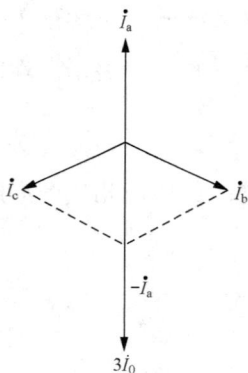

图 3 - 43 星形接线—相极性接反相量图　　图 3 - 44 不完全星形接线—相极性接反相量图

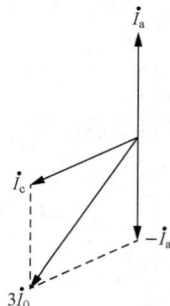

思考题与习题

1. 用于 10kV 系统的 Vv 接线和星—星—开口三角接线的单相电压互感器的电压比各是多少？

2. 图 3 - 35 (a) 接线中，一次侧 A、B 两相熔断器同时熔断，分别说明二次侧三个线电

压的数值是多少。

3. 图 3-35 （a）接线中，将 1TV、2TV、3TV 的一次侧 A、X 都对调，二次侧三个相电压、三个线电压的数值和相位有什么变化？一次电压 $\dot{U}_{AB}$ 与二次电压 $\dot{U}_{ab}$ 的相位差是多少？画出相量图进行分析。

4. 图 3-35 （a）接线中，将 1TV、2TV、3TV 的一次侧 A、X 和二次侧 a、x 都对调，二次侧三个相电压、三个线电压的数值和相位有什么变化？一次电压 $\dot{U}_{AB}$ 与二次电压 $\dot{U}_{ab}$ 的相位差是多少？

5. 图 3-38 （b）接线中，当线路三相短路时，1KA、2KA、3KA 都是 10A，如变为 A、C 两相短路，短路电流降为三相短路的 $\sqrt{3}/2$ 倍，问 1～4KA 的电流各是多少？

6. 一个套管式电流互感器，有 0（公共端）、100、200、300A 几个抽头，问 0～100A 和 0～300A 哪一组二次侧绕组的匝数多？如测量仪表接于 300A 抽头，为正确测量其余抽头是短路还是空着？如空着会不会产生高电压？如在 300A 抽头时二次侧电流为 4A，短接其他抽头后，二次电流有变化吗？

第七节　电　气　测　量

一、电流和电压测量

1. 电流测量

测量电流用的仪表，称为电流表。为测量电路中的电流，电流表必须串联接入被测电路。直接串联接入基本电路如图 3-45 （a）所示，电路只适用于低电压小电流电路的电流测量。为使电流表的接入不影响电路的原始状态，电流表本身的内阻抗要尽量小，或者说与负载阻抗相比要足够小。测量直流电流时必须注意极性，使仪表的极性与电路极性相一致，让电流从"＋"端流入，"－"端流出。如果极性接反，指针会反偏，严重时会将指针打弯。测量交流电流时，无极性要求，其读数为交流电流的有效值。

仪表的测量范围通常称为量程。仪表不能在超量程情况下工作，否则，会导致仪表烧毁或损坏。为保证测量准确度，又不致超量程，一般用指针指示满量程的 2/3 为宜。欲测量更大的电流，必须扩大仪表量程。

直流电流表通常采用分流器扩大量程。分流器实际上是一个和电流表并联的低值电阻，用 R_P 表示，与分流器并联后串联接入基本电路如图 3-45 （b）所示。使电流表中只通过和被测量电流成一定比例的较小电流，让大部分电流从分流器通过，以达到扩大电流表量程的目的。发电机的励磁电流一般都是接入分流器进行测量，分流器二次端头的额定电压为 75mV。

交流电流表扩大量程的方法，通常采用电流互感器，串联接入电流互感器二次侧基本电器如图 3-45 （c）所示。将电流互感器 TA 一次侧绕组串联接入被测电路，将电流表串联接入 TA 二次侧。由于电流互感器二次侧额定电流一般都为 5A（也有用 1A 的），故与电流互感器配套的电流表，其量程也均为5A，其表面的刻度均以电流互感器的一次电流标定，因此，可直接读出被测电流的大小。

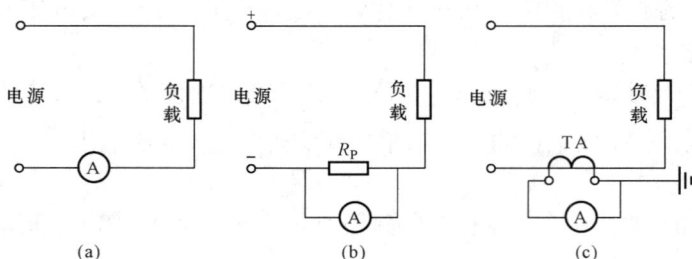

图 3-45　电流测量基本电路

（a）直接串联接入；（b）与分流器并联后串联接入；（c）串联接入电流互感器二次侧

使用钳形电流表，可在不断开电路的情况下，测量电路电流。

电流表按量程不同，分为安培表、毫安表、微安表等。

2. 电压测量

用以测量电压的仪表称为电压表。电压表应跨接在被测电压的两端，即和被测电压的电路或负载并联。电压表直接并联接入基本电路如图 3-46（a）所示。

为不影响电路的工作状态，电压表本身的内阻抗要很大，或者说与负载的阻抗相比要足够大，以免由于电压表的接入而使被测电路的电压发生变化，形成不能允许的误差。

串联一个高阻值的附加电阻 R_a，以及在交流电路中采用电压互感器 TV，都可以使较高的被测电压，按一定比例变换成电压表所能承受的较低电压，从而扩大电压表的量程，如图 3-46（b）、（c）所示。

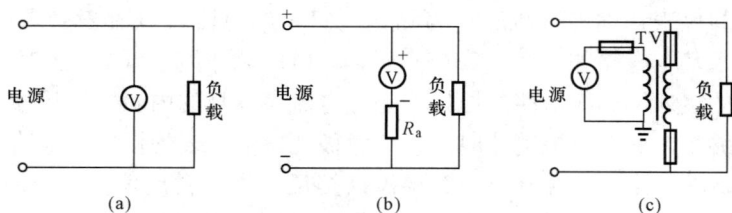

图 3-46　电压测量基本电路

（a）电压表直接并联接入；（b）直流电压表经附加电阻接入；（c）交流电压表通过电压互感器接入

图 3-46（a）中，电压表直接并联接入被测电路，适用于交直流低压电路的电压测量。电压表读数即为被测电路两点间的电压大小。测量直流电压时，同样必须注意极性，应使电压表"＋"端接被测电路的高电位端，"－"端接被测电路的低电位端。测量交流电压时，无极性要求，其读数为交流电压的有效值。同时，还应注意仪表量程必须与被测量相适应，不能在超量程情况下工作。

图 3-46（b）所示为直流电压表经附加电阻接入电路，用于直流电压的测量，电压表与分压器（即附加电阻 R_a）串联后再并联接入被测电路。这时若电压表的读数为 C，且 $C=U/n$，则

$$U=nC$$

式中　U——被测电路两点间电压；

$\qquad$ n——分压比。

分压器的阻值为

$$R_{a}=R_{V}(n-1)$$

式中　R_{V}——电压表的内阻。

图 3-46（c）所示为交流电压表通过电压互感器接入电路，适用于交流高压电路的电压测量。若电压表读数为 C，且 $C=U/K_{TV}$，则

$$U=K_{TV}C$$

式中　U——被测电路两点间电压；

$\qquad$ K_{TV}——电压互感器的变压比。

由于电压互感器二次侧额定电压都为 100V，故与电压互感器配套的电压表量程均为100V。电压表的表面刻度以电压互感器的一次电压标定，测量时可以直接读出被测电压的大小。

电压表按量程的不同，有千伏表、伏特表、毫伏表等。

在电力系统中，三相电压的测量一般采用一只电压表而通过转换开关进行切换，但测量三相电流时一般采用三只电流表而不用转换开关，以防电流互感器开路。

3. 仪表的选用

在直流电流和电压的测量中，由于磁电系机构具有准确、灵敏、功耗小和标尺均匀等显著的优点，所以都采用磁电系仪表。磁电系电流表和电压表在接入电路时，要注意端子的极性。

在交流电流和电压的测量中，安装式仪表通常采用电磁系测量机构。至于交流可携式电流表和电压表，目前主要采用电动系测量机构，以适应精密测量的要求。

二、功率测量

用以测量电路功率的仪表称为功率表。其按所测电路功率性质不同，可分为有功功率表与无功功率表；按电流性质不同，可分为直流和交流两类；按交流电路相数不同，可分为单相和三相两种。

1. 单相电路有功功率测量

测量单相电路有功功率的功率表接线原理图，即单相功率测量电路如图 3-47 所示。图 3-47（a）为直接接入，功率表 PW 圆圈内的水平粗实线表示电流线圈，垂直细实线表示电压线圈。功率表指针的偏转方向由两组线圈里电流的相位关系所决定。改变任一个线圈的电流流入方向，表针都将向相反的方向偏转。为防止接线错误，通常在仪表的引出端钮上将电流线圈与电压线圈指定接电源同一极的一端标有"＊"或"＋"等极性标志，称为发电机端。正确的接线是将电流线圈标有极性标志的一端接至电源侧，另一端接负载侧。电压线圈带有极性标志的一端与电流线圈带有极性标志的一端接于电源的同一极，另一端则跨接到负载的另一端。

图 3-47（b）是经互感器接入电路，即电压线圈和电流线圈分别经电压互感器 TV 和电流互感器 TA 接入被测电路的集中式表示原理图，图 3-47（c）则是展开式表示原理图。功

率表经互感器接入时，必须正确地标出互感器的极性和功率表的极性。

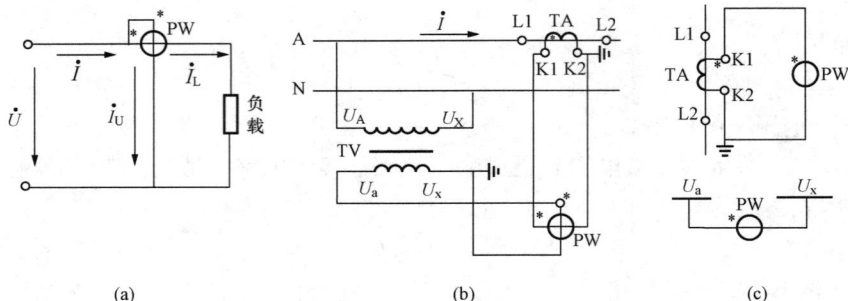

图 3-47　单相功率测量电路

(a) 直接接入；(b)、(c) 经互感器接入

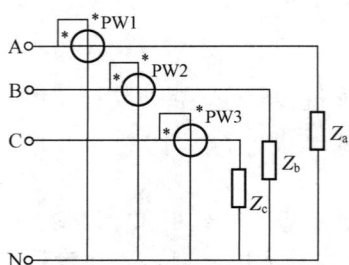

图 3-48　三只单相功率表测量三相四线制电路有功功率的接线

2. 三相电路有功功率测量

(1) 三相四线制电路有功功率的测量。图 3-48 所示为采用三只单相功率表测量三相四线制电路有功功率接线。因为三相总功率为

$$P = P_A + P_B + P_C$$

所以总功率为三只功率表 PW1、PW2、PW3 读数之和。这种接线方式不管三相负载是否平衡，测量结果都是正确的。经互感器的接线参考图 3-47 (b)。

在电力系统中，多采用三元件的三相四线制的功率表测量有功功率。

(2) 三相三线制电路有功功率的测量。三相三线制电路的有功功率可以用两只单相功率表进行测量。接线如图 3-49 (a) 所示，PW1 功率表上的电流线圈串联在 A 相；电压线圈带星号的端钮也接于 A 相，另一端接 B 相。这样，PW1 指示的有功功率为

$$P_1 = \dot{U}_{AB}\dot{I}_A = (\dot{U}_A - \dot{U}_B)\dot{I}_A$$

同理，PW2 指示的有功功率为

$$P_2 = \dot{U}_{CB}\dot{I}_C = (\dot{U}_C - \dot{U}_B)\dot{I}$$

而
$$P = P_1 + P_2 = \dot{U}_A\dot{I}_A + \dot{U}_C\dot{I}_C - \dot{U}_B(\dot{I}_A + \dot{I}_C)$$

由于
$$\dot{I}_A + \dot{I}_B + \dot{I}_C = 0$$

可得
$$\dot{I}_A + \dot{I}_C = -\dot{I}_B$$

代入上式得

$$P = P_1 + P_2 = \dot{U}_A\dot{I}_A + \dot{U}_B\dot{I}_B + \dot{U}_C\dot{I}_C$$

以上说明，不管三相电压是否对称，三相负载是否平衡，以两只功率表按图 3-49 的方式接线所测得的有功功率为三相有功功率的总和（即电路的总有功功率为功率表 PW1 和 PW2 两表读数之和），这就是用两表法测量三相电路有功功率的原理。

实际上，功率表刻度盘上的读数是平均功率，而不是瞬时功率，其相量图如图 3-49 (b) 所示。

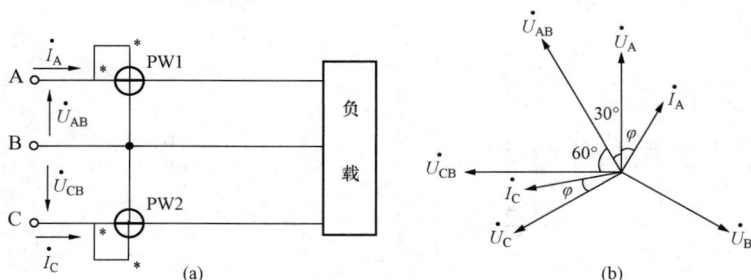

图 3-49　三相三线制电路有功功率测量

(a) 接线图；(b) 相量图

应当指出，用两只单相功率表测量三相电路有功功率时，每只功率表 PW1（或 PW2）的读数并不代表任一相的有功功率。但两只功率表读数的代数和却代表三相电路的总有功功率。

实际上，测量三相电路有功功率时常采用三相功率表，按上述原理，将两只功率表组合起来，使其动圈在机械上连接在一起，带动同一个指针，用以直接指示三相功率，这是常见的三相两元件功率表。通过互感器接功率表，如图 3-50 所示。其为 42L2-W、380/100V、5A型仪表通过电流和电压互感器三相功率的接线。

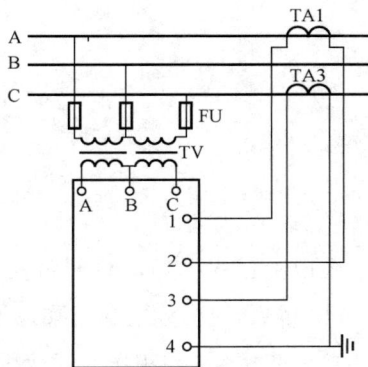

图 3-50　通过互感器接功率表

3. 三相电路无功功率的测量

三相电路无功功率的测量是用有功功率表（或者说用测量有功功率的方法）来测量无功功率的。三相电路无功功率的方法很多。下面介绍用跨接 90°接线测量三相无功功率。如图 3-51 (a) 所示接线图，将 PW1 的电流线圈串联在 A 相，电压线圈接于 U_{BC} 上；将 PW2 的电流线圈串联在 B 相，电压线圈接于 U_{CA} 上；将 PW3 的电流线圈串联在 C 相，电压接于 U_{AB} 上。三只单相功率表读数之和为 $\sqrt{3}$ 倍的三相无功功率。内部接线采用跨相 90°的接线方式三相无功功率表，表盘刻度时已考虑了必要的系数，可直接读出被测三相电路的无功功率。

如果三相电压是对称的（负载可以不对称），则三个线电压数值相等（标为 U_L），相位互差 120°。从图 3-51 (b) 的相量图可见，接入三只单相功率表的电流和电压的夹角为 90°减去 φ_A（φ_B、φ_C），由此可得功率表的测值为

$$P = P_1 + P_2 + P_3$$
$$= U_{BC}I_A\cos(90° - \varphi_A) + U_{CA}I_B\cos(90° - \varphi_B) + U_{AB}I_C\cos(90° - \varphi_C)$$
$$= U_L I_A(\cos90°\cos\varphi_A + \sin90°\sin\varphi_A) + U_L I_B(\cos90°\cos\varphi_B + \sin90°\sin\varphi_B)$$
$$\quad + U_L I_C(\cos90°\cos\varphi_C + \sin90°\sin\varphi_C)$$
$$= U_L I_A\sin\varphi_A + U_L I_B\sin\varphi_B + U_L I_C\sin\varphi_C$$
$$= \sqrt{3}(Q_A + Q_B + Q_C) = \sqrt{3}Q$$

由此可见，三只功率表读数之和除以 $\sqrt{3}$，就是三相电路总的无功功率。

在三相电压和负载都对称的电路中，可用两只单相功率表 PW1 和 PW2 测量三相电路无功功率时，则有

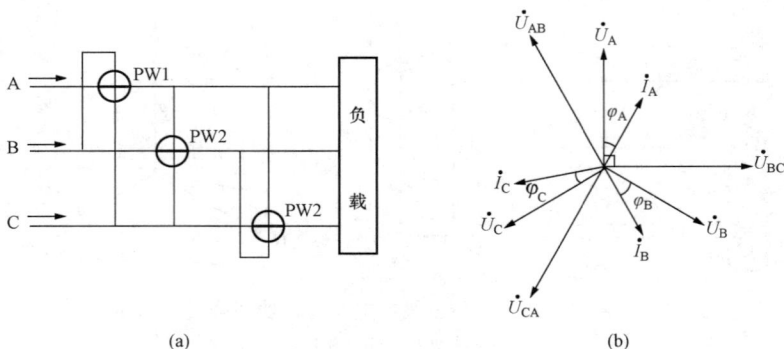

(a)   (b)

图 3-51   用跨接 90°接线测量三相无功功率

(a) 接线图；(b) 相量图

$$P_1 + P_2 = \frac{2}{3}\sqrt{3}Q$$

故

$$Q = \frac{\sqrt{3}}{2}(P_1 + P_2)$$

由以上公式可知，只要将两只单相功率表按 90°跨相接线原则，接入任意两相中，将
PW1 和 PW2 的读数之和再乘 $\sqrt{3}/2$ 后，就是三相电路的总无功功率。同理，也可以用一只
单相功率表按 90°跨相接入，读数乘以 $\sqrt{3}$ 即为三相电路的总无功功率。

所谓跨相 90°接线方式，是指利用有功功率表进行无功功率测量时，应将其电流线圈分
别接入 I_A、I_B、I_C 三相电流回路中，而电压线圈的两端则应接在比 U_A、U_B、U_C 相电压滞
后 90°的电压（即线电压 U_{BC}、U_{CA}、U_{AB}）上。例如，将 PW1 的电流线圈串联在 I_A 电流回
路中，而电压线圈的两端接在比 U_A 滞后 90°相位的 U_{BC} 上。

三、电能测量

电能测量不仅要反映负载功率大小，还应反映功率的使用时间。因此，测量电能的仪
表，除了必须具有测量功率的机构之外，还应能计算负载的用电时间，并通过计算机构把电
能自动累计出来。电能表的类型有感应式电能表、脉冲式电能表、电子式电能表、多功能电
能表。

1. 有功电能测量

测量有功电能的接线原理与测量有功功率时相同，接线方法一样。电能表用 PJ（kW·h）
表示。电能表具体接线可参照电能表所附的接线图进行连接。图 3-52 所示为常用的几种电
能表接线图。

必须指出，在 3kV 及以上电压上测量电能，电能表的电压回路必须从电压互感器的二
次侧接入。

直接接入式电能表电能（发电量或用电量）计算是：本次抄表读数减去上次抄表读数得
出的结果，即是两次抄表期间产生或消耗的电能。若电能表经互感器接入，则上述得到的数
字还要再乘上互感器的变流比及变压比，才是实际产生或消耗的电能。若电能表表盘上注有

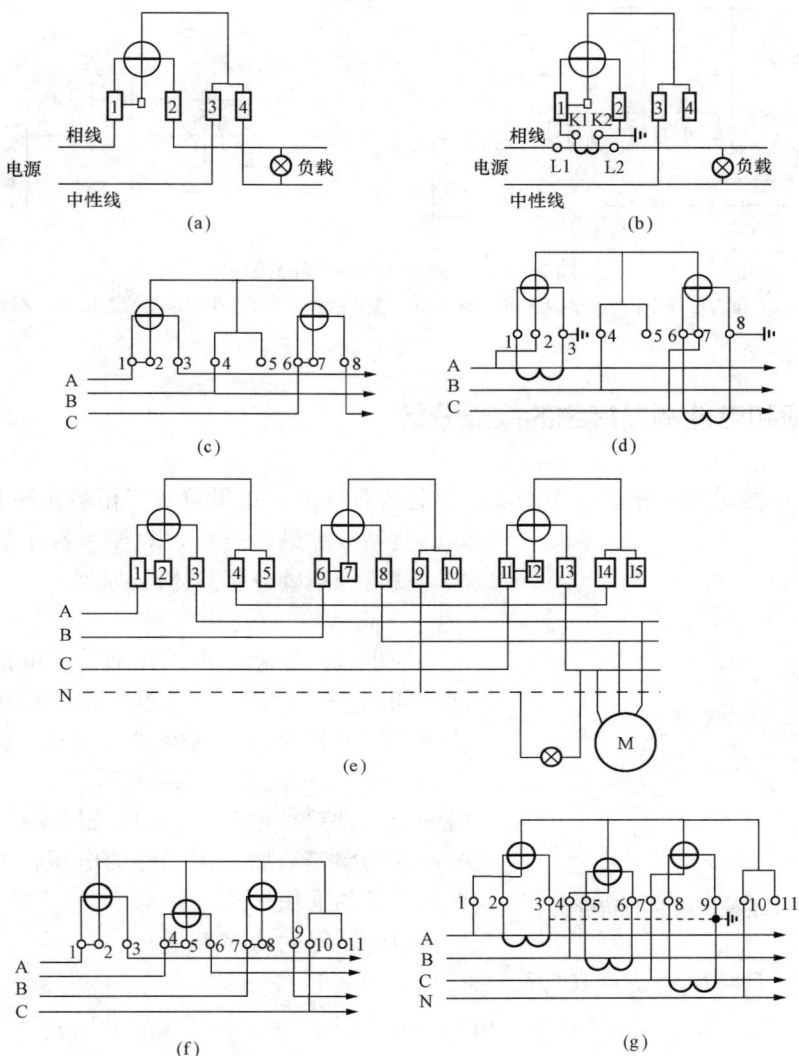

图 3-52 常用电能表接线图

(a) 单相电能表直接接入；(b) 单相电能表经电流互感器接入；(c) 三相三线制电能表直接接入；
(d) 三相三线制电能表经电流互感器接入；(e) 三只单相电能表直接接入测三相四线制电能；
(f) 三相四线制电能表直接接入；(g) 三相四线制电能表经电流互感器接入

倍率，且使用配套的互感器时，则应乘以倍率，才是实际产生或消耗的电能。

2. 三相电路无功电能测量

无功电能测量与无功功率测量原理是相同的，无功电能的测量也可按跨相90°的接线方式进行测量。在三相电路中普遍采用的是三相无功电能表，常见的有两种类型：

(1) 带有附加电流线圈的无功电能表（DX1 型），接线如图 3-53（a）所示。

(2) 电压线圈接线带 60°相角差的无功电能表（DX2 型），接线如图 3-53（b）所示。

这两种都是三相两元件的无功电能表，都采用跨相90°的接线方式。前者既可用在三相三线制电路中，也可用在三相四线制电路中；后者通常只用在三相三线制电路中。

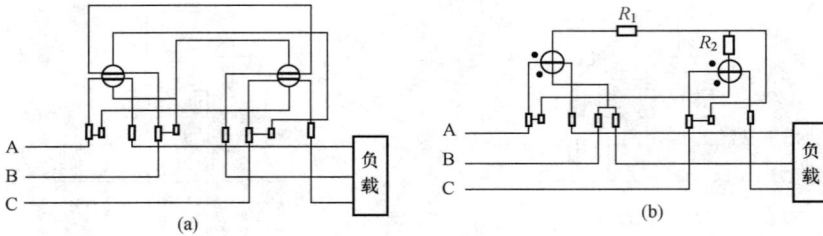

图 3-53 三相无功电能表的接线

（a）带有附加电流线圈的无功电能表；（b）电压线圈接线带 60°相角差的无功电能表

四、功率和电能测量接线的故障分析

电能和功率测量接线在运行中的故障是各式各样的，这里只对三相两元件电能表或功率表的典型故障进行分析，只要掌握了故障分析的方法，就可以正确分析具体的故障。

1. 正确接线的分析

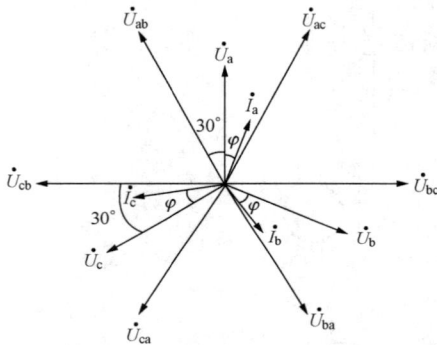

图 3-54 正确接线时的相量图

为了进行故障分析，先来看正确接线时的相量图，如图 3-54 所示。三相两元件有功功率表（电能表的测量原理和功率表完全相同，这里只分析功率表）中，一个元件接线电压 U_{ab} 和 a 相电流 I_a；另一个元件接线电压 U_{cb} 和 c 相电流 I_c。每一元件测得的功率等于加于该元件的电压、电流及其之间夹角余弦的乘积（$UI\cos\varphi$）。

由此测得的功率 P 为

$$P = P_1 + P_2 = U_{ab}I_a\cos(30° + \varphi) + U_{cb}I_c\cos(30° - \varphi)$$
$$= UI(\cos30°\cos\varphi - \sin30°\sin\varphi + \cos30°\cos\varphi + \sin30°\sin\varphi)$$
$$= 2UI\cos\varphi\cos30°$$
$$= \sqrt{3}UI\cos\varphi$$

其中，U、I 表示线电压、线电流，不再使用下标。这里假定 $\varphi < 30°$，若 $\varphi > 30°$，则 $30° - \varphi$ 变为 $\varphi - 30°$，但最后计算结果不变。

2. 电压回路断线

电压回路断线主要原因包括电压互感器熔断器熔断，电压互感器端钮和端子箱、端子排及仪表的接线螺钉未加紧固或松动，电缆芯线断裂，仪表内部断线等。

现以测量电压互感器熔断器熔断为例加以分析。

（1）二次侧 b 相熔断器熔断。电压互感器二次侧 b 相熔断时的接线图，如图 3-55（a）可见，2FU 熔断后，线电压 U_{ca} 的数值和相位保持不变，而接于功率表元件一的电压 $U_{ab} = 0.5U_{ac}$，元件二的电压 $U_{cb} = 0.5U_{ca}$，它们与电流的相位关系即相量图，如图 3-55（b）所示，功率表的测值为

$$P = P_1 + P_2$$

$$= \frac{1}{2}UI\cos(30° - \varphi) + \frac{1}{2}UI\cos(30° + \varphi)$$

$$= \frac{1}{2}UI(\cos 30° \cos\varphi + \sin 30° \sin\varphi + \cos 30° \cos\varphi - \sin 30° \sin\varphi)$$

$$= \frac{1}{2}UI(2\cos 30° \cos\varphi)$$

$$= \frac{\sqrt{3}}{2}UI\cos\varphi$$

由此可见，二次侧 b 相熔断器熔断时功率表的测值是未熔断前的 1/2。如果能知道熔断器熔断后的运行时间，可以据此追回电能表少计的电量。

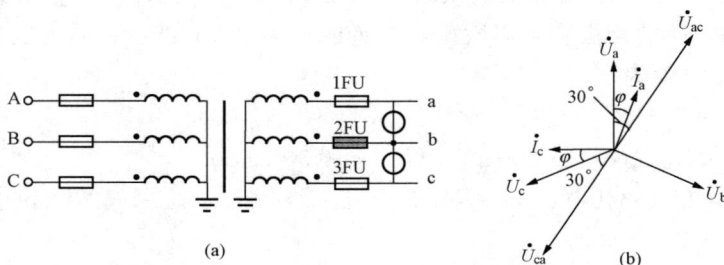

图 3-55　电压互感器二次侧 b 相熔断器熔断时的情况
(a) 接线图；(b) 相量图

（2）二次侧 a 相熔断器 1FU 熔断。二次侧 a 相熔断器 1FU 熔断后，线电压 $U_{ab} = 0$，而 U_{cb} 保持不变，故只有一个元件工作，由上面的分析可知，测量值既包含有功成分，也包含无功成分，因此是无意义的。

（3）一次侧 B 相熔断器熔断。正常运行时，电压互感器的激励电感很大，往往比电网对地电容的容抗大得多，故电压互感器的一次侧电流比电网对地电容电流小得多。电压互感器一相高压熔断器熔断后，熔断相一次电流为零，但因网络对地电容电流相对很大，故并不会使电压互感器的一次侧中性点产生明显的位移。一次侧 B 相熔断器熔断后，A、C 两相电压的数值和相位基本不变，即等于相电压，B 相电压互感器二次侧没有感应电动势，但它与完好的 A、C 相电压互感器二次侧仍然为星形接线。如果忽略二次内阻抗不计，U_{ab} 即为 a 相电压，U_{cb} 即为 C 相电压，这时有功功率表的测值为

$$P = P_1 + P_2$$

$$= U_{ao}I_a\cos\varphi + U_{co}I_c\cos\varphi$$

$$= 2\frac{1}{\sqrt{3}}UI\cos\varphi$$

$$= \frac{2}{3}\sqrt{3}UI\cos\varphi$$

由此可见，一次侧 B 相熔断器熔断后有功功率表的测值是三相功率的 2/3。

（4）一次侧 A 相熔断器熔断。请读者自行分析有功功率表的测量值是多少。

用 Vv 接法的电压互感器作测量时，其熔断器熔断的分析方法与上述是基本相同的，但由于电压互感器高压侧没有接地点，高压熔断器熔断的情况与星形接法时不同。

3. 相别和极性错误

（1）电流错相。假定电压接线正确，而 a 相和 c 相电流对调，功率表的一个元件接 U_{ab} 和 I_c，另一元件接 U_{cb} 和 I_a，从图 3-54 的相量图可以看出，前者的夹角是 $90°-\varphi$；后者的夹角是 $90°+\varphi$，则有功功率表的测量值为

$$P = P_1 + P_2$$
$$= U_{ab}I_c\cos(90°-\varphi) + U_{cb}I_a\cos(90°+\varphi)$$
$$= UI(\cos90°\cos\varphi + \sin90°\sin\varphi + \cos90°\cos\varphi - \sin90°\sin\varphi)$$
$$= 0$$

这时，有功功率表指示为零，如为电能表错相，则转盘停转。

（2）电压错相。假定 a、b 相的电压调错，功率表的一个元件接 U_{ba} 和 I_a，另一元件接 U_{ca} 和 I_c，从图 3-54 的相量图可以看出，前者的夹角是 $150°-\varphi$；后者的夹角是 $30°+\varphi$，则有功功率表的测量值为

$$P = P_1 + P_2$$
$$= U_{ba}I_a\cos(150°-\varphi) + U_{ca}I_c\cos(30°+\varphi)$$
$$= UI(\cos150°\cos\varphi + \sin150°\sin\varphi + \cos30°\cos\varphi - \sin30°\sin\varphi)$$
$$= 0$$

这时，有功功率表指示为零，如为电能表错相，则转盘停转。

（3）两相电流接反。如果通入功率表的 a 相和 c 相电流都反向，显然功率表指针反向，电能表反转，但数值上与电流正向是相同的。

（4）a 相电流反向，c 相电流正向。a 相电流反向时的相量图如图 3-56 所示。这时 $-I_a$ 与 U_{ab} 的夹角为 $180°-30°-\varphi$。有功功率表的测值为

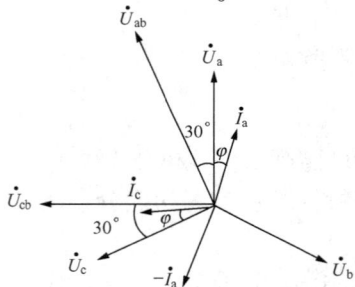

图 3-56 a 相电流反向时的相量图

$$P = P_1 + P_2$$
$$= U_{ab}I_a\cos(150°-\varphi) + U_{cb}I_c\cos(30°-\varphi)$$
$$= UI(\cos150°\cos\varphi + \sin150°\sin\varphi + \cos30°\cos\varphi + \sin30°\sin\varphi)$$
$$= UI\sin\varphi$$

由此可见，在一相电流反向的情况下，有功功率表测得的是无功功率，其测值为实际三相无功功率（$\sqrt{3}UI\sin\varphi$）的 $1/\sqrt{3}$ 倍。

功率和电能测量的错误接线很多种，以上只是分析了几个典型故障，目的是使读者掌握故障分析的方法，提高分析解决工程实际问题的能力，这样对具体的故障就能进行正确的分析。

思考题与习题

1. 图 3-54 中，是按 $\varphi < 30°$ 进行分析的，若 $\varphi > 30°$，计算结果会如何？

2. 三相三线电能表接线中，如果电流错相而 A 相电流又反向（复合错误接线），测值如

何？用相量图分析。

3. 三相三线电能表能否用于测量三相四线电路的电能？为什么？

4. 一条 10kV 线路产生两相断线，功率表和电能表的测值是多少？

5. 一个低压三相四线系统，装有三只单相电能表，电压线圈接至中性线的连线断了，分析对测量有什么影响吗？

第八节　电力系统中性点接地方式

电力系统中性点（实际上是发电机和变压器的中性点）的接地方式是一个涉及许多因素的综合技术问题。中性点的接地方式分为中性点不接地、中性点经消弧线圈接地和中性点直接接地三种。其中，中性点不接地和经消弧线圈接地的电力系统称为小电流接地系统，中性点直接接地的电力系统称为大接地电流系统。

下面介绍我国电力系统中性点的接地方式。110kV 及以上的电力系统，变压器的中性点采用直接接地的方式。20～60kV 的电力系统（主要是 35kV），当接地电流小于 10A 时，变压器的中性点采用不接地方式；当接地电流大于 10A 时，变压器的中性点采用经消弧线圈接地方式。6～10kV 的电力系统，发电机和变压器的中性点采用不接地方式，当接地电流大于 20A 时，采用中性点经消弧线圈接地方式。380/220V 三相四线制低压配电系统，大多采用中性点直接接地方式。

一、中性点不接地系统

任意两个导体之间隔以绝缘介质就形成了电容，所以电网三根导线对地或导线之间都存在着分布电容，这些电容将引起附加电流。一般可以把各相对地的分布电容用一个集中电容来代替，若不考虑相间电容并认为各相对地电容相等，可以画出如图 3-57（a）所示的电路图。下面对中性点不接地系统的各种运行情况进行分析。

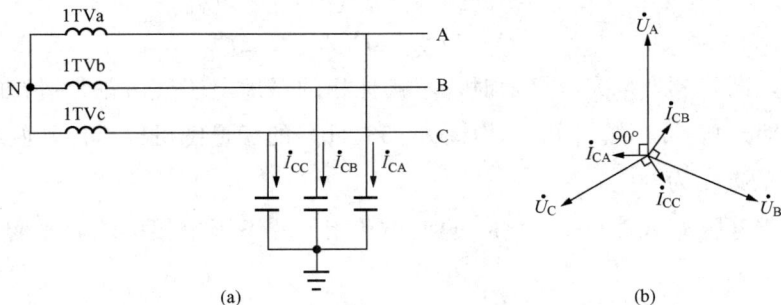

图 3-57　中性点不接地系统的正常工作状态
(a) 电路图；(b) 三相电容电流相量图

1. 系统正常运行

中性点不接地系统在正常运行时，由于三相电压 $\dot{U}_A$、$\dot{U}_B$、$\dot{U}_C$ 是对称的，三相对地电容又相等，则各相对地电压等于其相电压，各相对地的电容电流 $\dot{I}_{CA}$、$\dot{I}_{CB}$、$\dot{I}_{CC}$ 也是对称的（即大小相等，相位差互为 120°），即

$$\dot{I}_{CA} + \dot{I}_{CB} + \dot{I}_{CC} = 0$$

图 3-57（b）表示了三相电容电流相量图，它们分别比相应的相电压超前 90°。由于三相电容电流的相量和为零，故地中没有电流流过，中性点的电位为零（大地为零电位）。

2. 单相完全接地

中性点不接地的三相系统，任何一相（如 C 相）绝缘受到破坏而产生单相完全接地（接地过渡电阻为零），C 相完全接地的电路图如图 3-58（a）所示。

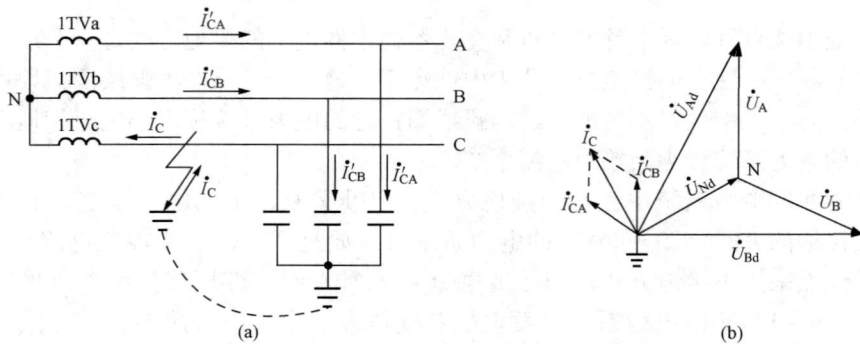

图 3-58 C 相完全接地的情况

（a）电路图；（b）相量图

C 相完全接地时有以下一些特点：

（1）C 相对地电压为零，即 $\dot{U}_{cd} = 0$；

（2）中性点对地电压等于负的 C 相电压，即 $\dot{U}_{Nd} = -\dot{U}_C$；

（3）不接地相对地电压 $\dot{U}_{Ad}$，$\dot{U}_{Bd}$ 分别等于其相电压 $\dot{U}_A$、$\dot{U}_B$ 和中性点对地电压 $\dot{U}_{Nd}$ 的相量和，即

$$\dot{U}_{Ad} = \dot{U}_A + \dot{U}_{Nd} = \dot{U}_A - \dot{U}_C = \dot{U}_{AC}$$
$$\dot{U}_{Bd} = \dot{U}_B + \dot{U}_{Nd} = \dot{U}_B - \dot{U}_C = \dot{U}_{BC}$$

由此可见，当 C 相发生完全接地时，不接地相的对地电压值由正常运行时的相电压升高为线电压，即升高了 $\sqrt{3}$ 倍。同时，由图 3-58（b）的相量图可以看出，两相对地电压相量 $\dot{U}_{Ad}$、$\dot{U}_{Bd}$ 的夹角为 60°。

（4）三个线电压 $\dot{U}_{AB}$、$\dot{U}_{BC}$、$\dot{U}_{CA}$ 的大小和相位并不因单相接地而改变，仍然是对称系统，即

$$\dot{U}_{AB} + \dot{U}_{BC} + \dot{U}_{CA} = 0$$

（5）接地点有接地电流 $\dot{I}_C$ 流过，它等于不接地相对地的电容电流 $\dot{I}'_{CA}$、$\dot{I}'_{CB}$ 的相量和，即

$$\dot{I}_C = \dot{I}'_{CA} + \dot{I}'_{CB}$$

由图 3-58（b）的相量图可见，A、B 相对地电容电流 $\dot{I}'_{CA}$、$\dot{I}'_{CB}$ 分别超前 A、B 的对

地电压 $\dot{U}_{Ad}$、$\dot{U}_{Bd}$ 的角度为 $90°$，接地电流 $\dot{I}_C$ 超前中性点对地电压 $\dot{U}_{Nd}$ 的角度也为 $90°$。

设正常运行时一相对地电容电流的数值为 I_{C0}，则 C 相完全接地后，不接地相对地电容电流的数值为

$$I'_{CA} = I'_{CB} = \sqrt{3}\,I_{C0}$$

由相量图可见

$$I_C = \sqrt{3}\,I'_{CA}$$

故

$$I_C = 3I_{C0}$$

由此可知，单相接地电流为正常时一相对地电容电流的 3 倍。

3. 单相不完全接地

发生单相不完全接地（即经过一定的过渡电阻接地）时，接地相对地电压降低（小于相电压）但不到零，非接地相对地电压的变化将在后面论述。

从上述分析可见，中性点不接地系统发生单相接地时，网络线电压的大小和相位差仍然维持不变。因此，三相用电设备的工作不会受到破坏，可以继续运行，这是这种接地方式最大的优点。但系统不允许长时间带单相接地运行，因为长期运行可能引起非接地相绝缘薄弱的地方损坏而造成相间短路。

发生单相接地时，接地电流在故障点形成电弧，当接地电流较小时，电弧往往能够自行熄灭。但是，当接地电流较大时，单相接地故障的电弧就难于自行熄灭，而形成稳定电弧或间歇电弧，这可能烧坏电气设备和引起较高的过电压，并容易发展为相间短路，所以要采取措施减少接地电流。

二、中性点经消弧线圈接地系统

电力系统中性点经消弧线圈接地，可以减少接地电流。对于 35kV 的系统，当接地电流大于 10A 时，应采用这种接地方式。

1. 消弧线圈的工作原理

消弧线圈是一个具有铁芯的电感线圈，图 3-59（a）为中性点经消弧线圈接地的三相系统电路图。

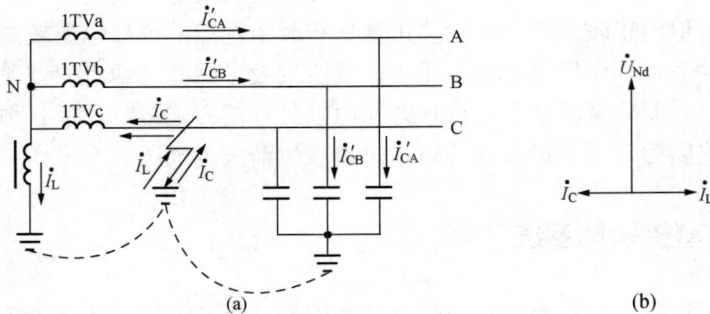

图 3-59　中性点经消弧线圈接地的三相系统

（a）电路图；（b）相量图

正常运行时，由于三相电压对称，三相对地电容相等，故各相对地电压等于相电压，中

性点对地电位为零，消弧线圈没有电流流过。当 C 相发生完全接地时，接地相对地电压为零，非接地的 A、B 相对地电压升高为线电压，产生接地电容电流 $\dot{I}_C$ 超前中性点对地电压 $\dot{U}_{Nd}$ 为 90°。同时，消弧线圈上加上了中性点对地电压 $\dot{U}_{Nd}$，产生电感电流 $\dot{I}_L$ 流过消弧线圈和接地点，当忽略消弧线圈的电阻时，$\dot{I}_L$ 落后 $\dot{U}_{Nd}$ 为 90°。由于电感电流 $\dot{I}_L$ 和电容电流 $\dot{I}_C$ 相位差为 180°，所以在接地点两者是互相抵消的（或称补偿），如图 3-59（b）的相量图所示。适当选择消弧线圈的电感（匝数），可使接地电流变得很小，单相接地时产生的电弧就能自行熄灭。

根据消弧线圈的电感电流对接地电容电流的补偿程度，可分为以下三种补偿方式。

（1）全补偿。使得 $\dot{I}_L = \dot{I}_C\left(\dfrac{1}{\omega L} = 3\omega C\right)$，接地点处的电流为零，称为全补偿。从消弧的观点来看，全补偿的效果最佳。但是，由于电网三相的对地电容并不完全相等，在正常运行时，中性点对地会存在一定的电压，称为位移电压，如果为全补偿，位移电压将引起串联谐振过电压，危及电网的绝缘。因此，实际应用时不能采用这种补偿方式。

（2）欠补偿。使得 $\dot{I}_L < \dot{I}_C\left(\dfrac{1}{\omega L} < 3\omega C\right)$，这时接地点电流为容性，称为欠补偿。在这种补偿情况下，当运行方式改变时，有可能使系统接近或达到全补偿，故较少采用。

（3）过补偿。使得 $\dot{I}_L > \dot{I}_C\left(\dfrac{1}{\omega L} > 3\omega C\right)$，这时接地点电流为感性，称为过补偿。过补偿方式可以避免产生串联谐振过电压，应用最广泛。但是，在过补偿运行方式下，接地处将流过一定数值的感性电流，这一电流值不能超过规定值；否则，接地故障点的电弧将不能自行熄灭。

2. 消弧线圈补偿电流的整定原则

（1）应采用过补偿运行方式，不允许采用全补偿方式，以免谐振产生对设备绝缘有害的过电压。

（2）电网在正常运行的情况下，中性点长时间位移电压不超过相电压的 15%，操作过程中一小时内允许达 30%。

（3）发生接地故障时，通过故障点的残流（$I_L - I_c$）尽可能小，35kV 网络不超过 10A。

第（2）项和第（3）项两项是有矛盾的，要使接地时故障点的残流小，过补偿的程度要小，有利于消弧。但由于较接近全补偿，正常运行时中性点的位移电压较高，对电网绝缘不利。过补偿的程度大，则中性点位移电压小而残流较大。因此，两者应该兼顾。

（4）如果消弧线圈容量不足，允许短时间内以欠补偿方式运行，但必须经过验算，当网络切除任何一条线路后，不致进入全补偿，避免产生谐振过电压。

三、中性点直接接地系统

中性点不接地系统的缺点主要是间歇电弧产生危险的过电压，并且长期工作电压高，电网的绝缘相对要加强。中性点经消弧线圈接地虽然可以解决前一个问题，但要增加附加设备，而电网绝缘水平要求高的问题仍然没有解决，这对于电压级较高的网络会大大增加投资。因此，110kV 及以上的系统，采用中性点直接接地的方式。

在这种系统中发生单相接地时，故障相便直接经过大地形成单相短路，由于单相短路电流很大，因而继电保护装置可立即动作，将接地短路的线路切除，使系统的其他部分恢复正常运行。由此可见，中性点直接接地的系统在发生单相接地时，不会产生间歇电弧。同时，因中性点电位为接地体所固定，在发生单相接地时，非故障相对地的电压不升高，因而各相对地的绝缘水平只需按相电压考虑，这就使电网的造价大大降低。网络的电压等级愈高，其经济效益愈显著。因为高压电器的绝缘问题是影响其设计和制造的关键问题，绝缘要求降低，就降低了高压电器的造价，同时也改善了高压电器的性能。

中性点直接接地系统的缺点有以下两点：

（1）发生单相接地故障时，短路电流值很大，甚至有时超过三相短路电流，这样，就要选择容量较大的开关设备。同时，由于单相短路电流较大，引起电压降低，以致影响电力系统的稳定。另外，由于强大的短路电流在导体周围形成较强的单相磁场，使邻近的通信线路受到干扰。为了减小单相短路电流，可只将系统中一部分变压器的中性点直接接地。

（2）发生单相接地故障时，由于必须断开故障线路，因而将导致用户供电中断。为了克服这一缺点，提高供电的可靠性，可在线路上装设自动重合闸装置。当发生单相接地故障时，在继电保护的作用下断路器自动断开，经一定时间后再自动重合，若故障为暂时性的，则线路接通后，用户的供电即得到恢复；若故障为永久性的，则继电保护再次将断路器跳闸。

四、小电流接地系统对地绝缘监视

1. 对地绝缘监视接线

在小电流接地系统中，要装设专用仪表来监视系统对地绝缘的状况。对地绝缘监视的接线如图 3-60（a）所示。TV 是接于母线的三单相组或三相五柱式电压互感器，电压互感器的一次侧接成星形，其中性点直接接地。电压互感器二次侧每相都有两个绕组，额定电压为 $100/\sqrt{3}$ V 的二次绕组接成星形，每相接一只电压表（也可以通过转换开关只接一只电压表），由于互感器的一次侧中性点接地，电压表的测量值反映了系统各相对地电压值；额定电压为 100/3V 的二次绕组接成开口三角形，用来反应零序电压 $3U_0$，其引出端接一电压继电器 KV，KV 的动合触点接至信号回路。开口三角电压是考虑电压比以后三相对地电压的相量和，即

$$3\dot{U}_0 = \frac{1}{K_u}(\dot{U}_{Ad} + \dot{U}_{Bd} + \dot{U}_{Cd}) = \dot{U}_{a2} + \dot{U}_{b2} + \dot{U}_{c2}$$

开口三角电压与中性点位移电压的关系为

$$3\dot{U}_0 = \frac{1}{K_u}(\dot{U}_{Ad} + \dot{U}_{Bd} + \dot{U}_{Cd}) = \frac{1}{K_u}[(\dot{U}_{Nd} + \dot{U}_A) + (\dot{U}_{Nd} + \dot{U}_B) + (\dot{U}_{Nd} + \dot{U}_C)]$$

$$= \frac{3}{K_u}\dot{U}_{Nd}$$

所以一次侧的零序电压是中性点位移电压的 3 倍，两者方向相同。

系统正常运行时，三个相电压大小相等，且相位差为120°。这时，电压互感器的一次绕组加上对称的三相电压，三个电压表测得的对地电压都是相电压（约为 $100/\sqrt{3}$ V），而开口

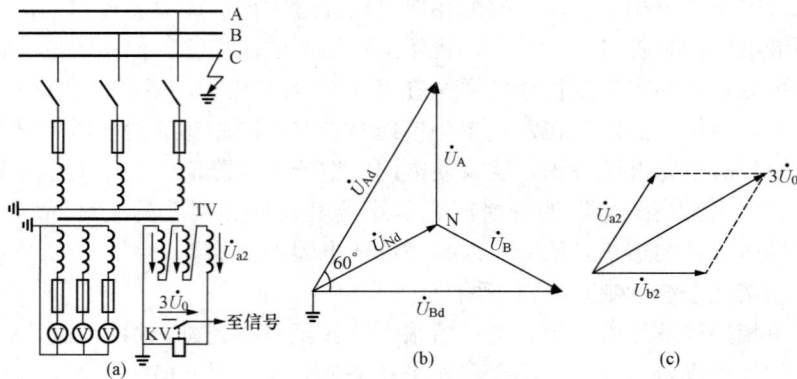

图 3-60　对地绝缘监视接线图和相量图

（a）接线图；（b）A 相完全接地时一次电压相量图；（c）A 相完全接地时开口三角电压相量图

三角的三个绕组的电压 U_{a2}、U_{b2}、U_{c2} 也是大小相等（约为 100/3V）、相位互差 120°，故三相电压的相量和为零，即开口三角引出电压为零，电压继电器 KV 不动作。

当系统 C 相发生完全接地故障时，系统 C 相对地电压为零，B、C 相对地电压 U_{Ad}、U_{Bd} 在数值上升高 $\sqrt{3}$ 倍，二者的相位差为 60°。A 相完全接地时一次电压相量图，如图 3-60 （b）所示。于是，电压互感器二次侧 c 相的电压表指示为零，a、b 相电压表指示为线电压（约为 100V），在开口三角绕组上，U_{c2} 电压为零，U_{a2}、U_{b2} 电压也相应增加 $\sqrt{3}$ 倍，相位差也为 60°。A 相完全接地时开口三角电压相量图，如图 3-60（c）所示，其引出电压 $3U_0$ 为（设正常运行时开口三角电压 U_{a2}、U_{b2}、U_{c2} 为 100/3V）

$$3U_0 = \sqrt{3} \times \sqrt{3} \times \frac{100}{3} = 100\text{V}$$

这会使电压继电器 KV 动作（KV 动作值为 20V 左右），发出声光信号通知值班人员。当发生不完全接地时，只要开口三角上的电压大于电压继电器的整定值，也会发出声光信号。

值班人员获得接地信号以后，应按下列步骤处理接地故障：

（1）判断是否是真正产生了单相接地故障。

（2）确认系统产生了单相接地故障后，判明是哪一相产生接地。

（3）寻找哪一条线路产生接地。

（4）若接地的线路有多段或多条分支线，寻找接地发生在哪一段或哪一分支线上。

（5）寻找接地点。

2. 接地故障的判断

在运行中，当发出系统单相接地故障信号时，并不一定都是系统真正产生了接地，当产生所谓"虚幻"接地时，也会发出信号。因此，当运行中出现接地信号时，必须正确区别是发生了接地故障还是其他故障。如果判断错误就会进行错误的处理而带来不应有的损失。

（1）电压互感器高压熔断器熔断。当电压互感器的高压熔断器熔断一相或两相时（常因铁磁谐振引起），也可能发出接地信号。正常运行时，电压互感器的激励电抗很大，往往比电网对地电容的容抗大得多，故电压互感器的一次侧电流比电网对地电容电流小得多。电压互感器高压保险一相熔断的电流相量图，如图 3-61（b）所示。电压互感器一相或两相高压熔断器由于某种原因熔断后，熔断相一次电流为零，但因网络对地电容电流相对很大，故并不会使电压互感器的一次侧中性点产生明显的位移，在开口三角上就会出现电压。例如，电压互感器的 C 相熔断器熔断，电压互感器高压保险一相熔断的电路图，如图 3 - 61（a）所示（互感器的二次侧星形接线未画出）。这时，C 相的对地电压就不能在电压互感器的二次侧得到反映，故 C 相电压表指示为零或很小，A、B 两相电压表的指示基本不变，即等于相电压。由于 C 相二次侧电压为零，故在开口三角上反应的是 A、B 两相对地电压的相量和。如果忽略很小的中性点位移电压，开口三角上的电压 U_{a2} 和 U_{b2} 相位差为 120°，数值都是 100/3V，两者的相量和也是 100/3V，如图 3 - 61（c）的开口三角电压相量图所示。接于开口三角上的电压继电器一般整定值低于 30V，所以会发出接地信号。

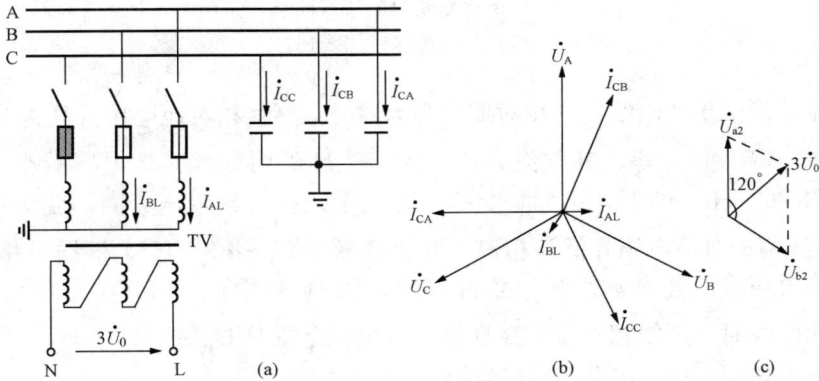

图 3 - 61　电压互感器高压保险一相熔断的情况
（a）电路图；（b）电流相量图；（c）开口三角电压相量图

　　同理，当电压互感器高压熔断器熔断两相时，熔断的两相电压表指示为零或很小，非熔断相电压表指示基本不变（相电压），因而在电压互感器的开口三角上也是测得 100/3V 的电压，也会使电压继电器动作而发信号。

　　电压互感器高压熔断器熔断一相或两相虽然也发接地信号，但是根据其非熔断相对地电压基本不变的特点，就可以与单相接地故障相区别。

　　（2）线路断线。中性点不接地系统中，发生线路一相或两相断线时，由于断线相的对地电容减小，系统中性点就会出现位移电压。此位移电压反映到绝缘监视电压互感器的开口三角上，当其数值达到电压继电器的整定值时，也会发出接地信号。位移电压的大小与断线使对地电容减小的程度有关。

　　假设线路 A 相在电源端断线，则 A 相对地电容为零。单相断线时的接线图如图 3 - 62（a）所示。如前所述，由于电压互感器的激励电感比对地电容的容抗大得多，如果认为激励电感为无限大，则接地点就落在线电压 U_{BC} 的中点上。这时，A 相对地电压 U_{Ad} 的数值为 3/2U_p（相电压），B、C 相对地电压 U_{Bd} 和 U_{Cd} 的数值均为 $\sqrt{3}/2U_p$，二者数值相等而方向相反，相量图如图 3 - 62（b）所示。由于 U_{Bd} 和 U_{Cd} 相互抵消，3U_0 只与 U_{Ad} 有关，设正常运行时开口三角每一绕组电压为 100/3V，则断线后开口三角电压为

$$3U_0 = \frac{3}{2} \times \frac{100}{3} = 50（\text{V}）$$

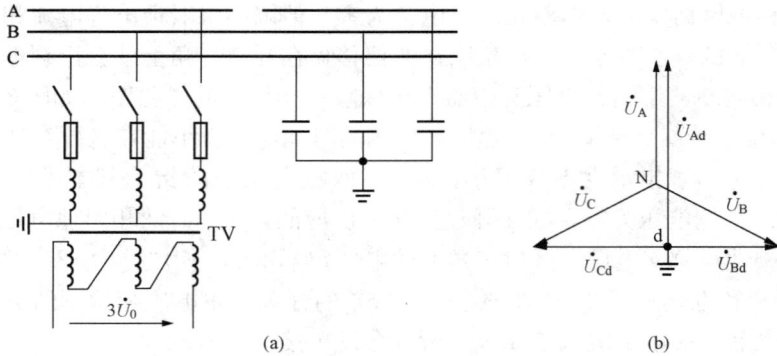

图 3 - 62　单相断线时的接线图和相量图

(a) 接线图；(b) 相量图

由此可见，发生单相断线使该相对地电容为零时，断线相对地电压升高为 $3/2U_p$，非断线两相对地电压降低且相等，其数值为 $\sqrt{3}/2U_p$。当断线时断线对地电容减小但不为零时，接地点在图 3 - 62（b）的 N～d 之间变动，可见断线相对地电压升高，变化范围是 U_p～ $3/2U_p$，非断线两相对地电压降低且相等，变化范围是 U_p～$\sqrt{3}/2U_p$。根据一相对地电压升高，两相对地电压降低且相等的特点就可以和单相接地鉴别。

发生两相断线时，断线相电压升高且相等，变化范围是 U_p～$\sqrt{3}U_p$；非断线相对地电压降低，变化范围是 U_p～0，这里不再作分析。

需要指出，以上分析是认为电压互感器激励电抗为无限大的，实际电力系统互感器的激励电抗比系统对地电容的容抗确实大得多 $\left(\omega L \gg \dfrac{1}{\omega C}\right)$。但是，在校内电气工程实践训练的实验中，模拟的小电流接地系统的对地电容是较小的（因变压器容量很小，电容量不能大），电容器的容抗与电压互感器激励电抗可能在同一数量级，当然不能忽略互感器激励电抗的影响，特别是产生故障使某些相对地电压升高时，该相互感器趋于饱和，激励电抗就会减少。

（3）铁磁谐振。发生铁磁谐振时，中性点位移电压（即零序电压）反映到电压互感器的开口三角上，可能使电压继电器动作发出接地信号。铁磁谐振可以是基波的（50 周/s），也可能是分频的（一般约为 25 周/s），还可能是高频的（如 100 周/s 或 150 周/s）。它们使系统各相对地电压的变化有各自的特点。运行实践和试验研究表明，发生基波谐振时，一相对地电压降低，另两相对地电压升高并超过线电压，表针打到头；发生分频谐振时，三相对地电压都升高，但升高的数值较小；发生高频谐振时，三相对地电压都升高，且升高的数值很大，表针往往打到头。根据这些情况就可以判断为产生了铁磁谐振，应采取正确的处理措施。

3. 接地相的判别

当发出系统接地信号和三相对地电压指示有变化时，先要判断是否为接地故障，确认已发生接地以后，就要正确判别是哪一相发生接地，以便有针对性地寻找接地故障点，这时要对三个电压表测得的各相对地电压进行分析。

如果一相对地电压降低为零，另两相对地电压升高为线电压，显然是发生了金属性完全接地，电压为零的一相为接地相。但是，当通过不同的过渡电阻值发生接地时，情况就比较复杂。

设中性点不接地系统中，A 相通过接地过渡电阻 R_d 接地，电路图如图 3-63（a）所示。如果认为各相对地泄漏电阻和互感器的感抗为无限大，并且 $C_A = C_B = C_C = C_0$，则式（3-3）各相对地的导纳变为

$$\left.\begin{array}{l} Y_A = \dfrac{1}{R_d} + j\omega C_0 \\ Y_B = Y_C = j\omega C_0 \end{array}\right\} \tag{3-4}$$

将式（3-4）代入式（3-2）得

$$\dot{U}_{Nd} = -\frac{1}{\dfrac{1}{R_d} + 3j\omega C_0}\left(\frac{1}{R_d} + j\omega C_0\right)\dot{U}_A + j\omega C_0\dot{U}_B + j\omega C_0\dot{U}_C$$

$$= -\frac{\dot{U}_A}{1 + 3j\omega C_0 R_d} \tag{3-5}$$

分析式（3-5）可知，当 R_d 变化时，相量 $\dot{U}_{Nd}$ 始端的轨迹是以接地相电压 $\dot{U}_A$ 为直径的位于其顺时针一侧的半圆，相量图如图 3-63（b）所示。由图可见，当没有发生接地故障时，即 $R_d = \infty$，中性点对地电压 $U_{Nd} = 0$；当 A 相发生完全接地时，即 $R_d = 0$，中性点对地电压为 $\dot{U}_{Nd} = -\dot{U}_A$，其数值等于相电压 U_p；当 R_d 在 $0 \sim \infty$ 之间变化时，U_{Nd} 的值则在 $U_p \sim 0$ 范围内变动。

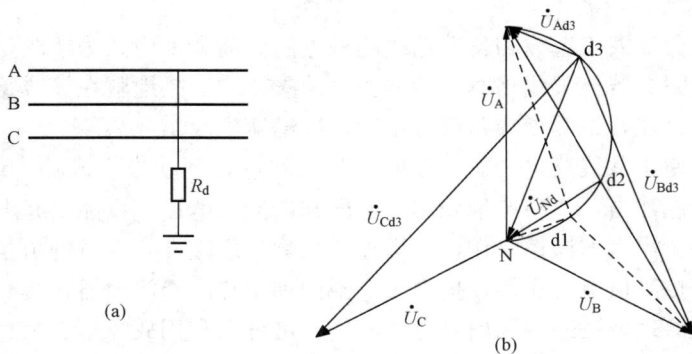

图 3-63　中性点不接地系统接地过渡电阻变化时的对地电压
(a) 电路图；(b) 相量图

用接地系数 $K = U_{Nd}/U_p$ 表示接地的程度，K 值在 $0 \sim 1.0$ 之间变化，下面分析几种不同 K 值的情况。

（1）$K = 0.5$。当 A 相通过某一 R_d 值接地时，$\dot{U}_{Nd}$ 相量的始端正好落在线电压 $\dot{U}_A$ 和半圆的交点 d2 点上，如图 3-63（b）所示。从图可见，$U_{Nd} = 0.5U_p$，各相对地电压的数值为 $U_{Cd2} = 1.5U_p$，$U_{Ad2} = U_{Bd2} = \dfrac{\sqrt{3}}{2}U_p$。C 相对地电压升高，A、B 两相对地电压降低（相对于相电压而言且相等），但接地相为 A 相。

（2）$K < 0.5$。这时，$\dot{U}_{Nd}$ 相量的始端在 N $\sim$ d2 圆弧段变化，例如在 d1 点，从图 3-58（b）可见，各相对地电压的关系是 $U_{Cd1} > U_{Ad1} > U_{Bd1}$。同时，C 相对地电压升高，A、B 相

对地电压降低而且 B 相对地电压最低，但接地相却是 A 相而不是 B 相。顺便指出，当接地过渡电阻 R_d 过大使开口三角上的电压小于电压继电器的动作值时，就不能再发接地信号了。例如，继电器整定动作值为 20V，当 $K<0.2$ 以后就没有信号了，但三相对地电压的变化仍可从三个电压表的指示反映出来。

（3）$K>0.5$，这时，$\dot{U}_{Nd}$ 相量的始端在 d2 点至 $\dot{U}_A$ 相量末端的一段圆弧变化，例如在 d3 点，从图 3-63（b）可知 $U_{Cd3}>U_{Bd3}>U_{Ad3}$，C 相对地电压升高，A 相对地电压降低，B 相对地电压是升高还是降低，视 K 值而定。可以证明，当 $K<0.655$ 的范围内 A 相不完全接地，B 相对地电压是降低的，只有当 $K>0.655$ 时，B 相对地电压才会升高。所以，当 $K>0.5$ 以后，接地相才是对地电压最低的 A 相。还应指出，经分析后可以证明，当 K 在 $0.756<K<1.0$ 的范围内 A 相不完全接地时，C 相对地电压的升高可略大于线电压。

有一种看法认为，产生单相不完全接地时，接地相对地电压降低，非接地相的对地电压必定升高，对地电压最低的一相必定是接地相。对于全部单相不完全接地情况而言，这种看法是不妥的。由上述对单相不完全接地各种情况的分析可知，发生单相不完全接地时，并不都是一相对地电压降低，两相对地电压升高，而且并不一定都是对地电压最低的一相为接地相。确定接地相的原则是：按电压变化的正序（即 A 相→B 相→C 相→A 相……），对地电压最高相的下一相为接地相。例如，上述分析的几种情况，不论 K 的数值如何，都是 C 相对地电压最高，所以 C 相的下相 A 相为接地相。如果总认为对地电压最低的一相为接地相，就可能导致错误的判断。

4. 接地线路的查找（选线）

查找故障线路分为人工选线和自动选线两种方法。前者采用人为按既定顺序短时拉闸停电方法寻找故障线路。若拉某线路时，接地信号消失，说明接地就在该线路上；若拉开某线路时接地信号仍然存在，说明该线路没有接地，应迅速恢复供电。

人工选线方法使正常线路也会瞬间停电，若自动重合闸动作不成功，停电时间将延长；拉闸还会对电网形成冲击，容易产生操作过电压和谐振过电压，可能引起电气设备损坏；对于无人值班变电站，需远方遥控操作，更增加了故障的危险性和设备的负担。因此，单相接地故障自动选线对提高供电可靠性、提高供电部门和用户的经济效益，具有重要的意义。

现有故障选线原理，按照利用信号方式不同，可分为利用故障稳态信息、利用故障暂态信息、向电网注入信号三大类。多种故障选线装置尽管已经应用到现场，但使用效果都不大理想，这是因为信号的故障特征不明显、不稳定故障电弧和随机因素的影响。因此，小电流接地故障可靠选线仍然是一个需要继续研究解决的问题。

下面举出利用故障稳态信息的中性点不接地系统选线方法，以便使读者对选线原理有所了解。

当电网发生单相接地故障后，电容电流的分布如图 3-64 所示。以 WL-3 线路 A 相直接接地为例，接地点接地电流 I_d 等于系统电容电流的总和。如 A 相直接接地 $U_{Ad}=0$，非故障相电压 U_{Bd} 和 U_{Cd} 均升高 $\sqrt{3}$ 倍，即变为线电压值，中性点位移电压 $\dot{U}_{Nd}=-\dot{U}_{AN}$。每一线路的电容电流为非故障相 B、C 对地电容电流的相量和，接地故障线路的非故障相电容电流与故障相流回母线的接地电流方向是相反的。可以得出：

（1）零序电流的大小。非故障线路（WL-1、WL-2、…）的零序电流就是该线路电容电流的相量和。故障线路（WL-3）的 A 相流过系统电容电流的总和，包括该线路 B、C 相的

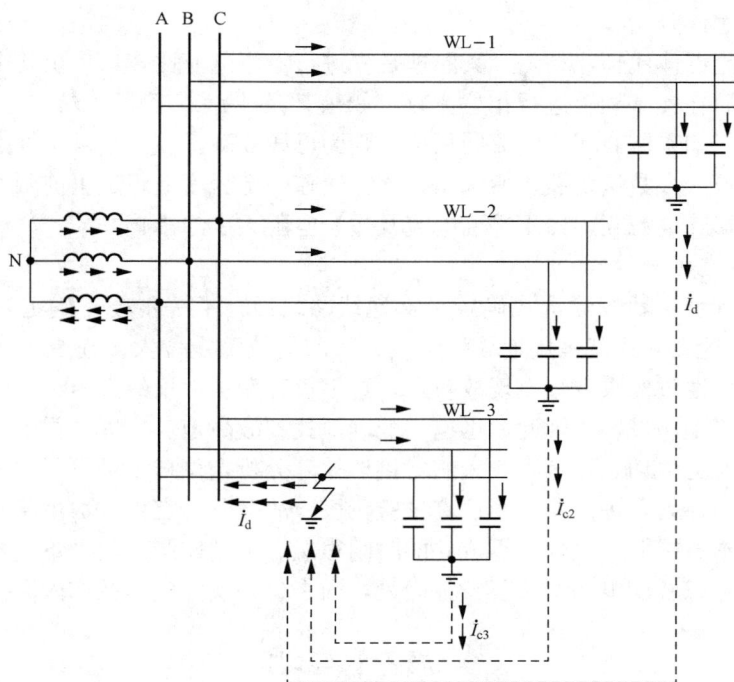

图 3 - 64　接地时的电容电流分布

对地电容电流，但在 WL-3 的 B、C 相，该电容电流通过不接地的变压器绕组又流了回来，因方向相反而相互抵消。可见，故障线路首端的零序电流不包括本线路的电容电流，其数值上等于系统非故障线路全部电容电流的总和。

（2）零序电流的方向。接地时的电容电流分布如图 3 - 64 所示，非故障线路（WL-1、WL-2、…）的零序电流的方向为由母线指向线路，而故障线路（WL-3）零序电流的方向为由线路指向母线，与非故障线路零序电流方向相反。

上述就是中性点不接地系统基波零序电流方向自动接地选线装置软件工作原理，具体实现方法是：

（1）零序电流幅值法。利用故障线路零序电流较非故障线路大的特点，来实现有选择性地发出信号（或跳闸）。这是早期小电流接地保护装置采用的方法。这种保护一般使用在有条件安装零序电流互感器的线路上，如电缆线路或经电缆引出的架空线路。当单相接地电流较大，足以克服零序电流过滤器中不平衡电流的影响时，保护也可以使用在架空线路三个电流互感器接成的零序过滤器上。保护装置的启动电流按大于本线路的电容电流整定。这种选线方法检测灵敏度较低，除了不能排除电流互感器不平衡影响和不能检测母线接地故障外，还受系统运行方式、线路长短和过渡电阻大小等许多因素的影响，从而导致误选、多选、漏选；此外，还可能导致死区，不能满足系统多变的情况。

（2）零序电流比相法。零序电流比相法，是利用故障线路零序电流由线路流向母线，非故障线路零序电流由母线流向线路的特点，选择与其他线路电流相位相反的线路为故障线路。这种选线方法在经大电阻接地或线路较短时，零序电压、零序电流均较小，容易使相位判断困难，而受电流互感器不平衡电流、受过渡电阻大小、继电器工作死区及系统运行方式的影响，容易发生误判。

（3）零序电流群体比辐比相法。其原理是先进行零序电流比较，选出几个幅值较大的线路作为候选，然后在此基础上进行相位比较。如果某条线路零序电流方向与其他线路不同，则其为故障线路；如果所有零序电流同相位，则为母线故障。该方法是中性点不接地系统的常用选线方法，被大多数选线装置所采用。该方法在一定程度上解决了前两种方法存在的问题，但同样不能排除电流互感器不平衡电流及过渡电阻大小的影响。

5. 接地故障定位

小电流接地系统接地故障选线确定了接地线路之后，下一步就是确定接地区段（或分支），进而寻找接地点，这就是接地故障定位。目前的故障定位大多还是人工定位，由工作人员沿线路巡视，通过肉眼观察发现故障点，这不仅耗费了大量的人力物力，而且对于绝缘子击穿等隐蔽故障不易发现。因此，迅速、准确地找到故障地点，提高供电系统的运行安全可靠性，已显得尤为迫切。近年来，人们对接地故障分析定位技术进行了大量研究，也取得了可喜的成果，但还处在理论研究和仿真试验阶段。故障分析定位方法由于故障信号获取困难、利用的信号本身很弱、故障判据成立的时间很短、不同监测点信号不能精确同步、故障数据不能批量传输以及配电网结构复杂等因素，尚未达到实际应用推广阶段。

思考题与习题

1. 图 3-65 为中性点不接地系统接线，假定是一个 10kV 系统，当带对称三相电压 10.5kV 正常运行时，说明下面各值：

（1）I_{CA}、I_{CB}、I_{CC} 均为 3A 时的 I_C、I_d。

（2）系统 A、B、C 三相对地电压。

（3）系统中性点 N 对地电压。

（4）TV 二次侧星形 a、b、c 相对地电压。

（5）TV 二次侧开口三角电压。

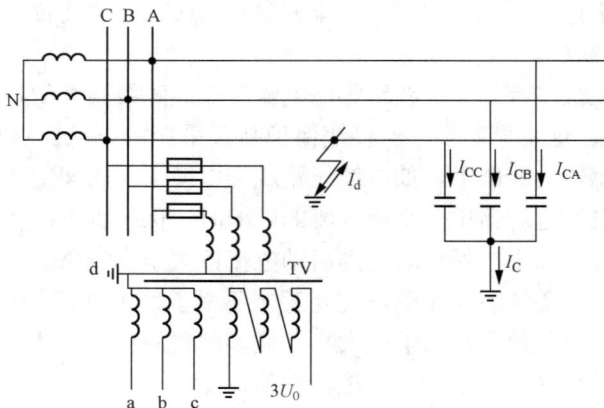

图 3-65 中性点不接地系统接线示意图

2. 上述系统如发生 C 相直接接地，求下面各值：

（1）I_{CA}、I_{CB}、I_{CC}、I_C、I_d（忽略互感器一次电流不计）。

（2）系统 A、B、C 三相对地电压。

（3）系统中性点 N 对地电压。

（4）TV 二次侧星形 a、b、c 相对地电压。

（5）TV 二次侧开口三角电压。

第九节　同　期　系　统

多台发电机、多个电力系统相互连接起来并列运行，不仅可以提高供电可靠性，改善供电质量，而且可以使负荷分配更加合理，减少系统备用容量，达到安全、稳定、经济运行的目的。然而，只有当待并发电机与电力系统以相同的电角速度旋转，而且彼此的相角差不超过允许的限值，归算电压近似相等时，发电机才能投入电力系统并列运行。

在发电机投入电力系统并列运行时必须完成一定的操作，这种操作称为并列（并网）操作或称同期（同步）并列。同期并列有手动、自动和半自动三种。手动同期时，发电机投入系统的所有并列操作，包括调节机组的转速，调节发电机的电压和断路器合闸等，均由运行人员手动进行；自动同期时，所有这些操作均由自动装置完成；有时也采用半自动同期并列，即调速和调压由运行人员手动完成，当符合同期条件时，自动装置会越前一定的相角自动将断路器合闸。

一、同期方式和同期点的选择

1. 同期方式

通常采用两种同期方式，即准同期方式和自同期方式。无论哪一种同期方式，必须先使待并发电机相电压的旋转方向与工作的发电机（或系统）相电压的旋转方向相同，即相序相同。这一条件可在发电机安装时予以解决。

（1）准同期方式。准同期方式是指发电机在并列前已励磁建压，然后在一定的条件下，即发电机的电压、频率、相位分别与投入系统的电压、频率、相位相同或接近相同时，将发电机断路器合闸，合闸瞬间发电机定子冲击电流很小。

在正常情况下，准同期的优点是只有较小的冲击电流，不至于降低系统电压。但准同期的缺点是装置比较复杂，准同期过程比较长，尤其是在系统故障情况下，系统频率和电压急剧变化时并列过程更长。并且由于各种原因有可能造成非同期并列，严重者将导致发电机损坏。

大、中型电厂发电机的正常并列一般采用准同期方式。通常设有自动准同期和手动准同期两种装置，并均带有非同期闭锁。

（2）自同期方式。自同期方式是指在发电机转速升高到接近系统同期转速（或接近已运行发电机的转速）时，将未加励磁的发电机投入系统，然后迅速给发电机加入励磁，从而产生转矩，在同步转矩的作用下，将发电机拉入同步。

自同期的优点是并列快，不会造成非同期合闸，特别是系统故障时在低频率、低电压情况下，能使机组迅速并入系统。但自同期的缺点是冲击电流大，振动较大，可能对机组的某些部位有一定影响。在水轮发电机定子绕组的绝缘及端部固定情况良好，均可采用自同期并列方式。

2. 同期点及同期方式的选择

为了达到并列运行的目的，发电厂内有些断路器必须进行同期并列操作，这些有同期并列任务的断路器称为同期点。同期点的选定原则有以下几点：

（1）发电机的同期。所有发电机出口断路器以及发电机—变压器组高压侧断路器（当发电机出口无断路器时）均需作为同期点。大中型发电机一般采用自动准同期作为正常的同期并列方式，以手动准同期作为备用的同期并列方式，自动自同期作为系统故障情况下的同期并列方式。

（2）变压器的同期。作为升压的三绕组变压器或具有三级电压的升压自耦变压器与电源相连接的各侧断路器均应作为同期点。作为升压的双绕组变压器或联络变压器一般有一侧断路器作为同期点即可。但某些主接线，如有一侧为多角形接线的联络变压器，则有时将变压器两侧断路器均作为同期点。

单元接线的变压器高压侧断路器和与发电机直接连接的变压器低压侧断路器，其同期点的同期方式应与发电机断路器的同期方式相同。

（3）线路和母线的同期。接在单母线上的线路断路器在设计中一般均考虑作为同期点。对于双母线的接线曾经只考虑利用母线联络断路器进行并列，线路断路器不作为同期点。但对要分裂成两个单独系统运行的母线和 110kV 及以上电压等级的系统主要联络线，则线路断路器应作为同期点。带有旁路母线的线路断路器以往也不作为同期点，只将旁路断路器作为同期点。这样做虽然可在线路侧不设电压互感器，但在进行同期前和同期后均需倒换有关隔离开关，增加了操作，故对 110kV 及以上的接在双母线上或是接在带有旁路母线上的线路断路器均作为同期点为宜。多角形接线和外桥形接线中，与线路相关的两个断路器均需作为同期点。

这里只介绍发电机的准同期接线。

二、发电机的准同期

1. 对准同期接线的要求

（1）各同期点均需装置单独的同期用的切换开关 SAS。为了防止运行人员的误操作，所有同期切换开关应共用一个可抽出的把手，此把手只在"断开"的位置时才能抽出。不然，有可能将几个同期切换开关同时投入，使同一同期小母线引入几种电压造成电压互感器二次回路短路，或者造成错误同期。

（2）所有引至同期回路的电压互感器二次侧 B 相是通过一个公用的小母线 WVBb 接地的。这是因为发电机电压互感器往往采用 Vv 接线，需要 B 相接地。而且也简化了同期系统的接线和减少同期切换开关的挡数。

（3）由于电力变压器通常采用 Yd11 接线，星形与三角形接线两端的电压向量相差 30°。为此，对于星形侧为小电流接地系统的，通常用接线为 Yd1 的中间转角变压器接在变压器高压侧的电压互感器的二次侧作为补偿。

对于星形侧为大接地电流系统的，则高压侧的同期电压可取自电压互感器的第三绕组

（开口三角绕组），使其相位与低压侧对应。

（4）各同期点断路器的手动合闸回路必须经过相应的同期切换开关触点（或继电器触点）加以闭锁，以消除在接通同期装置之前就有合闸的可能性。对于集中装设一套同期闭锁装置而出现全厂共用的同期闭锁小母线的情况，在接线中还要考虑消除将一个断路器的控制开关切至合闸位置时使几个断路器同时合闸的可能性。为此一般同期闭锁小母线两侧均经同期切换开关的触点（或继电器触点）闭锁。这样，操作某一断路器的控制开关进行合闸时，只有选定的断路器才能投入。

（5）对于只有一侧作为同期点的双绕组变压器，其不作为同期点的断路器合闸回路，须增设另一侧断路器的动合辅助触点加以闭锁。

（6）为防止准同期操作时的非同期合闸故障，必须对非同期合闸加以闭锁。

2. 发电机的同期接线

在发电机电压系统具有母线、扩大单元、升压三绕组变压器或升压自耦变压器等主接线的情况下均以发电机断路器作为同期点。发电机同期接线图如图 3-66 所示，同期电压由断路器两侧的电压互感器二次侧经同期切换开关 SAS 引至各同期小母线。

准同期合闸回路的展开式原理图如图 3-67 所示。

3. 准同期并列的操作步骤

（1）调整机组转速接近额定值，将发电机启励建压。

（2）将待并系统（发电机）相应的同期切换开关 SAS 投入，将发电机的电压和系统电压经 SAS 的触点加到同期小母线 WSTa、WSTc、WSTa′上。

（3）将切换开关 1SASC 切到"手准"（SY）位置，将同期表投入工作。

（4）如为手动准同期，根据同期表指示，精细调整发电机频率和电压使同期表频率差和电压差为零，并使同期表指针朝"快"的方向均匀缓慢旋转，当指针距零位提前一个小角度时，操作 SA 使断路器合闸。

（5）如为自动准同期，将自动准同期装置投入开关 SAH 扳向"投入"位置，自动准同期装置 ASA 会根据机组转速高低，发出减速或增速脉冲（通过小母线 WADC 作用于机组调速器的调速机构或频率给定机构），同时根据机端电压的高低发出降压或增压脉冲（通过小母线 WADV 作用于机组自动励磁调节器给定机构）。当符合同期条件时，装置动作自动使断路器合闸。

（6）同期完成后，将 SAH、SAS、1SASC 开关扳向断开位置使回路全部复原。同期闭锁继电器 KSY 的作用是：当待并发电机电压与系统电压的相位差小于其整定值（20°～30°）时，KSY 的动断触点才闭合，接通同期合闸小母线 1WSC 和 2WSC，同期点的断路器才能进行合闸，防止了非同期合闸故障。当系统没有电压而建压的发电机断路器需要合闸时（无压合闸），同期闭锁继电器 KSY 线圈只加有发电机一侧电压，其触点是断开的，这时要将 1SASC 开关扳向"无压"（SC）位置，才能使断路器合闸。

三、同期回路接线的检查

为避免非同期并列使发电机遭受很大的冲击，机组新安装或同期回路检修后，除认真核对接线外，必须对同期回路进行通电检查，以确保同期接线的正确无误。通电检查的方法

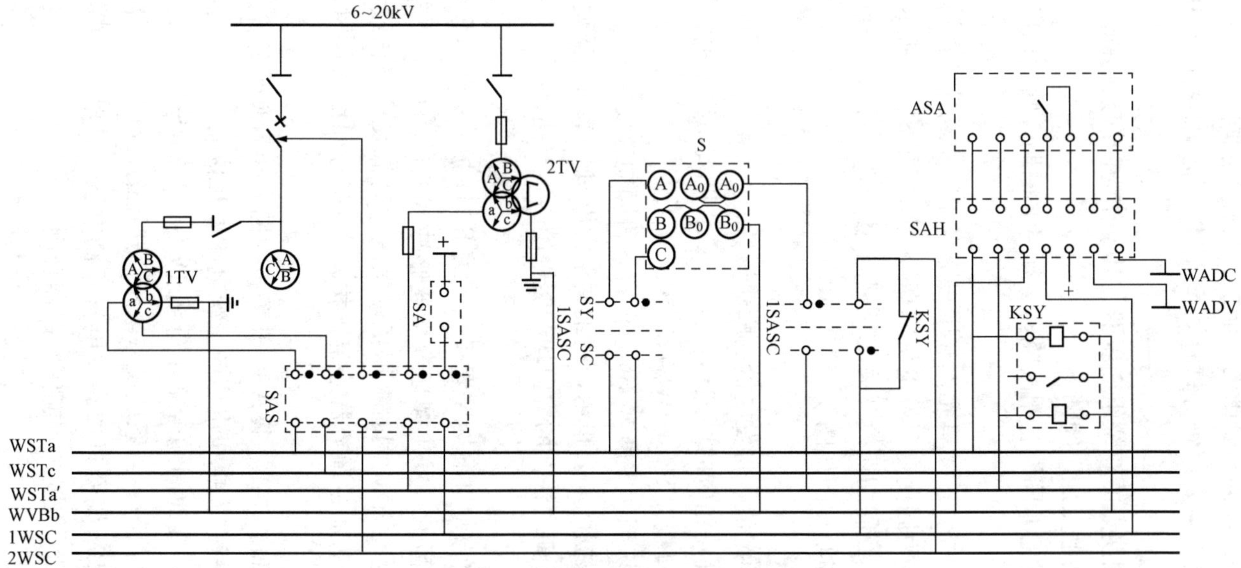

图 3 - 66 发电机同期接线图

WSTa—待并侧 A 相电压小母线；WSTc—待并侧 C 相电压小母线；WSTa′—系统侧 A 相电压小母线；WVBb—B 相公共电压小母线；

1WSC、2WSC—同期合闸小母线；WADV—自动调压小母线；WADC—自动调速小母线；S—三相组合式同期表；

KSY—同期闭锁继电器；1SASC—同期表计投入开关；ASA—自动准同期装置；SAH—自动准同期装置投入开关

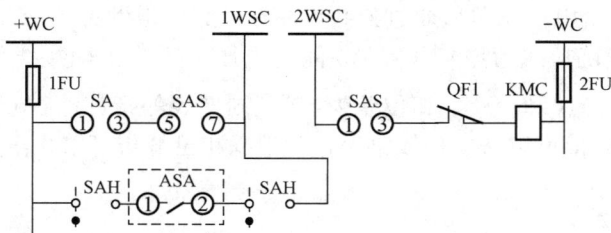

图 3-67　准同期合闸回路展开式原理图

是：将发电机三相接线从出口处拆开，但机端电压互感器不能切除，合上发电机出口隔离开关和断路器，将系统电压加到发电机端电压互感器上，合上同期切换开关 SAS 投入同期表，根据同期表各端钮间电压的测值及同期表指针的位置，就可以判断同期接线是否正确，如果接线错误，亦可以分析判断出错误所在。

1. 三相组合式同期表

同期接线中采用的三相组合式同期表，由电压差表、频率差表和同步表三部分组成。同步表有两组交叉的固定绕组和一个单相励磁绕组，交叉绕组接通待并发电机的三相电压时，产生旋转磁场，可动单相励磁绕组接系统线电压，产生脉动磁场。当两侧电压的频率不同时，单相绕组会带动指针旋转；当发电机频率高于系统频率时，指针顺时针方向旋转；当两侧频率完全相同时（如并网后），指针固定不动。

MZ-10 同期表接线如图 3-68 所示。发电机三相电压通过电压互感器分别接同期表 A、B、C 端，系统 A、B 相的电压通过电压互感器分别接同期表 A0、B0 端，如果同期不分粗细调，A0 和 A0′、B0 和 B0′连起来。同期接线中，B 相是公共端，故 B 和 B0 已在仪表内部连起来。可以认为发电机 $\dot{U}_{abg}$ 电压相量固定在同期表的零位上，系统 $\dot{U}_{abs}$ 电压相量固定在同期表的指针上，两者的夹角就是两个电压的相位差。

2. 正确接线

同期表正确接线时的电压三角形如图 3-69 所示。图 3-69（a）表示发电机侧，三相电压三角形△AgBgCg，三相电压分别接入同期表的 A、B、C 端，如括号所示。图 3-69（b）表示系统侧，三相电压三角形△AsBsCs，As、Bs 分别接入同期表的 A0、B0 端，如括号所示。由于同期表两侧通过互感器接于同一系统而同期表的 B 和 B0 端是连在一起的，两个电压三角形重合，B-B0 为公共点，如图 3-69（c）所示。因此，A-A0 间的电压为零，C-A0 间的电压为线电压 100V（设主回路加上额定电压，下同），因为电压相位差为零且频率相同，同期表指针固定指在零位上。

3. 错误接线

（1）发电机侧电压线 Ag、Cg 对调。同期表接线如图 3-70（d）所示，接在同期表 A、C 端的电压线对调了，则图 3-69（a）括号内 A、C 对调，发电机侧如图 3-70（a）所示，加于同期表为反相序电压。系统电压三角形没有变化，系统侧如图 3-70（b）所示。而 B 和

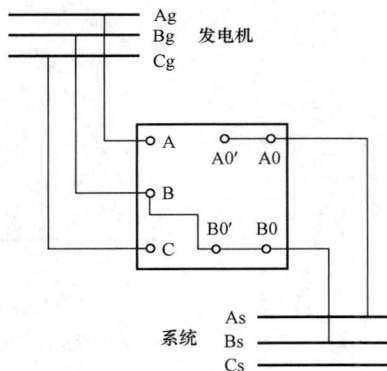

图 3-68　MZ-10 同期表接线图

B0 端仍连在一起，两个电压三角形通过公共点放在一起就得到图 3-70（c）。可见，A—A0 间的电压为 100V（正确接线为零），C—A0 间的电压为零（正确接线为 100V），并且同期表两侧对应电压相量 $\dot{U}_{AB}$ 和 $\dot{U}_{A0B0}$ 相位差为 60°，同期表的指针停在超前 60°的位置上。从同期表端钮间电压的测值可以认定接线错误，并根据相量分析可以找出错误所在。

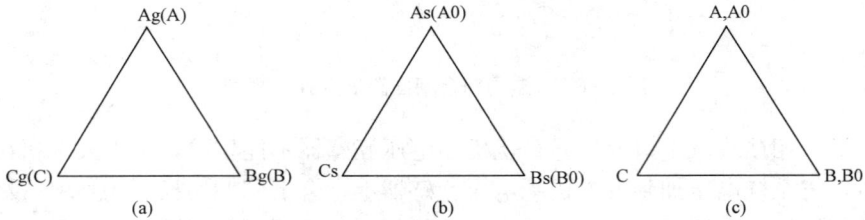

图 3-69　同期表正确接线时的电压三角形
(a) 发电机侧；(b) 系统侧；(c) B—B0 为公共点

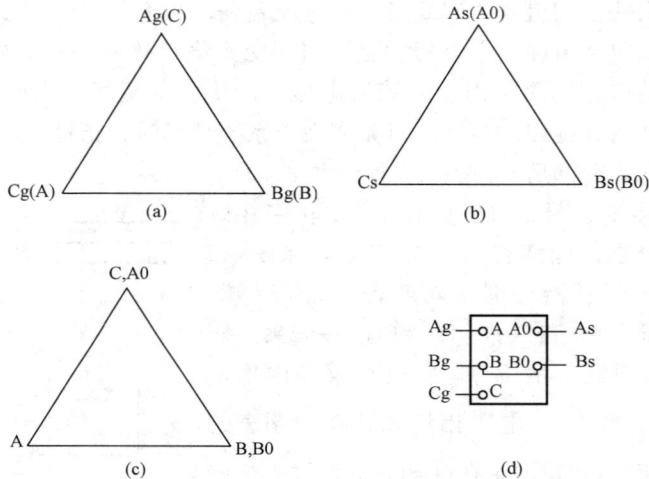

图 3-70　Ag、Cg 对调时的电压三角形
(a) 发电机侧；(b) 系统侧；(c) B—B0 为公共点；(d) 同期表接线

说明：从图上看同期表指针应为落后 60°，但由于相序反了，变为超前 60°，同时，由于三相同期表内部接线的关系，在反相序时同期表的指针位置是不准确的。

（2）同期表 A0 错接系统侧电压线 Cs。同期表接线如图 3-71（d）所示，接在同期表 A0 端的电压线变成了 Cs，系统侧电压三角形如图 3-71（b）所示。B—B0 为公共点从图 3-71（c）可见，A—A0 间的电压为 100V（正确接线为零），C—A0 间的电压为零（正确接线为 100V），并且同期表两侧对应电压相量 $\dot{U}_{AB}$ 和 $\dot{U}_{A0B0}$ 相位差为 60°。

（3）互感器公共点错相。引至同期回路的两侧电压互感器二次侧 B 相是连在一起接地的，如果相别连错了，也是一种错误接线。例如，系统电压互感器二次侧 A 相和发电机电压互感器二次侧 B 相连在一起作公共点。这时相当于同期表系统侧的两根接线对调，同期表接线如图 3-72（d）所示。发电机侧和系统侧电压三角形如图 3-72（a）、（b）所示，两个三角形以 B—B0 公共点放在一起就得到图 3-72（c）。可见，A—A0 间的电压为 200V

94

（正确接线为零），C—A0 间的电压为 $100\sqrt{3}\,\text{V}$（正确接线为 100V），并且同期表两侧对应电压相量 $\dot{U}_{AB}$ 和 $\dot{U}_{A0B0}$ 相位差为 180°，同期表的指针停在 180°的位置上。

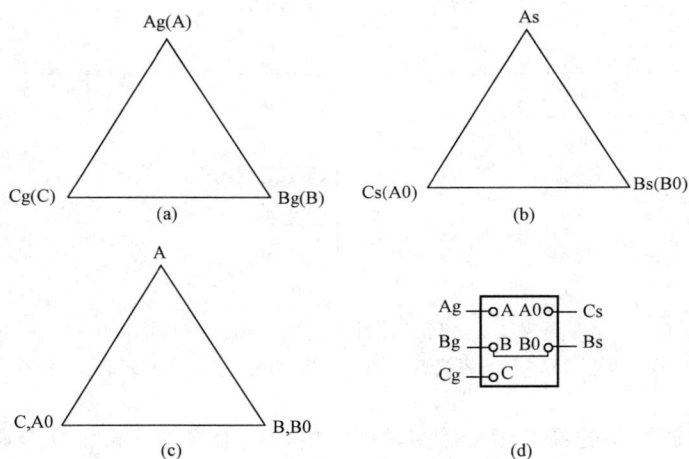

图 3 - 71　As、Cs 对调时的电压三角形
（a）发电机侧；（b）系统侧；（c）B—B0 为公共点；（d）同期表接线

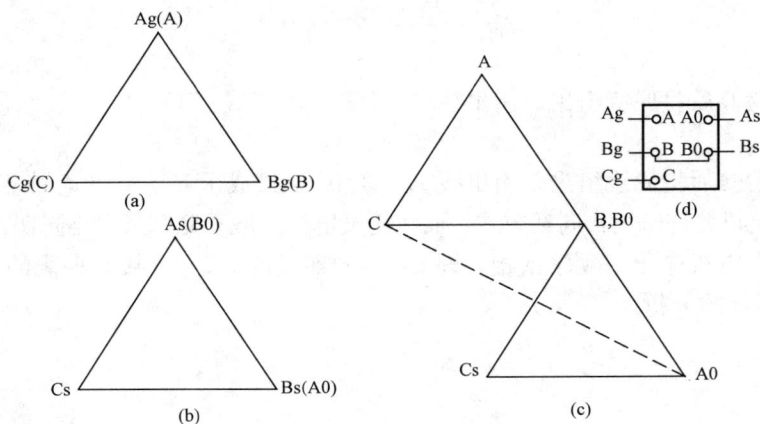

图 3 - 72　As、Bs 对调时的电压三角形
（a）发电机侧；（b）系统侧；（c）B—B0 为公共点；（d）同期表接线

（4）电压互感器极性接反。电压互感器极性接反以后，同期表的指示和端钮之间的电压都不对，是一种错误接线。例如，同期表端钮接线正确，同期表接线如图 3 - 73（d）所示，但系统侧电压互感器 2TV（图 3 - 66）的极性反了，二次侧三个"a"端连起来作中性点，三个"x"端作引出。这时，二次侧的电压相量就会反向，电压三角形倒 180°，如图 3 - 73（b）所示。将图 3 - 73（a）发电机侧电压三角形和系统侧电压三角形以 B—B0 为公共点放在一起，就得到图 3 - 73（c）。可见，A—A0 间的电压为 200V（正确接线为零），C—A0 间的电压为 $100\sqrt{3}\,\text{V}$（正确接线为 100V），并且同期表两侧对应电压相量 $\dot{U}_{AB}$ 和 $\dot{U}_{A0B0}$ 相位差为 180°，同期表的指针停在 180°的位置上。

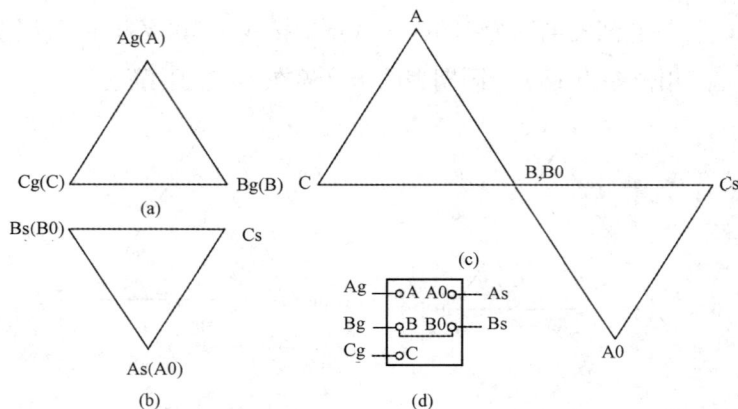

图 3-73　2TV 极性接反时的电压三角形

（a）发电机侧；（b）系统侧；（c）B−B0 为公共点；（d）同期表接线

需要指出，同期回路的错误接线是多种多样的，以上只是分析了几个典型例子，目的是使读者掌握分析的方法，提高分析解决工程实际问题的能力，这样对具体的错误接线就能进行正确的分析。

思考题与习题

1. 发电机检修后将原绕组出口引出线 A、B、C 误接成了 C、A、B，同期接线不改动，能否进行同期？

2. 发电机检修后将原绕组出口引出线 A、B、C 误接成了 B、A、C，能否进行同期？

3. 水轮发电机允许采用自同期方式，而汽轮发电机一般不允许采用自同期方式，为什么？

4. 同期表发电机电压侧顺序错相，即 Cg 接同期表的 A、Ag 接同期表的 B、Bg 接同期表的 C，画出相量图分析。

第四章 电气设计和安装接线

第一节 图 纸 设 计

图纸是工程技术界的共同语言。电气工程原理展开图是设计思想和接线方案的具体体现，是设计安装图的依据，是现场安装、运行、维护的重要图纸。本次工程实践训练设计的原理展开图包括以下几个回路：断路器控制回路、中央信号回路、继电保护回路、电气测量回路，各回路要分别画出展开图。

1. 断路器控制回路的设计要求

（1）采用三相操作的带有电磁操动机构的断路器控制回路。

（2）采用断路器位置信号灯可以闪光的控制回路。控制开关有"跳闸后""预备合闸""合闸""合闸后""预备跳闸""跳闸"六个位置。

（3）采用有位置继电器的音响监视的控制回路。

（4）具有防止合于永久性故障时多次跳合闸的防跳功能。

（5）在跳合闸过程中，断路器的合闸和跳闸线圈的通电是短时的，应在操作完成后自动解除。

（6）合闸电源和操作电源要分开。

（7）采用标准的图形符号和文字符号。

（8）展开图上的各条回路要标上规定的回路标号。

（9）接触器的线圈和触点、转换开关的各对触点、继电器的线圈和触点、仪表的电流电压线圈，都应标上端子编号，可查阅附录 B 或设计手册。

2. 中央信号回路的设计要求

（1）采用能重复动作的中央事故信号和中央预告信号。

（2）采用 JC - 2 型冲击继电器。

（3）故障时发出的音响应能自动和手动复归。

（4）音响和光字牌应能进行试验。

（5）预告信号应具有冲击自动返回功能。

3. 继电保护回路的设计要求

（1）线路采用三段式过电流保护，即瞬时电流速断保护、延时电流速断保护、定时限过电流保护。

（2）计算保护整定值和动作时限：线路最大负荷为 300A，最大运行方式时线路末端最大短路电流为 1.5kA，下一段线路瞬时电流速断保护一次动作电流为 1.2kA，下一段线路过电流保护动作时限为 3s，自启动系数取 1.0，电流互感器变比 500/5A。

（3）电流继电器的线圈要标明串联还是并联。

（4）继电器的线圈和触点都应标上端子编号，可查阅附录 B 或设计手册。

4. 电气测量回路设计要求

（1）测量线路为三相三线制，测量用电流互感器采用三相星形接法。

（2）测量用电压互感器采用两个单相互感器组成的不完全三角形（Vv）接法。

（3）要求测量三相电流、三相电压、有功功率、无功功率、频率、电能、操作电压等。

（4）三相电压测量采用一个电压表和一个转换开关。

（5）三相有功功率、无功功率和电能表的测量采用"二表法"接线。

需要强调指出，原理展开图上的任一设备，小至一个连接片，都有其特定的作用和功能，原理展开图的设计不仅仅是参考设计手册和有关资料画出图纸，更重要的是了解每一设备的作用，深刻掌握所设计接线的工作原理和动作过程。

第二节 设 备 选 型

一、概述

设计原理展开图以后，就要进行设备选型，只有正确选择符合设计要求的设备，才能确保电气系统安全可靠运行。在每张原理展开图的右侧或下方都应画出设备明细表，学生要将所选的设备填入表内。

设备选型前，先要确定操作电源，操作电源分直流操作和交流操作，直流操作电压又有DC220V，110V，48V 等，操作电压直接影响设备的技术参数。工程实践训练实验直流电源采用DC220V，这也是生产现场最常用的。

设备选型包括选择设备的类型、型号和技术特性（参数），而满足同一技术要求的设备类型有多种，如中间继电器就有 DZ-50，60，70，100，200 等系列，安装尺寸各不相同，同一类型还有嵌入式、凸出式、后面接线、前面接线等，要根据具体情况如设备布置、价格、美观的要求选型。工程实践训练的实验屏要预先开孔，所以已选好了设备的类型，设备型号和技术特性（参数）由学生查阅附录 B 或相关手册选择。

二、设备型号和技术特性选择

下面分别说明各个设备的类型以及型号和技术特性选择原则。

1. 电流继电器

采用 DL-30 系列，根据整定计算出的整定值选择。例如，计算得定时限过电流保护的整定值为 4.5A，可以选择 DL-31/10 型的电流继电器，其最大动作整定电流为 10A，动作电流整定范围为 2.5～10A，其中整定范围 2.5～5A 时两线圈为串联，整定范围 5～10A 时两线圈为并联，对于 4.5A 整定值此时应采用线圈串联的接线。

2. 时间继电器

采用 DS-30 系列，根据整定计算出的整定值选择。例如，定时限过电流保护时间整定为 3s，可以选择 DS-32/2 型的时间继电器，时间整定范围为 0.5～5s。

3. 中间继电器

采用 DZ-200 系列，根据展开图要求的触点情况、是否需要电流线圈、是否需要延时等情况选择。例如，用于防跳的中间继电器就需要电压线圈和电流线圈各一个。

4. 信号继电器

采用 DX-30 系列，根据操作电压和串入信号继电器线圈回路的电阻，可以算出流过信号继电器线圈的电流，信号继电器的动作电流应小于上述计算电流。例如，三段式过电流保护出口中间继电器为 DZB-257 型，在 DC220V 时查得其线圈电阻值为 10300Ω，如加上 DC220V 电压，线圈电流为 0.0214A，选择 DX-31A/0.015 型信号继电器，动作电流 0.15A，查得其线圈电阻为 1250Ω，如果一个信号继电器动作，回路总电阻为 11550Ω，即使操作电压降低至 80% 额定值，信号继电器仍能可靠动作。如果有多个信号继电器同时动作的情况，必要时中间继电器要并联电阻。

5. 光字牌

光字牌可由白炽灯（XD 型）或半导体灯（AD11 型）构成。由于白炽灯较亮便于观察，故采用前者。

6. 冲击继电器

冲击继电器有 JC、ZC、BC 等系列以及微电流型，由于光字牌采用 XD 型，配套选用一般冲击继电器。工程实践训练实验采用由极化继电器构成的 JC-2 型冲击继电器，因为它本身具有冲击自动返回性能，可以简化接线。需要注意，冲击继电器的选择与光字牌的类型有关，如果选光字牌为半导体型，就要选择微电流冲击继电器（如 ZC24H、ZC25H、CDJC 等）。

7. 信号灯

信号灯可由白炽灯（XD、ZSD 型）或半导体灯（AD11 型）构成，由于白炽灯亮度更明显，故采用前者。工程实践训练实验采用串附加电阻的 XD5 型信号灯。

8. 闪光继电器

闪光继电器有 DX-1、DX-3 型以及适用于半导体信号灯的微电流型，由于信号灯采用白炽灯型，工程实践训练实验采用 DX-1 型。对于有闪光的断路器控制回路，如果采用半导体信号灯，因为其内部串的电阻过大（220V 时为 20kΩ），就要选择微电流闪光继电器。

9. 电气仪表

采用 42 系列方型仪表。仪表的电压比和电流比一定要与互感器的变比一致，采用零位居中功率表，以便指示负向功率。

10. 操作开关

操作开关有 LW2、LW5、LW8、LW10、LW12 等类型，在工程实践训练实验中，断路器操作开关采用 LW2 型，其余操作开关采用 LW5 型，操作开关要根据展开图的要求选择，查手册一般可查到型号，如查不到，要画出触点图表向厂家订货。

11. 直流接触器

合闸接触器和短路接触器的电流一般不超过 20A，可选择 25A 或 40A 的接触器，直流接触器价格较贵，可选用交流接触器改制为直流操作的接触器。

12. 熔断器

生产现场采用的二次回路熔断器一般都用管状熔丝，带有隔离底座，如 RT14、18 型，工程实践训练实验时，熔丝烧断较多，因此采用瓷插式熔断器，熔丝烧断时更换熔丝即可，可以节省费用。合闸回路熔断器采用 RC1A-30，其余采用 RC1A-10。

应该说明，以上选择的设备型号，是某校电气工程实践训练实验装置采用的，各单位在设计实验装置时，也可以选择不同的型号，但屏的开孔一是要和所选设备安装尺寸相符。

第三节 设 计 参 考 图

下面提供有关回路的原理展开图，供学生设计时参考。学生可以参考本书末的附录或其他参考资料，正确选择设备的型号和规格，并将其填入明细表的空格中，同时，将设备图形符号的端子号标在原理展开图上。

一、断路器控制回路展开图

图 4-1 为采用电磁操动机构的断路器控制回路展开式原理图，断路器的操作和信号回路分开不同的熔断器引出，以便在操作回路出现故障时能够发出信号。断路器控制没有画出同期部分，如果断路器需要同期，可参考图 3-65。

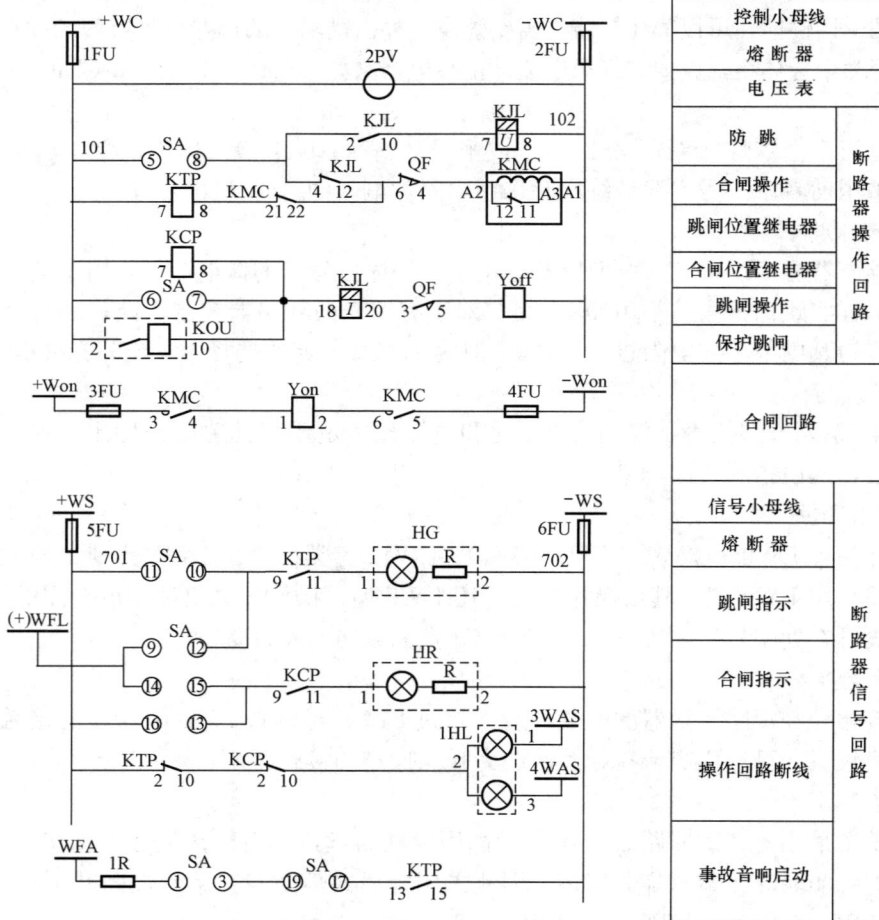

图 4-1 断路器控制回路展开式原理图（一）

SA(LW2-Z-1a.4.6a.40.20/F8) 触点表

位置＼触点号	1-3	2-4	5-8	6-7	9-10	9-12	10-11	13-14	14-15	13-16	17-19	18-20
跳闸后 ←	—	×	—	—	—	—	×	—	×	—	—	×
预备合闸 ↑	×	—	—	—	×	—	—	×	—	—	—	—
合闸 ↗	—	—	×	—	—	×	—	—	—	×	×	—
合闸后 ↑	×	—	—	—	—	—	—	—	—	×	×	—
预备跳闸 ←	—	×	—	—	—	—	×	—	×	—	—	—
跳闸 ↙	—	—	×	—	—	×	—	—	—	×	—	×

图 4-1　断路器控制回路展开式原理图（二）

表 4-1 为断路器控制回路设备明细表。

表 4-1　　断路器控制回路设备明细表

序号	符号	名　称	型号规格	单位	数量	备注
1	2PV	直流电压表	96C1，250V	只	1	
2	KTP，KCP	中间继电器	DZY-202，DC220V	只	2	
3	KJL	防跳继电器	DZB-213，DC220V，0.25A	只	1	
4	SA	转换开关	LW2D-10/Z1a46a4020/F8	只	1	
5	KMC	直流接触器	CJX2-3210Z，32A，DC220V	只	1	
6	HR	信号灯	XD5，DC220V	只	1	
7	HG	信号灯	XD5，DC220V	只	1	
8	1HL	光字牌	AD11-77*31，双灯，DC220V	只	1	
9	1FU，2FU，5FU，6FU	熔断器	RT18-32，5A	只	4	
10	3FU，4FU	熔断器	RT18-32，20A	只	2	
11	1R	电阻	1kΩ，50W	只	1	

二、中央信号回路展开图

图 4-2 为采用 JC-2 型冲击继电器的中央信号回路展开式原理图，瞬时预告信号和发遥信的部分没有画出。图 4-2 中，事故信号回路的冲击继电器采用正冲击接线，预告信号回路的冲击继电器采用负冲击接线，以便使学生对两种冲击接线都熟悉，当然只采用正冲击或负冲击也是可以的。图 4-2 的右侧的冲击继电器内部接线是生产厂家出厂时接的，中央信号接线是设计手册采用的典型接线。但这种接线存在冲击继电器有时不能复归的问题，这在第三章已有论述，冲击继电器内部改接后的接线如图 4-2 左侧所示。在工程实践训练中，建议先采用图 4-2 左侧的改进接线，然后再进行两种接线的对比实验。

表 4-2 为中央信号回路设备明细表。

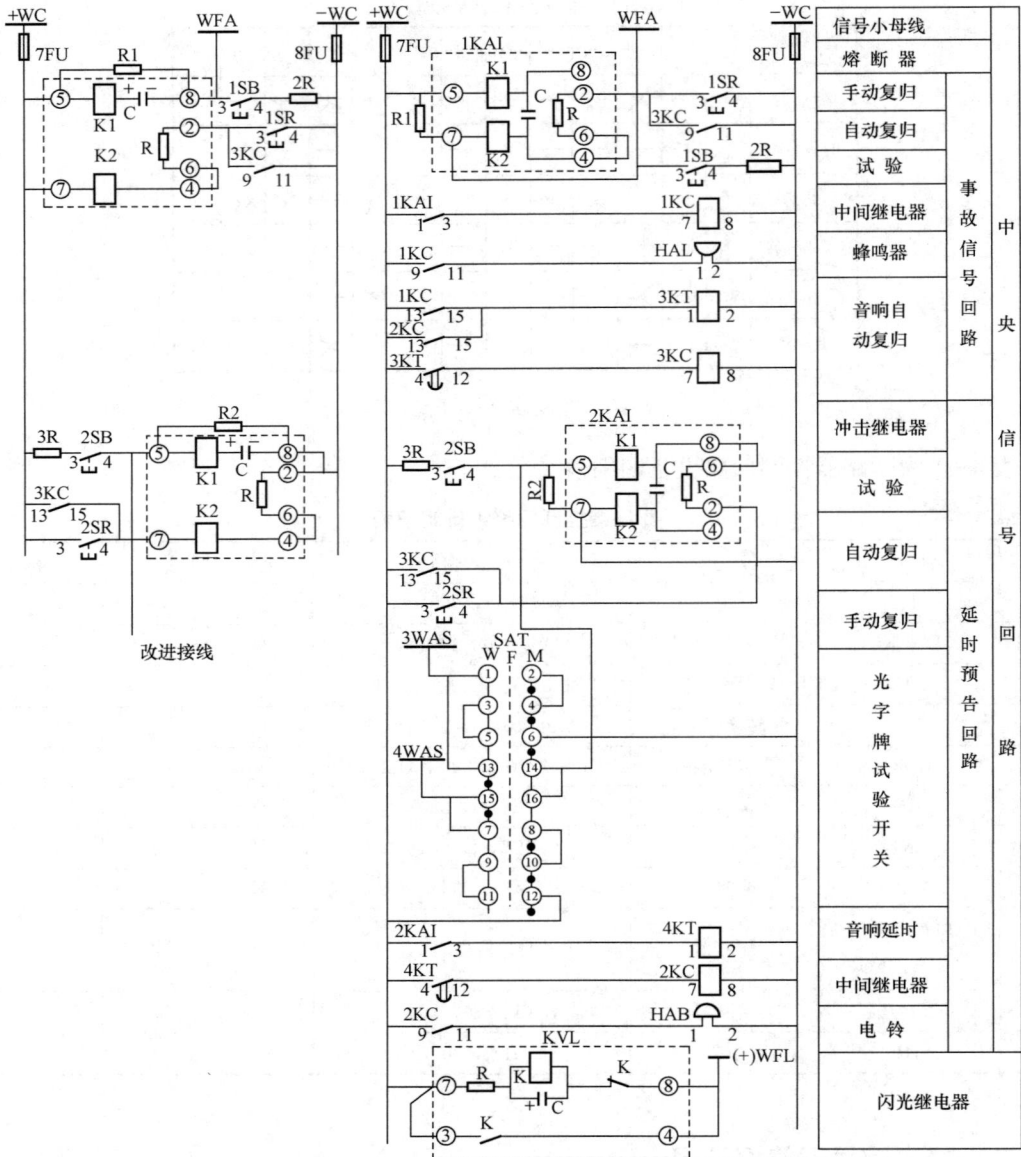

图 4 - 2　中央信号回路展开式原理图

表 4 - 2　　　　　　　　　　中央信号回路设备明细表

序号	符　号	名　称	型号规格	单位	数量	备注
1	1KAI，2KAI	冲击继电器	JC-2，DC220V	只	2	
2	1KC，2KC，3KC	中间继电器	DZY-202，DC220V	只	3	
3	3KT，4KT	时间继电器	SSJ-31A，DC220V	只	2	
4	KVL	闪光继电器	JTX-3C，DC220V	只	1	
5	SAT	转换开关	LW5D-16/4	只	1	
6	1SB，2SB	试验按钮	LAY39B-11BN	只	2	红色

续表

序号	符号	名　　称	型号规格	单位	数量	备注
7	1SR，2SR	复归按钮	LAY39B-11BN	只	2	绿色
8	HAL	蜂鸣器	DN16-22FS，DC220V	只	1	红色
9	HAB	电铃	DN16-22FS，DC220V	只	1	绿色
10	7FU，8FU	熔断器	RT18-32，5A	只	2	
11	2R，3R	电阻	1kΩ，50W	只	2	
12	R1，R2	电阻	1Ω，10W	只	2	JC-2 配来

三、三段式电流保护回路展开图

图 4-3 为三段式电流保护回路展开式原理图。图中，将图 2-1 中的短路接触器 KM 的控制回路也画在这里，由学生自己设计画上。

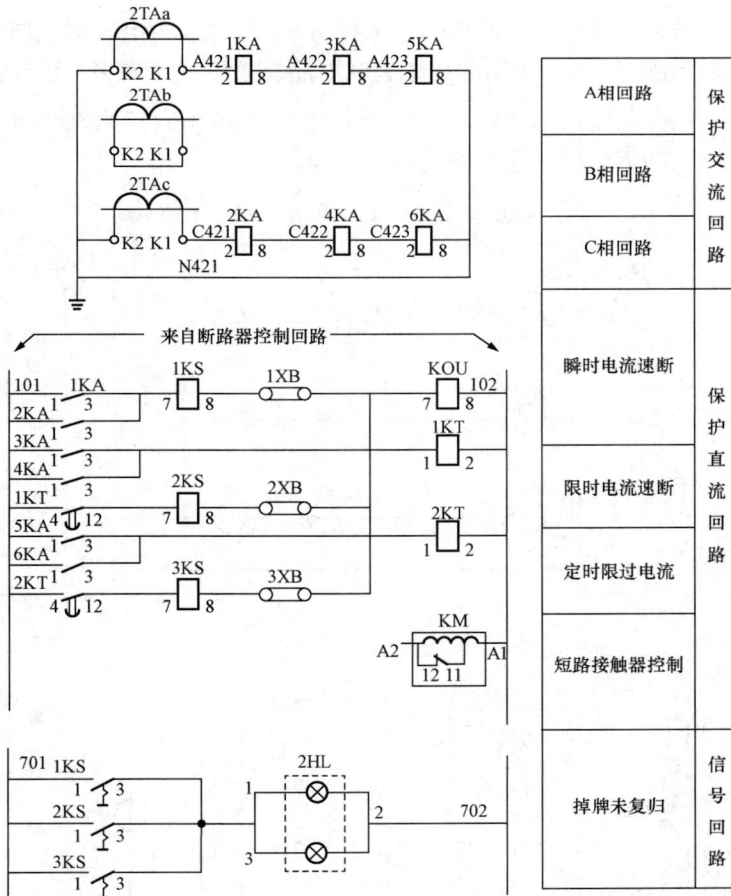

图 4-3　三段式电流保护回路展开式原理图

表 4-3 为三段式电流保护回路设备明细表。

103

表4-3　　　　　　　　　　　　　继电保护回路设备明细表

序号	符号	名　称	型号规格	单位	数量	备注
1	1KA，2KA	电流继电器	BH-0.66，5/5A			
2	3KA，4KA	电流继电器	BH-0.66，5/5A			
3	5KA，6KA	电流继电器	BH-0.66，5/5A			
4	KOU	保护出口继电器	DZB-226，DC220V，0.25A			
5	1KT，2KT	时间继电器	SSJ-31A，DC220V			
6	1KS，2KS，3KS	信号继电器	DX-31A，0.01A			
7	1XB，2XB，3XB	连接片	JL1-2.5/2	只	3	
8	2HL	光字牌	AD11-77＊31，双灯，DC220V			

四、电气测量回路展开图

图4-4为电气测量回路展开式原理图（工程用），图4-5为电气测量回路展开式原理图（实验用）。工程设计中，三相三线制的功率表和电能表采用"二表法"接线，为了方便安装接线，其电流回路一般都接入 A、C 相的电流，电压回路相应接入线电压 $\dot{U}_{ab}$ 和 $\dot{U}_{cb}$，如图4-4所示。以有功功率为例，这时的功率算式为

$$P = U_{ab}I_a\cos\angle\dot{U}_{ab}\sim\dot{I}_a + U_{cb}I_c\cos\angle\dot{U}_{cb}\sim\dot{I}_c$$

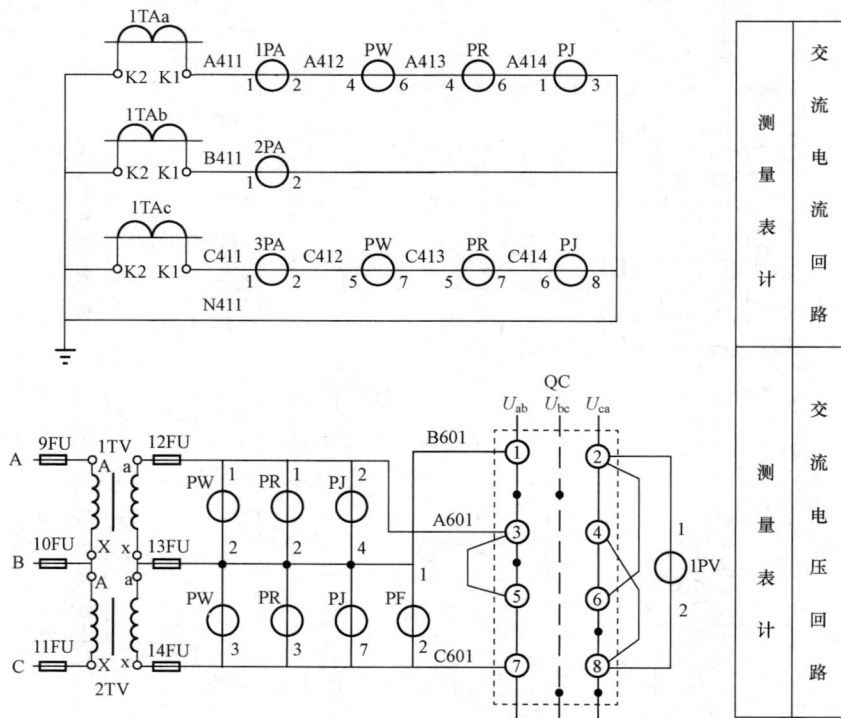

图4-4　电气测量回路展开式原理图（工程用）

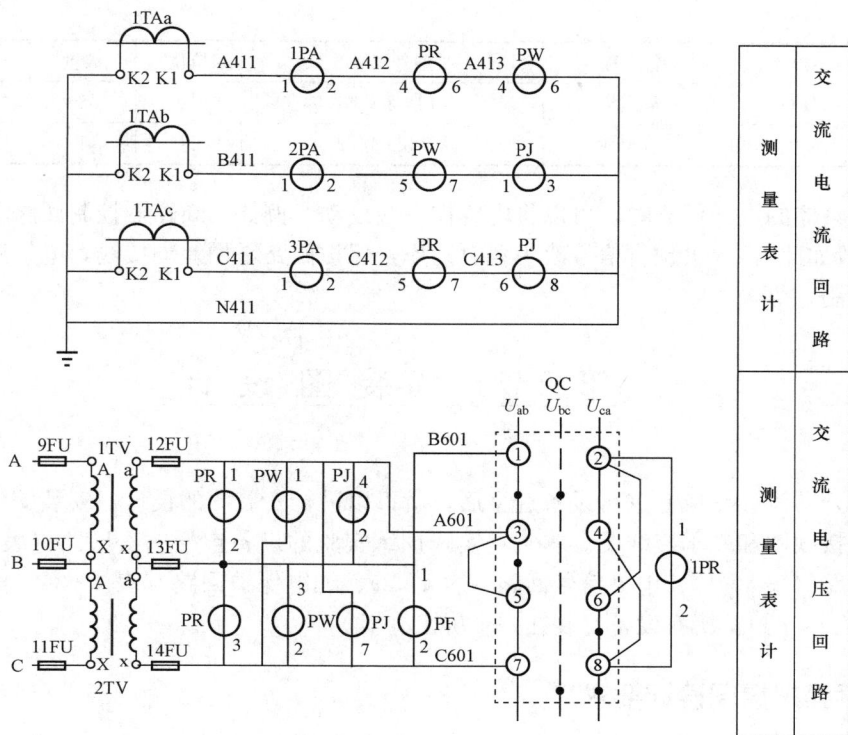

图 4-5　电气测量回路展开式原理图（实验用）

从图 4-4 可以看出，三个电流互感器二次负载是不相同的，B 相的负载阻抗最小。在实验装置中，由于降压变压器 1TM 的容量很小，电流互感器的阻抗对三相电流的影响较大，如果三只电流互感器二次负载不相等，就会使三相电流不平衡。为了使三相电流比较平衡，将有功功率表、无功功率表、电能表的电流回路接线改为如图 4-5 所示接线，电压回路的接线也要作相应改动。这时有功功率的算式为

$$P = U_{ac} I_a \cos \angle \dot{U}_{ac} \sim \dot{I}_a + U_{bc} I_b \cos \angle \dot{U}_{bc} \sim \dot{I}_b$$

有功电能的算式为

$$P = (U_{ba} I_b \cos \angle \dot{U}_{ba} \sim \dot{I}_b + U_{ca} I_c \cos \angle \dot{U}_{ca} \sim \dot{I}_c) t$$

表 4-4 为电气测量回路设备明细表。

表 4-4　　　　　　　　　　　　　电气测量回路设备明细表

序号	符号	名　称	型号规格	单位	数量	备注
1	1PA，2PA，3PA	交流电流表	96T1，500/5A	只	3	
2	1PV	交流电压表	96T1，10kV/100V	只	1	
3	PW	有功功率表	96L1，5A，100V	只	1	零位居中
4	PR	无功功率表	96L1，5A，100V	只	1	零位居中
5	PJ	有功电能表	96L1，5A，100V	只	1	
6	PF	频率表	96L1，45-55Hz，100V	只	1	

序号	符号	名　称	型号规格	单位	数量	备注
7	9～11FU	熔断器	RT18-32，5A	只	3	
8	QC	转换开关	LW5D-16/2	只	1	

在布置具体的设计任务时，可以将内容作一些改动。例如，断路器控制回路不采用闪光（水电厂一般如此），中央预告信号改为瞬时动作，保护回路增加差动接线，电气测量回路改为三相四线制，等等。

第四节　安　装　图　设　计

原理展开图设计完成并进行设备选型后，就可以进行安装图的设计。安装图包括屏面布置图、屏后接线图和端子接线图。本工程实践训练实验的设备包括一次回路（表2-1）、断路器控制回路（表4-1）、中央信号回路（表4-2）、继电保护回路（表4-3）、电气测量回路的设备（表4-4），所有设备都装在一个屏上。

一、平面布置图设计要求

屏面布置图表明设备在屏上的排列及相互尺寸。实验屏分上、下屏门布置设备，上门自上而下布置仪表、信号灯、光字牌、操作开关、按钮；下门布置电流、时间、中间、信号、冲击、闪光等各类继电器和连接片，一次回路设备和蜂鸣器、电铃、熔断器、电阻、电能表等二次设备布置在屏内。

屏面布置图上要标明安装单位编号和设备的顺序号。为了减少导线和端子排数量并简化图纸，所有设备都作为一个安装单位，设备的顺序号从上门到下门再到屏内，不能重复。由于实验屏事先已按一定尺寸开了孔，屏面布置图不必再标明尺寸。

二、屏后接线图设计要求

上、下屏门安装的设备都在屏后接线，要设计出屏后接线图才能进行接线。设计的具体要求是：

（1）上、下屏门的屏后接线图分开两张图画出，一般应采用A3图纸。

（2）按屏面布置图上设备的位置（背视），按规定画出设备的图形符号，图形符号要画出设备的内部接线及端子号，可参考书末附录B或设计手册。

（3）设备端子的连接采用"相对编号法"进行标号，一个接线端子一般编一个或两个号，最多不超过三个号。

（4）由于所有设备均属同一安装单位，为了简化图纸，标号时也可以不写上安装单位编号。例如"15-1"可以写成"5-1"，端子排标号"I5"可以写成"5"。

（5）上、下屏门设备之间的连接可以不通过端子排。

（6）设计时结合设备的实际布置要使连线尽可能短，避免迂回。

（7）公共点在屏内连起来再引出，如保护展开图中，1、2、3、4、5、6KA-1，1KT-4，2KT-4共8根线都接到正电源，应在屏后连起来再用一根线引到端子排的"101"去。

三、屏内设备接线图和端子图的设计要求

（1）为接线时方便，将屏内设备接线图和端子图画在同一张图上，端子图放在左侧（门固定侧）。

（2）屏内设备与门上设备的连线必须通过端子排，屏内设备之间的连接不经过端子。

（3）交、直流电源引线不经端子直接接到屏内设备和熔断器上。

（4）经熔断器后引出的电源可以不经端子直接接到设备上，但若超过三根线，要通过端子排。

（5）连接交流电流回路的端子排要采用试验型端子，其余采用普通端子。

图4-6表示出屏内设备图形符号和端子排，可供设备接线时参考。实际设计时，设备的图形符号排列应与设备安装的实际位置相对应。

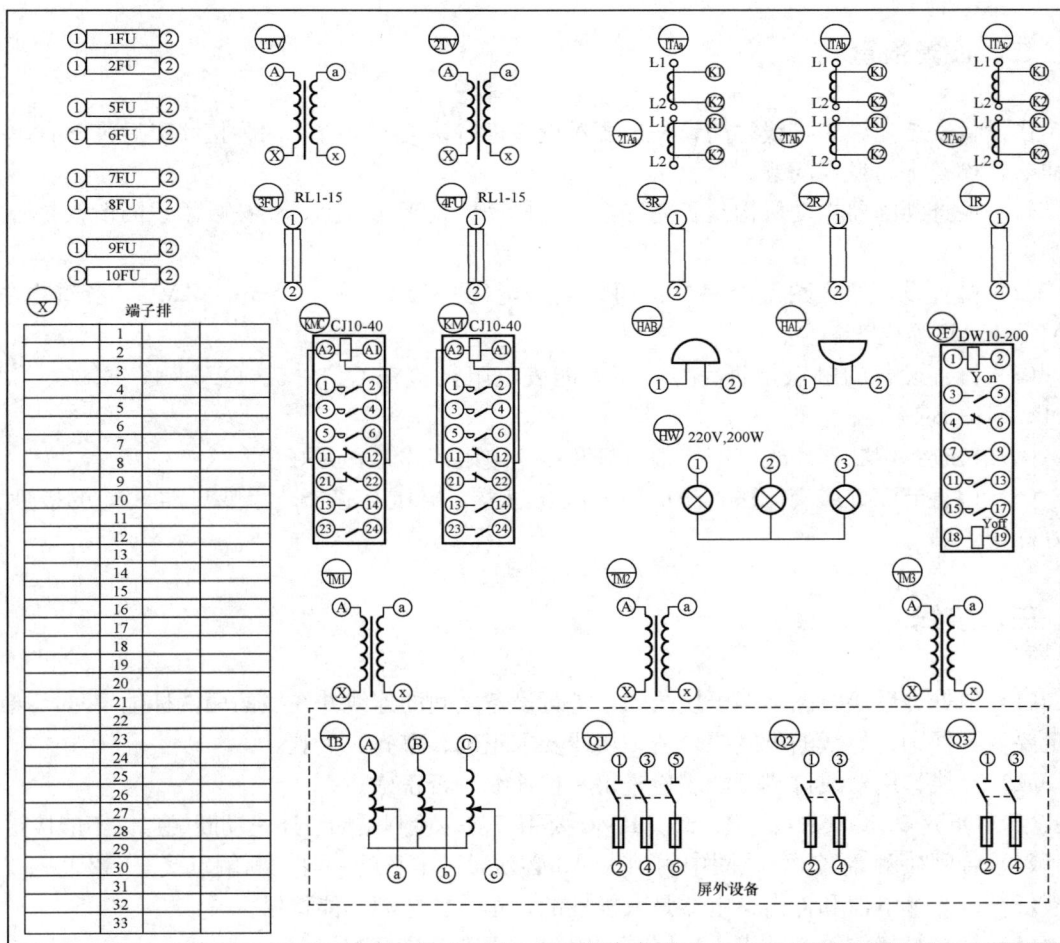

图4-6　屏内设备图形符号和端子排

第五节　安　装　接　线

电气设备的安装接线，是培养学生动手实践能力的重要内容，也使学生对各种电气设备有直接的感性认识。

一、设备安装

（1）要了解各设备在屏上的固定方法，特别是转换开关不要乱拆。

（2）屏内设备要用大小合适的螺丝固定。

（3）设备布置要美观整齐，尽可能按设备连接的顺序布置。

（4）为便于接线和检查，设备安装不能过低，也不能装得太靠边。

（5）熔断器除 3、4FU 装在屏内以外，其余熔断器装在端子排上方。

二、设备检查

在设备安装完毕未接线之前，一定要对设备进行认真的检查，因为接线以后设备有串并联回路，检查不易发现问题。

（1）检查断路器操动机构是否完好：手动操动杆是否能合上，手按跳闸线圈衔铁是否能跳闸。

（2）检查设备的线圈是否完好：用万能表电阻挡检查 Yon、Yoff、KMC、各继电器、HAL、HAB 等线圈。

（3）检查设备的触点是否完好：用万能表电阻挡检查 QF3-5、QF6-4、KMC、SA、SAT、SB、SR 等触点。

（4）检查各熔断器、光字牌、信号灯和各个电阻回路是否完好。

（5）用直流法（或交流法）测量各电流互感器、电压互感器、小变压器 TM 的极性并做好标记。

三、接线

（1）根据屏后接线图和端子接线图，进行设备之间的连线并在线的两端标上编号，接线一定要认真仔细，导线的长度要合适，接线要求正确、整齐、美观。

（2）对线：用对线灯或万能表检查每一根连线是否正确。

（3）QF3-5、QF6-4、SB、SR、KMC 要用万能表检测是动合还是动断触点，不能接错。

（4）合闸接触器 KMC 线圈中间抽头 A3 必须通过本身的一对动断触点接至 A2。

（5）闪光继电器和冲击继电器是有极性的，正、负电源不能接错。

（6）信号灯接线时必须串入灯尾端的电阻，否则会烧灯泡。

（7）电流继电器两只线圈采用串联方式，它的 4、6 端要有连线，否则会引起电流互感器开路。

（8）电流互感器二次不能开路，如果某电流互感器没有外接设备，必须将 K1-K2 短路。

（9）电压互感器的一、二次侧不能接错，否则互感器会过热烧坏。

（10）导线的连接一定要用螺丝紧固，特别是电流回路，否则会因接触电阻过大而使回路断路或电流减小。

（11）导线连到设备端子时，铜线的弯钩必须是顺时针方向。

（12）接线完成后，将线理整齐但暂时不要扎线，因为试验过程中可能发现问题要改动，待试验完成后再将线扎好。

第六节　课程思政教学实践

广西大学作为一所地方性高校，一直以培养为地方经济服务的人才为目标。近年来，随着就业市场形势变化，毕业生的就业去向已发生了显著变化。以电气工程及其自动化专业为例，近年来省级研究、设计、管理等单位对人才需求逐年减少，且普遍要求硕士研究生以上学历，所以本科毕业生主要集中在电力企业一线岗位，从事规划设计、运行维护、研究改造、安装施工等工程项目工作。这些工程项目最大的特点是综合性强，要求从业人员综合应用所学的知识分析和解决工程实际问题。基于这一就业导向变化，经过不断实践和探索，课程教学组确定专业实践教学改革的基本思路是：以培养学生工程实践能力为核心，以工程项目为主线，以独立设课为引领，以实践平台建设为支撑，以教材和队伍建设为保证，构建完整独立的专业实践教学体系。

一、课程教学目标

电气工程及其自动化专业围绕学校培养新时代有社会责任、有法治意识、有创新精神、有实践能力、有国际视野的"五有"领军型人才总目标，培养德、智、体、美、劳全面发展，具有良好人文素养和职业道德，掌握电气工程领域应具备的基础理论知识、专业实践能力和创新精神，能够在事电力生产、电力输送、供配电电能应用等领域，从事科学研究和技术开发、系统规划设计与集成、生产运维等方面的高素质工程研究型人才。

"电气工程实践训练"作为该专业强化实践能力的课程，为全面支撑专业培养目标及德育教育总体要求，课程教学目标包括知识、能力和思政三方面。

（1）知识目标。一是通过文献调研与课堂讲授内容，使学生全面把握复杂电力系统工程问题的研究现状、研究方法和发展趋势；二是聚焦于配电网运行领域复杂工程问题制定实验方案，模拟一条 10kV 供电线路为对象建立实验系统，对系统的测量、控制、保护、信号等从方案设计、图纸绘制、设备选型、安装接线、试验调整、运行操作、故障分析等各个环节进行全过程的工程实践训练；三是能够综合运用所学专业知识正确地采集、分析和处理实验数据，得到合理有效结论；四是理解并掌握工程管理原理与经济决策方法，能够将管理原理、技术经济方法应用于电气工程项目设计、开发和实施流程优化等过程。

（2）能力目标。一是熟练使用绘图软件，根据展开式原理图，采用相对编号法画出安装接线图；二是熟练使用工具进行安装接线，具备较强的动手能力；三是熟练掌握万用表、钳形电流表、相序表等检测仪器的基本使用方法，并能利用这些工具准确记录关键数据；四是能够熟练运用精确测量技术获取电气参数，并深入分析电气设备和电力系统运行的状态与特性，有效解决本专业领域复杂的工程问题；五是了解本专业领域的发展趋势，能够撰写完整的实训报告，并对实训工作进行全面总结，包括方案设计与选型、电气设备安装调试、系统运行与故障分析等。能够通过演讲与实物展示，阐述产品功能与特点，具备就本专业问题进行有效沟通交流的能力。

（3）思政目标。一是具有深厚的爱国主义情感与强烈的民族自豪感；二是培养持续创新、不断追求卓越的工匠精神；三是树立自主学习及严谨治学的科学态度；四是强化安全意识，弘扬勇于拼搏、坚持不懈的奋斗精神；五是激发内心深处的责任感与使命感；六是提升团队协作能力与沟通技巧。

二、课程思政教学实践

"电气工程实践训练"课程以变电工程项目为内容，由课堂教学和实践教学两部分组成。课堂教学部分讲授电气接线的原理、安装及运行；实践教学部分则对学生进行全过程的工程实践训练，两者同步进行，主要目的是使学生获得电气工程实践的直接体验，培养动手实践能力和综合分析问题能力。

1. 课堂教学阶段

课堂教学是实施知识传授、能力培养与价值塑造的主要途径，在此过程教师需要双管齐下：一方面，持续优化教学内容与教学方法，以确保其既前沿又贴近学生需求，促进知识的有效传递与吸收；另一方面，则需独具匠心地设计教学环节，巧妙地将思政元素无缝融入教学之中，通过润物细无声的方式推进课程思政，增强课程的吸引力和趣味性，使学生在轻松愉快的氛围中不仅学到专业知识，更能潜移默化地树立正确的世界观、人生观和价值观。

课堂教学阶段主要是以学生为核心，遵循成果导向教育（Outcome-Based Education，OBE）的核心理念，构建"线上互动"与"线下实践"深度融合的教学体系，即利用线上平台提供灵活多样的学习资源与互动机会，鼓励学生自主学习、协作探究，并即时收集他们对教学内容的理解与疑惑；线下课堂则侧重于知识的深化应用、问题解决、能力的培养，以及面对面的互动讨论与指导，确保每位学生都能得到个性化的学习支持。

课前，借助虚拟仿真实验教学平台为学生布置预习作业，学生依托此平台，轻松访问课程资料库，深入研读相关文献，观看精心制作的微视频教程，参与在线学习讨论。教师还可在平台上发布讨论主题，例如，探究中国电力行业的历史演进，特别是新中国成立以来取得的辉煌成就，鼓励学生论证并体会中国特色电力工业发展道路的正确性及其展现出的制度优越性；课堂上，采用图片、视频等多媒体手段，生动讲述我国电气化发展辉煌历程，随着特高压输电技术、智能电网、新能源发电等领域的突破性进展，中国不仅实现了从"跟跑"到"并跑"乃至"领跑"的转变，激励青年学子投身科技创新、服务国家和民族自豪感。另外，通过案例分析、小组讨论、角色扮演等多种互动形式，鼓励学生从被动接受转为主动探索，培养其团队协作精神与问题解决能力；课后，通过让学生自主查阅资料，撰写实践报告，自我反思总结等，展现其在思想政治层面的成长。教师据此评估教学效果，及时调整教学策略，形成教、学相长的良性循环。

通过这种线上线下相结合混合式教学模式，巧妙地将教学过程划分为课前预热、课堂互动与课后深化三个紧密相连的环节，这一教学模式不仅贯穿了思政教育于教学的全过程，还极大地提升了学生的参与度与学习兴趣。

2. 实践教学阶段

在实践教学阶段精心设计实验项目，并在其中巧妙融入思政元素，让学生不仅提升专业技能和解决问题能力，更在潜移默化中树立了科学的发展观念，培养了坚韧不拔、勇于探索的精神风貌，养成吃苦耐劳、艰苦奋斗的精神，为将来职业生涯奠定了坚实的基础。实验项目与课程思政内容对照表见表 4-5。

表 4-5　　　　　　　　　　　　　实验项目与课程思政内容对照表

序号	实验项目	实验内容	思政元素	融入路径
1	实验一　设备安装接线基本技能	(1) 一次回路接线方式 (2) 一、二次设备的结构	爱岗敬业 吃苦耐劳 工匠精神	(1) 通过追溯中国电气事业的辉煌历程，激发学生的爱国情怀与民族自信，引导他们树立正确的世界观、人生观和价值观，为实现中华民族伟大复兴的中国梦不懈奋斗 (2) 借助老一辈科研工作者的卓越贡献与劳动模范的光辉事迹，以榜样力量激励学生，强调在深耕专业知识的同时，更要继承那份对事业的无限热爱与不懈追求，树立爱岗敬业的职业操守 (3) 在电气设备安装接线环节，精心设计实验项目，致力于锤炼学生吃苦耐劳的精神品质、勤勉尽责的职业操守，同时培养他们对待工作一丝不苟、追求卓越的工匠精神
2	实验二　接线端子号、回路号的编制	(1) 二次回路接线方式 (2) 展开式原理图要求	社会责任 节能环保	(1) 详尽的图纸方能向施工团队传递准确无误的信息，引领他们精准执行施工任务，确保工程质量。反之，不合格的施工图则可能引发难以估量的损失与事故。因此，在图纸设计环节中，培养学生对社会责任的深刻认识与责任担当 (2) 在接线作业环节中，应树立耗材成本管理理念，以及勤俭节约意识，力求在保障工作效率的同时，实现资源的最大化利用与节约
3	实验三　复杂电气接线的校查与核对	(1) 复杂电气接线的校查与核对 (2) 掌握"相对编号法"	团队合作 精益求精	(1) 电气接线的精确校检与复核环节，锤炼了学生追求卓越、精益求精的工匠品质，同时强化其严谨细致的工作态度与团队协作的能力 (2) 接线质量直接关系到系统能否稳定运行，稍有疏忽便可能引发短路等安全隐患。因此，应秉持精益求精的工匠精神，严格遵守工艺规范的操作要求，确保每一步都准确无误
4	实验四　接线回路绝缘测量及安全检验	(1) 电压法查故障的基本方法和步骤 (2) 学会运用电压法查故障来分析问题	职业道德 专业素养	(1) 通过模拟电气故障场景，引发思考，阐述实训室规章制度和安全操作要求，树立安全用电和安全规范操作意识，同时强化对实训室 6S[①] 管理意识，培养学生严谨细致、认真负责的工作态度，为未来的职业生涯奠定坚实的安全与效率基础 (2) 通过电压法找出故障原因并解决，这一过程锻炼学生的综合分析能力与实际问题解决技巧，培养他们形成严谨细致、认真负责的工作态度

序号	实验项目	实验内容	思政元素	融入路径
5	实验五 断路器控制信号系统接线及调试	（1）断路器的结构及其工作原理 （2）闪光继电器的结构及其工作原理	家国情怀 民族自信 安全意识	（1）通过断路器控制信号系统实验，帮助学生明确本专业在国民经济建设的重要性，提升自身的民族自信心，坚定社会主义理想信念，激发科技报国的家国情怀和使命担当 （2）通过生动的安全案例向学生直观展示电力生产过程中不当用电的严重后果，强调在实训环节中必须树立起安全用电与严格遵守操作规范的意识，同时注重培养学生的心理素质，鼓励他们既要有勇于探索的胆识，又需具备细致入微、谨慎行事的态度
6	实验六 中央信号系统接线及调试	（1）中央信号的概述 （2）冲击继电器结构及其工作原理	敢于创新 勇于探索	（1）引导学生以辩证唯物主义的思维认识、分析和解决问题。认识二次系统从属于电力系统的大系统内，培养科学思维以正确认识和处理局部与整体的关系，培养探索精神以解决未知的工程问题，塑造系统的世界观 （2）引导学生正确认识故障电压与电流，进行正、负、零序分解，实际上是分而治之的思想
7	实验七 继电保护系统接线及试验	（1）输电线路三段式电流保护原理及接线 （2）电流速断保护和延时电流速断保护的计算方法	职业认同	（1）通过生动阐述继电保护的实际案例，激发学生的内在动力，让他们深切感受到作为电力系统守护者的崇高使命，从而激发起"我渴望成为那道守护光明的坚强防线"的强烈愿望，培养职业的自豪感 （2）电力系统发生故障的时间、位置、程度等均具有很强的随机性以及不可预知性，倡导一种不盲目追求"面面俱到的完美"，而是聚焦于"快速响应，有效化解危机"的实用主义。培养学生在复杂多变的电力环境中，能够迅速做出最优决策，以"更好地解决问题"为目标
8	实验八 故障回路接线及试验	（1）故障案例解析 （2）事故分析原则及方法 （3）电压互感器的铁磁谐振	科技强国 民族自信 团队合作 劳动精神	（1）通过故障案例分析，引导学生将今后从事的电气工程专业工作与国家建设紧密联系，认识到电力系统技术工程师责任，树立正确的职业理想和职业道德观，树立科技强国的信念，提升民族自信 （2）小组成员之间要树立团队意识和团队精神，要明确分工，共同努力完成接线任务及实验项目 （3）教师引导学生完成实验后要依据 6S 要求完成设备整理，完成实训室环境整理，培养劳动精神

① 实验室 6S 管理核心包括 6 个方面：整理（seiri）、整顿（seiton）、清扫（seiso）、清洁（seiketsu）、素养（shitsuke）、安全（security）。

三、课程评价体系建立

建立课程考核与评价体系，对于保障教学质量、激发学生潜能以及达成教育目标具有至关重要的作用。为验证"电气工程实践训练"课程融合思政教育的教学效果，本课程考核体系摒弃传统考核模式中单一依赖卷面成绩的做法，遵循"以人为本、立德树人"和"学生中心、产出导向、持续改进"的 OBE 理念出发，注重过程与结果相结合的考核导向，将考核评价贯穿实践教学全过程，不仅聚焦于电气接线理论知识、安装技术与安全规范的掌握，同时融入思政元素，全面评估学生的职业道德水准、团队协作精神、创新思维及面对实际问题的应对能力，构建了"多主体参与、多维度衡量、全过程覆盖"的综合评价体系。

课程成绩由过程性考核（30％）、结果性考核（60％）、课程思政考核（10％）综合评定。过程性评价体系以教学活动为核心，构建了一系列评价指标，分别从视频学习参与度、课堂出勤情况、实践操作技能、接线工艺的精细度以及课堂互动提问的活跃度等多个维度综合评估学生在实训过程中，运用科学理论、方法和技术手段解决工程技术难题的能力。结果性评价则侧重于对学生实践成果的全面审视，通过学生提交的实践报告和集中进行的答辩环节，要求学生从书面和口头以及实物上展示实践成果，以此全面考察学生对专业知识掌握与应用能力，评委会将基于这些展示进行综合评价与打分，确保评价的全面性与客观性。课程思政考核贯穿于教学全过程，紧密围绕六大思政目标，采用学生自评、小组互评以及教师评价相结合的多元评价体系，此模式不仅增强了学生对思政内容的自我反思与内化，还促进了同学间的相互学习与激励，以及教师对思政教育效果的及时把握与调整。

在实施过程中，应坚持学术诚信与品格塑造并重，通过签署诚信承诺书、开展诚信教育等方式，营造风清气正的学习氛围。同时，利用信息技术手段，如在线学习平台、智能评估系统等，提高评价效率与准确性，确保评价的公平性与科学性。

第五章 控制和信号回路实验

第一节 通电前的检查

现场的电气设备安装完毕以后，必须按规程进行交接和预防性试验，这是预防设备损坏及保证安全运行的重要措施。二次系统接线很复杂，通电之前必须进行认真的检查分析。

1. 绝缘电阻的检查

用 1000V 绝缘电阻表（又称兆欧表或摇表）对一次回路、直流回路的对地（实验屏架）绝缘电阻进行测量，绝缘电阻应符合要求。

记录测量结果：一次回路对地绝缘电阻：_____ Ω；直流回路对地绝缘电阻：_____ Ω。

相关规程规定：

（1）1kV 以下配电装置每一段的绝缘电阻不应小于 0.5MΩ。

（2）直流小母线和控制盘的电压小母线，在断开所有其他并联支路时不应小于 10MΩ。

（3）二次回路的每一支路和断路器、隔离开关、操动机构的电源回路应不小于 1.0MΩ。

2. 熔断器的检查

用万用表电阻挡检查每一个熔断器是否完好。

3. 操作电源极性的检查

二次设备中的冲击继电器和闪光继电器内部装有电解电容器，如果操作电源正负极性接反就会使其工作不正常，并且使电解电容器过热损坏。通电前要用万用表的直流电压挡检测开关 Q2、Q3（图 2-3）电源端的极性，是否与接线时设定的电源极性相同，测量时如果指针正偏，红表笔指的是正极。

4. 接线是否存在短路的检查

如果接线存在短路而通电，就会烧熔断器或损坏设备，必须在通电前认真检查。检查时设备状态应为（以图 4-1、图 4-2 的接线为例，下同）：

（1）断路器 QF 在跳闸状态。

（2）操作开关 SA 在"跳闸后"，注意 SA 和 QF 的位置一定要对应，即 QF 在跳闸状态时，SA 一定要扳到"跳闸后"，如果将 SA 放在"合闸后"，故障信号回路的电阻 1R 就会因长期通电而烧毁。

（3）信号继电器没有掉牌（红色弹子已按进去）。

（4）光字牌试验开关 SAT 在断开位置。由于在不通电时，"操作回路断线"回路中，跳闸位置继电器 KTP 和合闸位置继电器 KCP 串联的动断触点是接通的，如果 SAT 放在"工作"或"试验"位置，正负电源就会通过光字牌 1HL 形成通路，而光字牌（XD10 型）灯泡的电阻不大，短路检查时容易产生误判断，而 SAT 在断开位置，光字牌回路不通。

短路检查用万能表电阻挡（1×kΩ）分别测量以下几个回路，将测量值填入表 5-1 中。

表 5 - 1	各 回 路 的 电 阻			
	QF 合闸回路	QF 操作回路	QF 信号回路	中央信号回路
电阻值（kΩ）				

（1）断路器合闸回路。由于合闸接触器 KMC 的主触头是断开各回路的电阻，＋Won 和 －Won 之间的电阻应接近无穷大。

（2）断路器操作回路。将 1、2FU 拔下，测操作回路正负之间的电阻，从图 4 - 1 可见，有两个回路是通的：一是电压表 2PV 回路；二是跳闸位置继电器 KTP 线圈回路

"＋"→KTP 线圈→KMC21 - 22→QF6－4→KMCA1 - A2→"－"

测量 2PV、KTP 线圈、KMC 线圈电阻，就可以算出总电阻值，如果接线无短路，测量出的电阻值应与计算值基本一致。

（3）断路器信号回路。将 5、6FU 拔下，测信号回路正负之间的电阻，从图 4 - 1 可见，正确接线时没有通路，电阻应接近无穷大。

（4）中央信号回路。将 7、8FU 拔下，测量回路正负之间的电阻，从图 4 - 1 可见，正确接线时没有通路，电阻应接近无穷大。

如果测量值不符合上述分析，必须认真查明原因。从以上分析可知，也可以不拔下熔断器，测量操作信号电源正负之间的电阻，测量出的电阻值应与上述断路器操作回路的计算值一致，如果测量值不符合，再分开各个电路检查。

第二节　断路器控制回路实验

一、通电检查

（1）合上操作信号电源开关 Q3，这时如电铃或蜂鸣器响，立即手动复归，如不能复归音响，可将冲击继电器先拔出，待做中央信号实验时再解决。

（2）合上电源开关 Q3 后，如接线正确无误，绿灯 HG 应亮平光，电压表 2PV 指示正常，无其他异常现象。

（3）如果绿灯 HG 不亮，应先检查跳闸位置继电器 KTP 是否动作，可以通过继电器的透明外壳观看 KTP 的衔铁是否被吸下。

（4）如果跳闸位置继电器 KTP 已动作，那就是信号灯回路的问题，先用万用表直流电压挡（250V）检测信号灯上是否有电压。如电压正常，说明是灯泡或电阻烧断；如没有电压，则继续用电压法查找故障。信号灯回路接线图如图 5 - 1 （a）所示。

将负表笔固定在 702 处，正表笔点到 701 端，这时万用表指示应有电源电压（约 220V），然后依次将正表笔点到 SA11、SA10、KTP9、KTP11、HG1 端，根据万用表指示一般即可判断故障所在。例如，若点 KTP9 时指示为电源电压，而 KTP11 时指示无电压，说明 KTP9 - 11 触点不通或者 702 端的线没有连过来。为了进一步查清故障，将正表笔固定在 701，移动负表笔，根据读数就可以找出故障，用电压法检查故障记录填入表 5 - 2 中。

（5）如果跳闸位置继电器 KTP 不动作，那就是合闸回路的问题，接线图如图 5-1（b）所示。将负表笔固定 102 处，正表笔点到 101 端，这时万用表指示应有电源电压（约 220V），然后依次将正表笔点到 KTP7、KTP8、KMC21、KMC22、QF6、QF4、KMCA2 端，根据万用表指示即可判断故障所在，用电压法检查故障记录填入表 5-2 中。

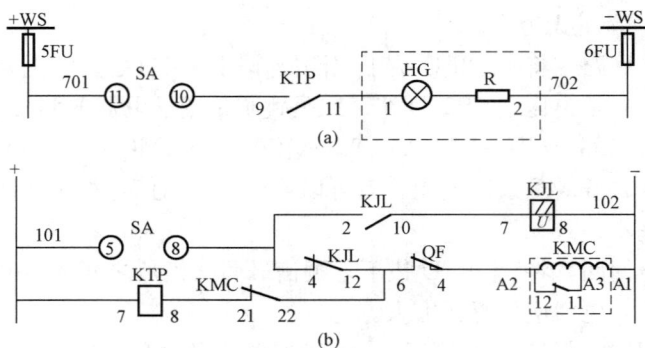

图 5-1 用电压法检查故障

（a）信号灯回路；（b）合闸回路

表 5-2   **用电压法检查故障记录**

1. 信号灯回路故障：

测点位置	SA11	SA10	KTP9	KTP11	HG1
测点间电压（V）					

2. 合闸回路故障：

测点位置	KTP7	KTP8	KMC21	KMC22	QF6	QF4	KMCA2
测点间电压（V）							

（6）如回路接线正确无错误，教师应人为设置断线故障供学生检查，以掌握电压法查找故障的方法。

实验中一定要先查清每一实验步骤的故障并加以改正后，再进行下一个项目的实验。对电气故障的查找一定要根据原理接线图进行认真的分析，有针对性去查找，切忌盲目性，这样才能提高分析工程实践问题的能力。

二次系统为低电压回路，二次回路故障一般为断线、接触不良、接线错误和元件损坏，这时用"电压法"检查故障比"电阻法"（万用表电阻挡）要方便和有效。因为二次系统有许多并联支路，采用电阻法往往要断开连线测量，否则可能造成误判故障，操作麻烦还容易出错；同时电阻法要断开电源，而现场运行中的二次系统往往是不容许停电的，所以电压法是现场检查故障最常用的方法。但学生对这一方法比较生疏，要在工程实践训练中不断实践以达到熟练掌握。这一方法要求学生十分熟悉展开图各回路的接线和动作过程，才能正确分析判断故障所在。同时，电压法测量的是带电回路，要特别小心，避免造成短路故障。实践证明，掌握了这一方法的学生检查故障就会得心应手。

注意：使用万能表一定要根据测量的对象和数值正确选择挡位，当用电阻挡查线时一定要先断开电源。

二、断路器合闸和跳闸试验

1．闪光回路试验

（1）将 SA 扳向"预备合闸"位置，如接线无误，绿灯 HG 应闪光，并可以透过外壳看到闪光继电器的衔铁不断吸合和释放。

（2）如绿灯 HG 不闪光，首先要检查闪光继电器电源的极性是否正确，即 KVL 的⑦、③端（也有标①端的）是否接正电源。

（3）再测量 KVL 的⑦、⑧端（或①、②端）是否有电压，若无电压，说明引线有问题；若有电压，可能是闪光继电器内动断触点接触不良，要检查处理使其正常后再往下做。

（4）如接线正确但闪光继电器吸力不够，可将继电器内的串联可调电阻调到最小。

2．手动合闸试验

（1）合上合闸直流电源开关 Q2，用万用表测量合闸接触器接熔断器的两端主触头确有电源电压。

（2）将 SA 扳向"合闸"位置，断路器应能合闸，红灯 HR 亮平光。

（3）若断路器不动作，应先检查合闸接触器 KMC 是否动作（动作时有响声，并可见接触器端的方形按钮吸进去）。若 KMC 不动作，要用电压法检查 KMC 及其接线是否正确，特别要注意短接 KMC 部分线圈的动断触点是否接好。

（4）若 KMC 动作，就要检查断路器的合闸回路。

若断路器已动作但立即跳开，往往是机械问题。

（5）如断路器合上但红灯不亮，应先观察 KCP 是否已动作，再检查跳闸回路。

注意：（1）合闸线圈 Yon 只能短时通电，如果因合闸接触器 KMC 未跳开而使 Yon 长期通电，就可能过热烧毁。实验中如发现 Yon 发热要立即断开电源查明原因，待 Yon 冷却后才能通电合闸。

（2）实验中如熔断器熔断了，一定要查明原因，经教师同意后才能通电。

3．手动跳闸试验

（1）SA 扳向"预备跳闸"位置，闪光继电器应动作，红灯应闪光。

（2）将 SA 再扳向"跳闸"位置，断路器应能跳闸，绿灯亮平光，如有异常要检查处理。

4．各种运行方式下信号灯的情况

根据以上实验，在表5-3中填入各种运行方式下信号灯的情况：灯灭、亮平光、闪光。并总结信号灯闪光的规律（非对应启动原则）。

表 5 - 3 　　　　　　　各种运行方式下信号灯的情况

SA 位置	预备跳闸	跳闸后	预备合闸	合闸后	合闸后	跳闸后
QF 状态	合闸	跳闸	跳闸	合闸	跳闸	合闸
HR						
HG						

三、自动合闸模拟试验

（1）断路器跳闸后，用一条短导线将 SA 触点（5 - 8）点一下使其短时接通，模拟自动合闸装置（自动准同期装置、重合闸装置、备用电源自动投入装置）输出触点闭合，使断路器合闸。

（2）观察信号灯的情况并解除闪光。

思考题与习题

1. 简述断路器的结构及工作原理。
2. 简述电压法查故障方法和步骤。
3. 简述闪光继电器的工作原理。
4. 总结各种运行方式下信号灯的规律。

第三节　中央信号回路实验

试验前先整定中央信号回路音响复归时间继电器 3KT 和预告信号音响延时时间继电器 4KT 的时限，可分别整定为 4s 和 3s。时间继电器上有动触头和静触头，两者之间有一定行程，起到动作延时的作用，调整行程就可以整定时间。具体方法为：将外壳卸下，用小螺丝刀拧松静触头上的小螺钉（注意拧松即可，拧得太多小螺钉会掉下），移动静触头使其上的指针对准刻度盘上所需的整定时间。

一、中央故障信号试验

1. 音响试验

（1）按下音响试验按钮 1SB，喇叭 HAL 应响，松手后音响应停止。

（2）如没有音响，可用一根短导线短接触点 1KAI1 - 3，如果有音响，说明回路没有问题，原因出在冲击继电器上。

（3）应先要检查冲击继电器电源的极性是否正确，即 1KAI 的⑤端是否接正电源，如果电源反了，1KAI 内部的极化继电器电流方向相反，冲击继电器不能动作，且电解电容器也不能正常充电。

（4）如果电源没有接反，那就是冲击继电器的问题，拔下此继电器换上一个好的冲击继电器再试。

2. 音响复归

（1）以上正常之后按下按钮 1SB 至音响复归前不松手，使冲击继电器内电解电容器 C 保持充电状态，然后按下按钮 1SR 进行手动复归音响试验，如果不按住 1SB，电容器就会放电使音响复归。

（2）按下按钮 1SB 至音响复归前不松手，使音响自动复归回路启动，经一定延时后自动复归音响。如果不能自动复归，而时间继电器 3KT 动作（可见继电器的指针转动）且回路接线正确，往往是时间继电器触点接触不良，可拔下继电器手按衔铁使其动作，测量触点接触情况，如接触不良，可用夹子轻轻调整一下弹片。

（3）如音响不能复归，把 Q3 拉开断电，先检查冲击继电器的复归回路，可用万用表测 1KAI 的②、⑦的电阻（串联电阻 R 为 5100Ω，极化继电器 K1、K2 线圈电阻为 2Ω），如果不通要查明原因，如 R 烧断、2KAI④、⑥间没有连线等。

（4）如以上未发现问题，在停电后可测量 2KAI 的 1-3 触点间的电阻，如 1-3 触点已通，说明冲击继电器不能复归，可拔下此继电器换上一个好的冲击继电器再试。

二、中央预告信号试验

1. 音响试验
（1）按下音响试验按钮 2SB 不松手，经一定延时后，电铃 HAB 应响，松手后音响应停止。
（2）如没有音响，可用一根短导线短接触点 2KAI1-3，但短接时间要超过时间继电器 4KT 的整定时间，如果有音响，说明回路没有问题，原因出在冲击继电器上。
（3）检查方法同上述故障音响回路。

2. 音响复归
（1）以上正常之后按下按钮 2SB 至音响复归前不松手，使冲击继电器内电解电容器 C 保持充电状态，然后按下按钮 2SR 进行手动复归音响试验。
（2）按下按钮 2SB 至音响复归前不松手，使音响自动复归回路启动，经一定延时后自动复归音响。
（3）如音响不能复归，检查方法同上述故障音响回路。

3. 冲击自动返回试验
（1）短时按下按钮 2SB，时间小于 4KT 的整定时间，模拟短时冲击，观察有无音响，分析动作过程。
（2）按下按钮 2SB，时间大于 4KT 的整定时间，模拟长期冲击，观察有无音响，分析动作过程。

4. 光字牌试验
SAT 开关原放在"断开"位置，合上电源后将 SAT 扳向"试验"位置，进行光字牌试验。观察光学牌的亮度与真正有故障时光学牌的亮度是否相同并进行分析。

5. 通电试验
拉开电源开关 Q3，将 SAT 扳向"工作"位置后，再将 Q3 合上，观察有什么现象。

6. 说明
拉开电源开关 Q3 后，操作信号回路无电，这时合闸位置继电器 KCP 和跳闸位置继电器 KTP 都失电返回，其各在"操作回路断线"回路的一对动断触点都接通，但由于无电源，不会有什么现象。当合上 Q3 时，"操作回路断线"回路就形成通路（参看图 4-1，图 4-2）：

+WS→5FU→KTP2—10→KCP2-10→1HL→3，4WAS→SAT13-14，SAT15-16→2KAI⑤→K1 线圈→C→2KAI⑧→8FU→—WC

这就会使冲击继电器 2KAI 内的电解电容器充电并使 2KAI 启动，其动合触点 2KAI1-3 闭合，从而使时间继电器 4KT 线圈通电，然后启动中间继电器 2KC 使电铃响，并可见光字牌 1HL 闪亮一下。同时，在合上 Q3 时，操作回路得电，跳闸位置继电器 KTP 通电（假设断路器在跳闸状态）：

+WC→1FU→KTP 线圈→KMC21-22→QF6-4→KMCA2-A1→2FU→—WC

KTP 动作后，其动断触点 KTP2-10 断开，切断了"操作回路断线"回路，冲击继电器内的电解电容器随之放电：

+C→K1 线圈→2KAI⑤→R2→2KAI⑧→—C

电容器放电使 K1 线圈流过相反方向的电流，但由于合上 Q3 后，跳闸位置继电器 KTP 随即动作使 KTP2-10 很快断开。电容器的充电时间是很短暂的，同时由于 K1 线圈存在电感，充电电流不能突变，故电容器上的充电电压很小，在放电时不足以产生使 2KAI 返回的反向电流，所以 2KAI1-3 触点继续接通使电铃响。音响可以手动复归或自动复归。

三、保护跳闸的模拟试验

（1）断路器合闸后，用一条短导线将电流继电器 1KA 的动合触点（1-3）点一下，使其短时接通 3s 左右，模拟瞬时电流速断保护动作，观察断路器是否能跳闸，跳闸后观察并记录信号继电器、音响、光字牌、指示灯的情况（见表 5-4），一次回路短路使保护动作跳闸的实验放在继电保护实验中。

表 5-4　　　　　　　　　　　保护动作试验记录

	1KS	HG	HR	2HL	HAL	HAB
保护动作前						
保护动作后						

（2）解除闪光。
（3）解除光字牌。

思考题与习题

1. 简述冲击继电器的工作原理。
2. 中央信号复归有几种方式？有何不同？
3. 中央信号的作用是什么？共有几种？总结哪种故障会触发事故信号？哪种故障会触发预告信号？
4. 简述事故信号和预告信号的故障现象有何不同。
5. SAT 开关放在"试验"位置光字牌的亮度，与真正有故障时，SAT 开关放在"工作"位置光字牌的亮度是否相同，如不同分析原因是什么？
6. 根据图 4-2，分析事故音响信号与预告音响信号工作原理。

第四节　二次回路故障实验

生产现场二次系统接线复杂，设备很多，常易产生各种故障。工程实践训练中，可人为制造各种故障，让学生观察故障的现象、分析故障的原因，这对培养学生分析解决工程实践问题的能力，将知识用好用活十分有帮助，而在现场是不可能模拟各种故障的。教师还可以制造一些故障让学生根据故障现象查找故障根源，也可以组与组之间相互设置故障和查找故障。

一、断路器合闸线圈回路故障

（1）断路器在跳闸状态，拉开电源开关 Q2、Q3，将断路器合闸熔断器 3FU 或 4FU 拆下（模拟熔断器熔断），合上 Q2、Q3，操作转换开关 SA 使断路器合闸，观察有何现象。

（2）断路器在跳闸状态，合闸回路断线（拆开 KMC 主触头一端），操作 SA 使其合闸，观察有何现象。

（3）断路器在合闸运行中，手动按下跳闸线圈 Yoff 上的衔铁使其跳闸（模拟断路器在运行中因机械原因自行跳开），观察有何现象。

（4）断路器在跳闸状态，拉开电源开关 Q2 使 Won 失电而合上 Q3，操作转换开关 SA 使断路器合闸，观察有何现象。

将上述断路器合闸回路故障现象记入表 5-5 中。

表 5-5　　　　　　　　　　　　断路器合闸回路故障现象

序号	故障类型	故　障　现　象
1	3，4FU 熔断	
2	合闸回路断线	
3	按 Yoff 衔铁跳闸	
4	拉 Q2 合 Q3	

二、断路器合闸接触器回路故障

1. 熔断器熔断

（1）拉开电源开关 Q3，将 SAT 开关放在"断开"位置，断路器可在跳闸或合闸状态，但 SA 要与断路器的状态对应。将操作回路熔断器 1FU 或 2FU 熔断（拔下），合上电源开关 Q3 后再将 SAT 扳向"工作"位置，观察有何现象。比较光字牌的亮度与试验时是否相同。合电源前先将 SAT 放在断开位置，是为避免合电源时发音响，与真正的故障混淆。

（2）断路器在跳闸或合闸状态，信号回路熔断器 5FU 熔断（拔下），观察有何现象。插回 5FU 后再将 6FU 拔下，观察有何现象。

（3）断路器在跳闸或合闸状态，操作回路熔断器 1FU 和信号回路熔断器 5FU 同时熔断

（拔下），观察有何现象。

（4）断路器在跳闸或合闸状态，操作回路熔断器 1FU 和信号回路熔断器 6FU 同时熔断（拔下），观察有何现象。

将上述熔断器熔断时的故障现象记入表 5-6 中。

表 5-6　　　　　　　　　　　　　熔断器熔断时的故障现象

序号	故障类型	故　障　现　象
1	1FU 熔断	
2	5FU 熔断	
3	6FU 熔断	
4	1FU、5FU 熔断	
5	1FU、6FU 熔断	

2. 合闸接触器回路故障

（1）拉开电源开关 Q3，将 SAT 开关放在"断开"位置，断路器在跳闸状态，合闸接触器回路断线（拆开 KMC 线圈 A1 端），合上电源开关 Q3 后再将 SAT 扳向"工作"位置，观察有何现象。

（2）拉开电源开关 Q3，将 SAT 开关放在"断开"位置，断路器在合闸状态，合闸接触器回路断线（拆开 KMC 线圈 A1 端），合上电源开关 Q3 后再将 SAT 扳向"工作"位置，观察有何现象。

（3）断路器在跳闸状态，KTP 线圈断线（拆开 KTP-8 的连线），合上电源开关 Q3 后再将 SAT 扳向"工作"位置，观察有何现象。

（4）断路器在跳闸状态，KJL4-12 接触不良（拆开 KJL-4 端的连线），合上电源开关 Q3 后再将 SAT 扳向"工作"位置，观察有何现象。

（5）在拆开 KJL-4 端的连线后，操作转换开关 SA 使断路器合闸，观察有何现象。

将上述合闸接触器回路的故障现象记入表 5-7 中。

表 5-7　　　　　　　　　　　　　合闸接触器回路故障现象

序号	故障类型	故　障　现　象
1	QF 跳，KMC 断线	
2	QF 合，KMC 断线	
3	KTP 线圈断线	
4	KJL-4 断线	
5	KJL-4 断，SA 合闸	

3. 跳闸回路故障

（1）拉开电源开关 Q3，把 SAT 开关放在"断开"位置，断路器在合闸状态，跳闸回路断线（拆开 KJL-20），合上电源开关 Q3 后再把 SAT 扳向"工作"位置，观察有何现象。

（2）保持跳闸回路断线（拆开 KJL-20），断路器在跳闸状态，合上电源开关 Q3 后再把 SAT 扳向"工作"位置，观察有何现象，实验完成后断电，恢复原接线。

（3）拉开电源开关 Q3，把 SAT 开关放在"断开"位置，断路器在合闸状态，合闸位置继电器 KCP 线圈断线（拆开 KCP-7），合上电源开关 Q3 再把 SAT 扳向"工作"位置，观察有何现象，实验完成后断电，恢复原接线。

（4）拉开电源开关 Q3，把 SAT 开关放在"断开"位置，断路器在跳闸状态，模拟继电保护装置动作使断路器自动跳闸后，保护出口中间继电器 KOU 触点粘住不返回（用夹子将 KOU2-10 短接）。合上电源开关 Q2、Q3，再把 SAT 扳向"工作"位置，操作转换开关 SA 使断路器合闸，观察有何现象，实验完成后断电，拆除短接线。

将上述跳闸回路故障现象记入表 5-8 中。

表 5-8　　　　　　　　　　　　跳闸回路故障现象

序号	故障类型	故障现象
1	QF 合，KJL-20 断线	
2	QF 跳，KJL-20 断线	
3	KCP 线圈断线	
4	KOU 触点粘住	

4. 防跳回路故障

（1）拉开电源开关 Q3，将 SAT 开关放在"断开"位置，断路器在合闸状态，转换开关 SA 在"合闸后"位置，合上电源开关 Q3，再将 SAT 扳向"工作"位置，操作转换开关 SA 使断路器跳闸，观察有何现象，防跳继电器 KJL 是否动作。

（2）拉开电源开关 Q3，将 SAT 开关放在"断开"位置，断路器在合闸状态，转换开关 SA 在"合闸后"位置，SA5-8 粘住不返回（将 SA5-8 用导线短接），合上电源开关 Q3，再将 SAT 扳向"工作"位置，操作转换开关 SA 使断路器跳闸，观察有何现象，防跳继电器 KJL 是否动作。

（3）再合上电源开关 Q2，操作转换开关 SA 使断路器合闸，观察有何现象，防跳继电器 KJL 是否动作。断路器应不会再合闸，如果断路器有跳合的情况，要立即检查原因。实验完成后断电，拆除短接线。

将上述防跳回路故障现象记入表 5-9 中。

表 5-9　　　　　　　　　　　防跳回路故障现象

序号	故障类型	故障现象
1	SA5-8 粘住跳闸	
2	SA5-8 粘住再合闸	

思考题与习题

1. 简述断路器的跳跃现象。

2. 简述防跳继电器的工作原理。

3. 断路器在跳闸状态，合闸接触器 KMC 线圈回路断线，操作转换开关 SA 使其合闸，观察有何现象？

4. 断路器在跳闸状态，合闸接触器 KMC 主触头回路断线，操作转换开关 SA 使其合闸，观察有何现象？

5. 断路器在合闸状态，合闸接触器 KMC 线圈回路断线，观察有何现象？操作转换开关 SA 使其跳闸，观察有何现象？

6. 断路器 QF 在跳闸状态，熔断器 1FU 熔断有什么现象？分析熔断器 1FU、5FU 熔断和熔断器 1FU、6FU 熔断有什么区别？

7. 断路器合闸熔断器熔断（3FU，4FU），当手动操作转换开关 SA 欲使断路器合闸，观察有何现象？

8. 断路器在合闸运行中，手动按下跳闸线圈 Yoff 上的衔铁使其跳闸（模拟断路器在运行中因机械原因自行跳开），观察有何现象？

第五节 拓 展 实 验

一、冲击继电器接线的改进

上述实验的中央信号展开图中，冲击继电器 1KAI 和 2KAI 的内部接线是经过改接的，实际上制造厂家原装继电器的接线如图 5-2 的 2KAI 所示，两极化继电器 K1、K2 线圈的一端接于电解电容器 C 上。在设计手册及现场图纸中，都是采用延时中央预告信号典型接线，如图 5-2 所示。通过对图 4-2 左图和图 5-2 两种接线对比的实验，进一步理解改进接线的特点。将冲击继电器 2KAI 恢复厂家原接线后再按图 5-2 接线。

（1）断路器 QF 在跳闸状态，SA 在"跳闸后"位置。

（2）将冲击继电器 2KAI 恢复厂家原接线后再按图 5-2 接线。

（3）拉开电源开关 Q3，将 SAT 扳向"工作"位置后，再将 Q3 合上，观察有什么现象。

由以上分析可知，由于"操作回路断线"回路瞬时接通，电铃会响，并且光字牌 1HL 会闪亮一下。

（4）按下音响复归按钮 2SR，观察音响是否能手动复归。

（5）不按音响复归按钮 2SR，观察音响是否能自动复归。

（6）如果音响不能复归，拉开电源开关 Q3，用万用表电阻挡测量 2KAI1-3 触点是否接通。

说明：由于"操作回路断线"回路瞬时接通，这就会使冲击继电器 2KAI 内的电容器充电并使 2KAI 启动，其动合触点 2KAI1-3 闭合，从而使电铃响。但 KTP 很快动作使其动断触点 KTP2-10 断开，切断了"操作回路断线"回路，冲击继电器内的电容器随之放电：

$$+C \rightarrow K1 \text{ 线圈} \rightarrow 2KAI⑤ \rightarrow R2 \rightarrow 2KAI⑦ \rightarrow K2 \text{ 线圈} \rightarrow -C$$

电容器放电使 K1、K2 线圈都流过相反方向的电流，但由于电容器的充电时间是很短暂的，其上的充电电压很小，在放电时不足以产生使 2KAI 返回的反向电流，所以 2KAI1-3 触点继续接通。

当按下复归按钮 2SR 欲使音响复归时，复归电路如图 5-3 所示。正电源经 2SR3-4、复归电阻 R 至 2KAI⑧端，再经两个并联的通路至负电源：

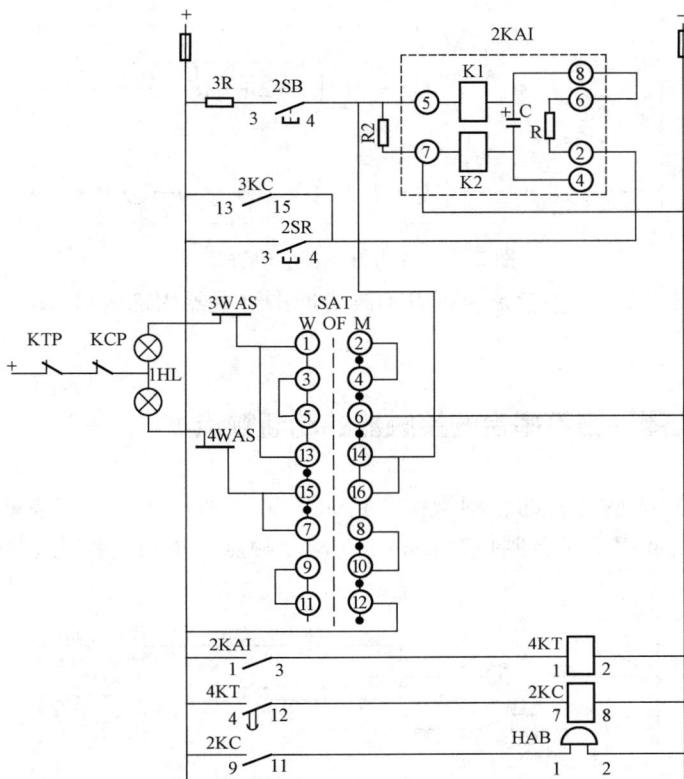

图 5-2 延时中央预告信号典型接线

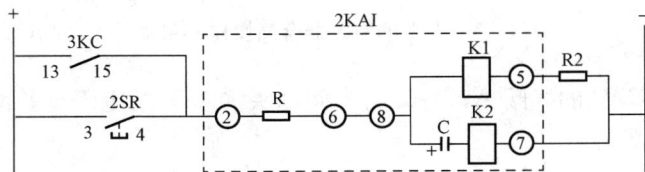

图 5-3 预告音响复归回路

（1）2KAI⑧→K1 线圈→2KAI⑤→R2→－，这时 K1 上通以反方向的电流欲使 2KAI 复归；

（2）2KAI⑧→C＋→C－→K2 线圈→2KAI⑦→－，这时 K2 上通的是正方向的电流欲使 2KAI 动作，由于电容器 C 在此前已放完电，按下 2SR 瞬间相当于短路，故流过 K2 线圈的正向电流与流过 K1 线圈的反向电流应基本接近（后者由于串有 R2 在通电瞬间可能还小一点）。

由此可见，由于极化继电器的两个线圈 K1、K2 流过电流时产生的磁化作用互相抵消，使冲击继电器不能返回，2KAI1-3 继续接通，音响不能复归。

改进接线后的复归回路如图 5-4 所示。将电容器 C 改接为只串在 K1 线圈上，将冲击继电器的启动回路和复归回路完全分开，极化继电器一个线圈 K1 作启动用，另一个线圈 K2 作复归用。当按下复归按钮 2SR 时，K2 线圈通过反向电流使冲击继电器返回，音响随之复归。

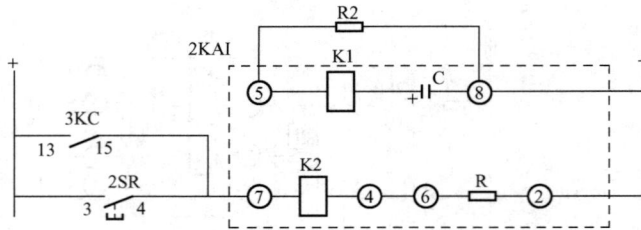

图 5 - 4　冲击继电器的改进接线

学生还可以广开思路，思考是否可以不改变冲击继电器内部的接线，又能解决冲击继电器不能复归的问题。

二、KTP 线圈回路不串合闸接触器的动断触点

典型的断路器或灭磁开关的合闸操作回路如图 5 - 5 所示。上面实验采用的图 4 - 1 接线中，在 KTP 线圈后面串上了合闸接触器的一对动断触点，本项实验就将两种接线作对比。

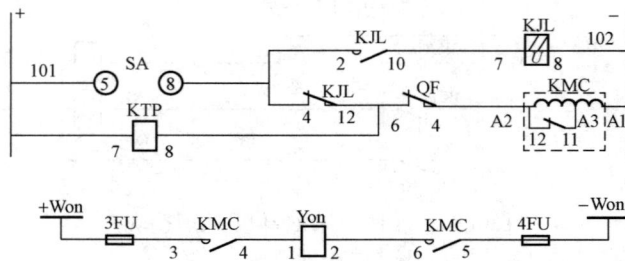

图 5 - 5　典型的断路器合闸操作回路接线

（1）分别测量 KMC 的线圈 A1、A2 与中间抽头（A3）的电阻，并测量 KTP 的线圈的电阻，记录于表 5 - 10 中。

表 5 - 10　　　　　　　　　　电阻值测量记录

序号	测量地点	电阻值（kΩ）	备　注
1	KMCA1 - A3		
2	KMCA2 - A3		
3	KMCA1 - A2		
4	KTP7 - 8		

（2）测量 KMC 的动作电压及返回电压，通过一个滑线电阻将直流电源分压后接到 KMC 线圈，缓慢调节滑线电阻的输出电压使 KMC 动作，然后逐渐减少输出电压直至 KMC 返回。

KMC 动作电压：＿＿＿＿＿＿＿V

KMC 返回电压：＿＿＿＿＿＿＿V

（3）按图 5 - 5 接线（即将图 4 - 1 中的 KMC21 - 22 用夹子短接），断路器 QF 在断开状

态并拔下 3FU 或 4FU，合上操作电源后，操作 SA 使 KMC 合闸，松手后看 KMC 能否返回。为了试验中不发故障音响，可以将冲击继电器 1KAI 拔出。

（4）解开 KMC21 - 22 的短路线，重复上项操作，看 KMC 能否返回。

（5）对实验情况进行分析。

说明：合闸接触器 KMC 的线圈 A1 - A2 有一中间抽头 A3，抽头通过接触器本身的一对动断触点 11 - 12 接至 A2，A1 - A3 线圈段匝数少、电阻小，A2 - A3 线圈段匝数多、电阻大。当操作 SA 使接触器合闸时，由于 A2 - A3 线圈段被短接，从而产生较大的合闸电流，使接触器可靠合闸，接触器合闸后其动断触点断开，使电流通过 A1 - A2 整个线圈而大大减少，以确保线圈长期通电也不至烧坏，但仍维持其合闸状态。接触器动作使断路器合闸后，断路器动断触点 QF 断开，使接触器断电。

当断路器合闸机构有问题时，虽然接触器动作使断路器合闸线圈通电，但断路器没有合闸，这时电源通过跳闸位置继电器 KTP 线圈、断路器动断触点和合闸接触器线圈形成通路。由于 KMC 线圈电阻相比于 KTP 线圈电阻并不是很小，其上仍有一定的电压，而接触器合闸保持的电压值很小，使接触器能自保持，导致断路器合闸线圈一直通电而烧毁。

此外，如断路器合闸后，其串于合闸接触器回路的动断触点因故并没有断开，使接触器仍然保持合闸，也会使断路器合闸线圈长期通电烧毁。

为防止这种故障的发生，只需在跳闸位置继电器 KTP 线圈后串上接触器的一对动断触点即可。若接触器通电动作后，通过 KTP 线圈自保持，这时接触器的动断触点 KMC21 - 22 断开，切断接触器的自保持回路，KMC 即跳闸返回，虽然触点 KMC21 - 22 也随之闭合使接触器线圈再通电，但由于串入 KTP 线圈后的电流远达不到接触器的启动电流，接触器不会再合闸。

三、防跳继电器触点 KJL3 作用实验

防跳继电器触点 KJL3（见图 3 - 11）的作用及存在的问题，已在第三章第二节进行了分析，并提出了改进的措施。由学生自己编写实验步骤，对有 KJL3 和取消 KJL3 两种情况进行对比试验。

对一些典型的接线，通过实验发现问题、提出问题，然后进行分析和试验研究，提出合理可行的改进措施，这就是一种创新。通过上述的实验，使学生了解到：创新并不是高不可攀的，创新源于实践并受实践检验。

第六章 继电保护实验

第一节 三段式电流保护实验

三段式电流保护回路接线如图4-3所示。

一、一次回路通电前后的检查

(1) 认真检查一次回路是否存在相间短路的情况，由于变压器、电压互感器的直流电阻很小，用电阻法测量不易判断。

(2) 认真检查一次回路是否存在断路，一次回路接线必须采用螺栓连接且要扭紧。

(3) 认真检查电流互感器和电压互感器的极性和接法。三段式电流保护采用 A、C 两相电流互感器，B 相电流互感器二次侧须短接起来。

(4) 整定继电器的动作值。保护 I 段（1KA、2KA）整定为_____ A，保护 II 段（3KA、4KA）整定为_____ A，1KT 时限整定为_____ s，保护 III 段（5KA、6KA）整定为_____ A，2KT 时限整定为_____ s。注意根据整定值确定电流继电器线圈应串联还是并联，继电器 4、6 端必须接线，不容许电流回路开路。连接片 1、2、3XB 先断开。

(5) 检查三相电源开关 Q1 前的三相电压是否平衡，并用相序表测量三相电压是否为正相序，如为反相序可将任两根线对调即为正相序。相序反了会使变压器的组别改变并导致某些参数测量错误。

(6) 合上直流电源开关 Q2、Q3，进行断路器的手动合闸、手动跳闸、自动跳闸（手动按下 KOU 衔铁）试验，检查动作是否正确，信号灯指示是否正常；然后将断路器跳闸。

(7) 操作按钮 SR、SB 使短路接触器 KM 合、跳闸，检查动作是否正确，然后将接触器跳闸。

(8) 将调压器放到零位，合上三相交流电源开关 Q1，立即用电压切换开关 QC 观察三相电压是否正常（三个电压应基本相等并为 10kV 左右，若用万用表测量电压互感器二次电压应为 100V 左右），如不正常要立即断电，检查电压互感器是否有短路和接线错误。

(9) 将断路器合闸后，合上短路开关 KM，将调压器输出电压调节到一定数值，用万用表测量变压器 TM 一、二次的电压是否正常（二次电压很小但须平衡）。

(10) 将短路接触器 KM 合闸，使变压器 TM 二次侧三相短路，观察三只电流表的指示是否基本相等，有功和无功功率表是否有正向指示，如指示不正常，先检查一、二次接线是否牢固，还要注意检查电压电流的相别及电流的方向。

(11) 用钳形电流表测量保护回路的 A 相、C 相和零线电流，三者数值应基本相等。

二、继电保护动作值测量

(1) 将断路器合闸后，合上短路开关 KM，调节调压器使三相电流逐渐增大，直至电流继电器 5KA、6KA 触点动作闭合为止，记住调压器指针的位置，用钳形电流表测量保护回路的电流，动作值应与整定值基本相符。

（2）调节调压器使三相电流继续增大，直至电流继电器 3KA、4KA 触点动作闭合为止，记住调压器指针的位置，用钳形电流表测量保护回路的电流，动作值应与整定值基本相符。

（3）再调节调压器使三相电流继续增大，直至电流继电器 1KA、2KA 触点动作闭合为止，记住调压器指针的位置，用钳形电流表测量保护回路的电流，动作值应与整定值基本相符。

将继电保护动作值测量结果记录于表 6-1 中。

表 6-1 　　　　　　　　　　　　　　继 电 保 护 动 作 值

	1KA	2KA	3KA	4KA	5KA	6KA
整定值（A）						
动作值（A）						
调压器位置（V）						

三、三段式过电流保护实验

（1）接上连接片 1XB～3XB，在 KM 断开的情况下，将调压器调至Ⅲ段动作位置过一点，合上断路器后再合上短路接触器 KM，观察保护的动作情况。

（2）在 KM 断开的情况下，将调压器调至Ⅱ段动作位置过一点，合上断路器后再合上 KM，观察保护的动作情况。

（3）将 2XB 断开（模拟Ⅱ段拒动），重复步骤（2），然后接上 2XB。

（4）在 KM 断开的情况下，将调压器调至一段动作位置过一点，合上断路器后再合上 KM，观察保护的动作情况。

（5）将 1XB 断开（模拟Ⅰ段拒动），重复步骤（4）。

（6）将 1XB、2XB 断开（模拟Ⅰ、Ⅱ段拒动），重复步骤（5）。

将保护动作情况测量结果记录于表 6-2 中。

表 6-2 　　　　　　　　　　　　　　保 护 动 作 情 况

试验项目号	1	2	3	4	5	6
动作的保护（段）						

（7）如将某一相电流互感器二次侧 K1（S1）和 K2（S2）连线对调，分析对保护的动作是否有影响，并进行实验验证。同时用钳形电流表测量中性线电流的变化并进行分析。

改接前中性线电流：＿＿＿＿＿＿ A

改接后中性线电流：＿＿＿＿＿＿ A

四、防跳回路的实验

（1）断开断路器 QF，合上短路接触器 KM，模拟线路发生永久性短路故障。

（2）合上三相交流电源后，调节调压器在Ⅲ段动作位置过一点。

（3）操作转换开关 SA 使 QF 合闸，并使 SA 在"合闸"位置不松手，保护动作跳开 QF 后应不会再合闸，如果有 QF 多次跳合的情况，要立即松手检查原因。

（4）将防跳继电器动合触点 KJL4 - 12 用线短接（也可以短接 KJL 线圈 18 - 20），重复上面步骤。注意：QF 跳合次数不要多。

思考题与习题

1. 简述继电保护装置的任务及基本要求。
2. 什么是三段式电流保护？它的优缺点是什么？
3. 简述三段式过电流保护的功能、特点和保护范围。
4. 简述实验中三段式电流保护动作会产生哪些现象？结合断路器、信号继电器、音响、光字牌、指示灯等情况进行说明。

第二节 纵联差动保护实验

一、纵联差动保护接线

（1）纵联差动保护接线如图 6 - 1 所示。保护由电流互感器 1TA 和 2TA 构成，将原作为测量用的 1TA 装于 KM 的另一侧。

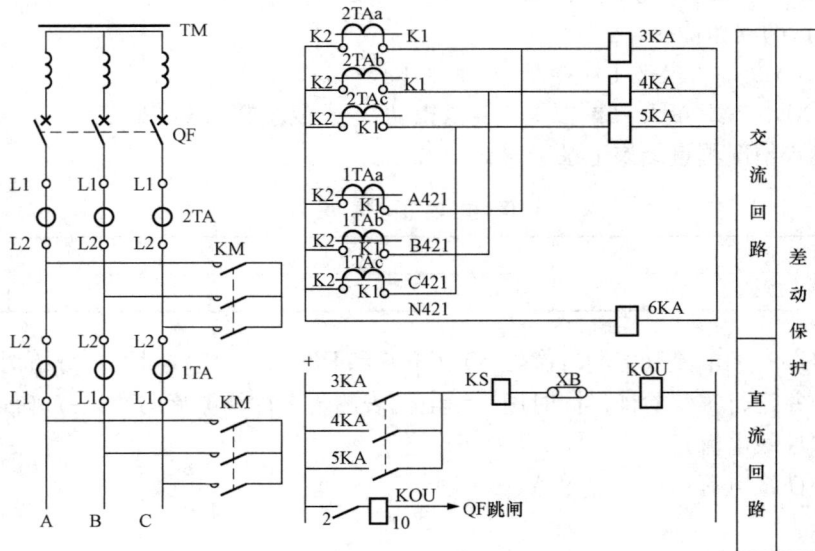

图 6 - 1 纵联差动保护接线

（2）此实验的目的是使学生深刻掌握差动保护的基本原理，因此不采用价高而复杂的差动继电器而采用上面过电流保护用的电流继电器 3KA～5KA，将 6KA 装于中性线上作差动断线保护。

（3）接线时要特别注意电流互感器一、二次侧的极性，必须使同一相的两只互感器二次侧形成环流。

（4）三只差动电流继电器的线圈接成串联（4、6端相连），继电器的动作整定值应大于6KA的整定值，整定为_____A。6KA也接成串联，动作值整定为继电器的最小值，即_____A。

二、差动保护正确接线实验

（1）将断路器合闸后，合上短路开关KM（内部三相短路），调节调压器使三相电流逐渐增大，直至保护动作跳闸并产生相应的信号；然后断开连接片XB（以下实验均断开）再合上断路器，用钳形电流表测量各电流互感器、各继电器和中性线电流，记录内部三相短路的情况于表6-3中；最后将调压器返零。断开XB是为了在保护动作时不使断路器跳闸，以便观测各个电流，保护动作与否看继电器触点的通断情况即可。

表6-3　　　　　　　　　　　　　　内部三相短路的情况

	2TAa	2TAb	2TAc	1TAa	1TAb	1TAc	3KA	4KA	5KA	6KA
各点电流（A）										
动作情况	—	—	—	—	—	—				
调压器位置（V）：										

（2）将KM的短路线改为两相短路，断路器合闸后，合上短路开关KM，调节调压器使电流逐渐增大，直至保护动作；然后用钳形电流表测量各电流互感器、各继电器和中性线电流，记录内部两相短路的情况于表6-4中；最后将调压器返零。

表6-4　　　　　　　　　　　　　　内部两相短路的情况

	2TAa	2TAb	2TAc	1TAa	1TAb	1TAc	3KA	4KA	5KA	6KA
各点电流（A）										
动作情况	—	—	—	—	—	—				
调压器位置（V）：										

（3）将KM的短路线拆开，将其一极与变压器TM二次侧中性点相连，形成单相短路，断路器合闸后，合上短路开关KM，调节调压器使电流逐渐增大，直至保护动作；然后用钳形电流表测量各电流互感器、各继电器和中性线电流，记录内部单相短路的情况于表6-5中；最后将调压器返零。

表6-5　　　　　　　　　　　　　　内部单相短路的情况

	2TAa	2TAb	2TAc	1TAa	1TAb	1TAc	3KA	4KA	5KA	6KA
各点电流（A）										
动作情况	—	—	—	—	—	—				
调压器位置（V）：										

（4）恢复 KM 的三相短路线，将 6 只互感器二次侧的 K1 和 K2 端接线分别都对调，断路器合闸后，合上短路开关 KM，旋动调压器至上述内部三相短路保护动作的位置（或过一点），观察保护是否动作，分析这种接线是否可行。实验完后恢复原接线。

（5）将 KM 的接线移接至 1TA 的外侧，模拟外部短路和带负载正常运行，将调压器调至内部三相短路时差动保护动作位置以上，合上断路器后再合上 KM，观察保护是否动作；然后用钳形电流表测量各电流互感器、各继电器和中性线电流，记录外部三相短路时的情况于表 6 - 6 中；最后将调压器返零。

表 6 - 6　　　　　　　　　　　外部三相短路时的情况

	2TAa	2TAb	2TAc	1TAa	1TAb	1TAc	3KA	4KA	5KA	6KA
各点电流（A）										
动作情况	—	—	—	—	—	—				
调压器位置（V）:										

三、差动断线实验

（1）KM 仍在 1TA 的外侧，断开电源后将 2TAa 二次侧的 K1 和 K2 端短接并拆开 K1（或 K2）端外部接线（差动断线），合上电源调节调压器使电流逐渐增大，直至差动断线继电器动作，测量差动断线时的情况有关数据记录于表 6 - 7 中。实验完成后恢复原接线。

表 6 - 7　　　　　　　　　　　差动断线时的情况

	2TAa	2TAb	2TAc	1TAa	1TAb	1TAc	3KA	4KA	5KA	6KA
各点电流（A）										
动作情况	—	—	—	—	—	—				
调压器位置（V）:										

（2）KM 仍在 1TA 的外侧，断开电源后将 3KA 的②端连线拆除（模拟继电器线圈断线），合上电源调节调压器使电流逐渐增加至较大数值，观察差动断线继电器是否动作并测量中性线电流，分析原因。实验完成后恢复原接线。

中性线电流：_____ A。

四、错误接线

（1）KM 仍在 1TA 的外侧，断开电源后将 2TAa 二次侧的 K1 和 K2 端接线对调（错误接线），合上电源将调压器调至内部三相短路时差动保护动作位置过一点，合上断路器后再合上 KM，观察差动保护和断线保护的动作情况。将 K1 和 K2 端接线对调外部三相短路时的情况测量结果记录于表 6 - 8 中。试验完后恢复正确接线。

（2）KM 仍在 1TA 的外侧，将 2TAa 一次侧的 L1 和 L2 端接线对调（错误接线），将调压器调至差动保护动作位置过一点，合上断路器后再合上 KM，观察差动保护和断线保护的动作情况。将 L1 和 L2 端接线对调外部三相短路时的情况测量结果记录于表 6 - 9 中。试验完成后恢复正确接线。

表 6 - 8   **K1 和 K2 端接线对调外部三相短路时的情况**

	2TAa	2TAb	2TAc	1TAa	1TAb	1TAc	3KA	4KA	5KA	6KA
各点电流（A）										
动作情况	—	—	—	—	—	—				

调压器位置（V）：

表 6 - 9   **L1 和 L2 端接线对调外部三相短路时的情况**

	2TAa	2TAb	2TAc	1TAa	1TAb	1TAc	3KA	4KA	5KA	6KA
各点电流（A）										
动作情况	—	—	—	—	—	—				

调压器位置（V）：

（3）KM 仍在 1TA 的外侧，将 2TAa 一次侧的 L1 和 L2 端接线对调，二次侧的 K1 和 K2 端接线也对调，将调压器调至差动保护动作位置过一点，合上断路器后再合上 KM，观察差动保护和断线保护的动作情况。将 L1 和 L2、K1 和 K2 端接线对调外部三相短路时的情况测量结果记录于表 6 - 10 中。试验完成后恢复正确接线。

表 6 - 10   **L1 和 L2、K1 和 K2 端接线对调外部三相短路时的情况**

	2TAa	2TAb	2TAc	1TAa	1TAb	1TAc	3KA	4KA	5KA	6KA
各点电流（A）										
动作情况	—	—	—	—	—	—				

调压器位置（V）：

（4）KM 仍在 1TA 的外侧，将互感器 2TAa 与 2TAb 的二次侧接线相互对调（错相），将调压器调至差动保护动作位置以上，合上断路器后再合上 KM，观察保护的动作情况。将错相接线外部三相短路时的情况测量结果记录于表 6 - 11 中。试验完成后恢复正确接线。

表 6 - 11   **错相接线外部三相短路时的情况**

	2TAa	2TAb	2TAc	1TAa	1TAb	1TAc	3KA	4KA	5KA	6KA
各点电流（A）										
动作情况	—	—	—	—	—	—				

调压器位置（V）：

思考题与习题

1. 简述差动保护的构成、特点和保护范围。
2. 分析电流互感器极性接错对保护的影响。
3. 分析电流互感器相别接错对保护的影响。
4. 分析差动回路断线对保护的影响。

第七章 互感器实验

第一节　电压互感器不完全三角形接线实验

不完全三角形（Vv）接线由两只单相电压互感器组成，节省一只互感器，可用于中性点不接地系统测量三个线电压，不能测相电压。

一、正确接线实验

（1）将两只380/100V单相电压互感器按图7-1（a）正确接线，互感器一、二次侧装上熔断器1～6FU，接至AC380V的系统中，在二次侧不接负载（开路）或接入负载（一只三相功率表或电能表）。特别注意，此节实验用单相电压互感器的电压比与下节实验用的互感器是不同的，不能用错。

（2）在电压互感器二次侧开路和接入负载两种情况下，用万用表分别测量并记录互感器一、二次侧的三个线电压，将测量值记录于Vv接线电压互感器实验记录，见表7-1。

（3）画出电压互感器二次侧电压相量图。

二、错误接线实验（接入负载）

（1）将1TV电压互感器一次侧的A、X端接线对调，如图7-1（b）所示。测量并记录互感器二次侧三个线电压值并和正确接线比较。然后恢复到正确接线，画出互感器二次侧电压相量图进行分析。

（2）将1TV电压互感器二次侧的a、x端接线对调，如图7-1（c）所示。测量并记录互感器二次侧三个线电压值并和正确接线比较。然后恢复到正确接线，画出互感器二次侧电压相量图进行分析。

（3）将1TV电压互感器一次侧的A、X端和二次侧的a、x端接线都对调，如图7-1（d）所示。测量并记录互感器二次侧三个线电压值并和正确接线比较。然后恢复到正确接线。画出互感器二次侧电压相量图进行分析。

三、电压互感器断路实验

（1）电压互感器一次侧1FU熔断（拔下），如图7-1（e）所示。在互感器二次侧开路和接入负载两种情况下，分别测量并记录互感器二次侧三个线电压值并和正确接线比较。然后恢复到正确接线。

（2）电压互感器一次侧2FU熔断（拔下），如图7-1（f）所示。在互感器二次侧开路

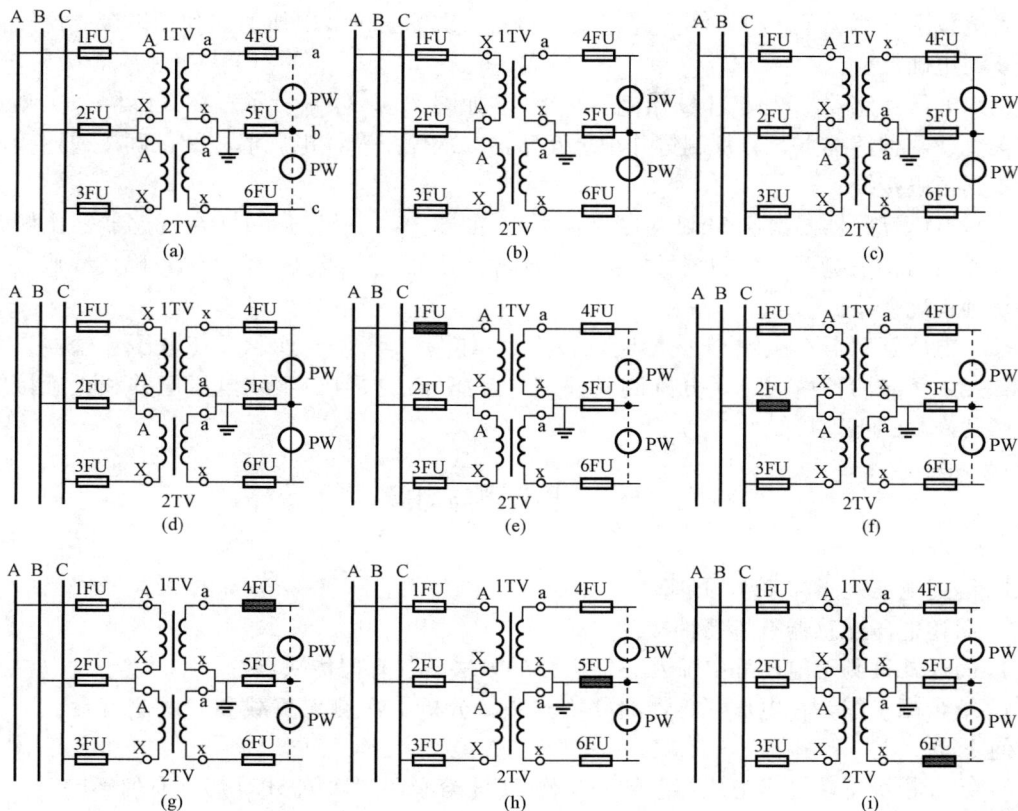

图 7-1　电压互感器不完全三角形接线

（a）正确接线；（b）1TV 一次侧的 A、X 对调；（c）1TV 二次侧的 a、x 对调；（d）1TV 一次侧的 A、
X 对调和二次侧的 a、x 对调；（e）一次侧 1FU 熔断；（f）一次侧 2FU 熔断；
（g）二次侧 4FU 熔断；（h）二次侧 5FU 熔断；（i）二次侧 6FU 熔断

表 7-1　　　　　　　　　　　　Vv 接线电压互感器实验记录

序号	电压互感器接线情况	$U_{AB}=$ V, $U_{BC}=$ V, $U_{CA}=$ V 电压互感器二次电压（V）					
		二次侧无负载			二次侧有负载		
		U_{ab}	U_{bc}	U_{ca}	U_{ab}	U_{bc}	U_{ca}
1	正确接线						
2	A、X 对调	—	—	—			
3	a、x 对调	—	—	—			
4	一、二次都对调	—	—	—			
5	1FU 熔断						
6	2FU 熔断						
7	4FU 熔断						
8	5FU 熔断						
9	6FU 熔断						

注　当二次侧有负载时，熔断器熔断时的测量值，由于测量时电压表内阻的影响，测量值与理论值会有误差。

和接入负载两种情况下，分别测量并记录互感器二次侧三个线电压值并和正确接线比较。然后恢复到正确接线。

（3）电压互感器二次侧 4FU 熔断（拔下），如图 7 - 1（g）所示。在互感器二次侧开路和接入负载两种情况下，分别测量并记录互感器二次侧三个线电压值并和正确接线比较。然后恢复到正确接线。

（4）电压互感器二次侧 5FU 熔断（拔下），如图 7 - 1（h）所示。在互感器二次侧开路和接入负载两种情况下，分别测量并记录互感器二次侧三个线电压值并和正确接线比较。然后恢复到正确接线。

（5）电压互感器二次侧 6FU 熔断（拔下），如图 7 - 1（i）所示。在电压互感器二次侧开路和接入负载两种情况下，分别测量并记录互感器二次侧三个线电压值并和正确接线比较。然后恢复到正确接线。

思考题与习题

1. 简述电压互感器工作原理。

2. 简述电压互感器有哪几种接线方式。

3. 简述几种测定电压和电流互感器极性的方法。各有何优缺点？

4. 结合相量图，在电压互感器断路实验中，分析二次侧无负载和二次侧有负载两种情况有何不同？

5. 结合相量图，分析电压互感器一次侧 2FU 熔断和二次侧 5FU 熔断有何不同？

第二节　电压互感器星形-星形-开口三角接线实验

星形-星形-开口三角接线的电压互感器，一般由三个单相电压互感器构成，按相电压设计，它的三个基本二次绕组接成星形，可以测量三个线电压和三个相电压；它的三个辅助二次绕组接成开口三角形，可以测量零序电压，广泛用于大接地电流系统和小电流接地系统。对于实验用额定电压为 380V 系统，电互感器的电压比为 $\dfrac{380}{\sqrt{3}} \Big/ \dfrac{100}{\sqrt{3}} \Big/ \dfrac{100}{3}$V。

一、正确接线实验

（1）将三只 $\dfrac{380}{\sqrt{3}} \Big/ \dfrac{100}{\sqrt{3}} \Big/ \dfrac{100}{3}$V 单相电压互感器按图 7 - 2（a）正确接线。互感器一、二次侧装有熔断器 1～6FU，在二次侧接入负载（一只三相功率表或电能表）。

（2）分别测量一次侧的三个线电压 U_{AB}、U_{BC}、U_{CA}，三个相电压 U_{AN}、U_{BN}、U_{CN}，二次侧三个线电压 U_{ab}、U_{bc}、U_{ca} 和三个相电压 U_{1a}、U_{1b}、U_{1c}，开口三角电压 $3U_0$ 和各绕组电压 U_{2ab}、U_{2bc}、U_{2ca}，并将 Yyd 接线电压互感器实验记录测量值填入表 7 - 2 中。

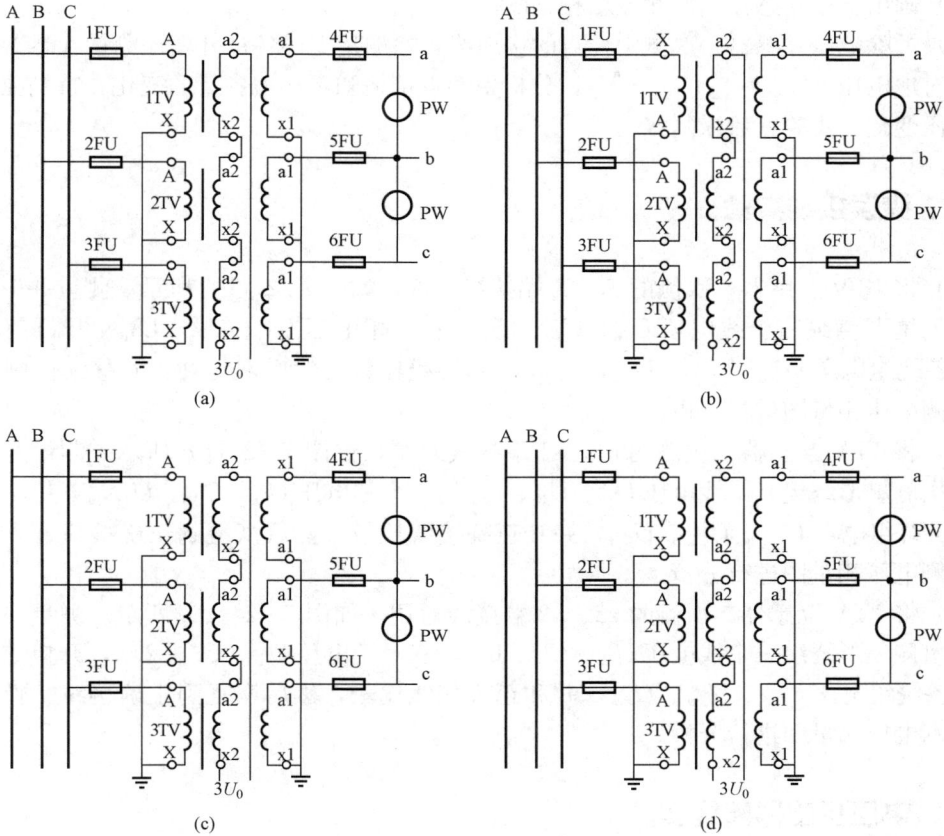

图 7 - 2　电压互感器的正确接线和错误接线

（a）正确接线；（b）1TV 的 A、X 对调；（c）1TV 的 a1、x1 对调；（d）1TV 的 a2、x2 对调

表 7 - 2　　　　　　　　　　　　**Yyd 接线电压互感器实验记录**

电压互感器接线情况	$U_{AB}=$	$U_{BC}=$	$U_{CA}=$	$U_{AN}=$	$U_{BN}=$	$U_{CN}=$			
	二次侧星形电压（V）						开口三角形电压（V）		
	线电压			相电压			相电压		零序
	U_{ab}	U_{bc}	U_{ca}	U_{1a}	U_{1b}	U_{1c}	U_{2ab}	U_{2bc}	U_{2ca}	$3U_0$
正确接线									
1TV 的 A，X 对调									
1TV - a1，x1 对调									
1TV - a2，x2 对调									
1FU 熔断									
2FU 熔断									
4FU 熔断									
5FU 熔断									

（3）画出电压互感器二次侧电压相量图。

（4）拆除电压互感器一次侧中性点的接地线，除测量上述各量外，还测量互感器一次侧中性点对地电压（$U_{\mathrm{Nd}}=$ _____ V），分析中性点接地和不接地各量的变化，特别注意分析零序电压变化。实验完后恢复接地。

二、错误接线实验

（1）将 1TV 互感器一次侧的 A、X 端接线对调，如图 7 - 2（b）所示。测量并记录互感器二次侧星形绕组三个线电压 U_{ab}、U_{bc}、U_{bc}，三个相电压 U_{1a}、U_{1b}、U_{1c}，开口三角电压 $3U_0$ 和各绕组电压 U_{2ab}、U_{2bc}、U_{2ca}，并和正确接线比较，然后恢复到正确接线。画出互感器二次侧电压相量图进行分析。

（2）将 1TV 互感器二次侧的 a1、x1 端接线对调，如图 7 - 2（c）所示。测量并记录互感器二次侧星形绕组三个线电压 U_{ab}、U_{bc}、U_{bc}，三个相电压 U_{1a}、U_{1b}、U_{1c}，开口三角电压 $3U_0$ 和各绕组电压 U_{2ab}、U_{2bc}、U_{2ca}，并和正确接线比较，然后恢复到正确接线。画出互感器二次侧电压相量图进行分析。

（3）将 1TV 互感器二次侧的 a2、x2 端接线对调，如图 7 - 2（d）所示。测量并记录互感器二次侧星形绕组三个线电压 U_{ab}、U_{bc}、U_{bc}，三个相电压 U_{1a}、U_{1b}、U_{1c}，开口三角电压 $3U_0$ 和各绕组电压 U_{2ab}、U_{2bc}、U_{2ca}，并和正确接线比较，然后恢复到正确接线。画出互感器二次侧电压相量图进行分析。

三、电压互感器断线实验

（1）电压互感器一次侧 1FU 熔断器熔断（拔下），如图 7 - 3（a）所示。测量并记录互感器二次侧星形绕组三个线电压 U_{ab}、U_{bc}、U_{bc}，三个相电压 U_{1a}、U_{1b}、U_{1c}，开口三角电压 $3U_0$ 和各绕组电压 U_{2ab}、U_{2bc}、U_{2ca}，并和正确接线比较，然后恢复到正确接线。

（2）电压互感器一次侧 2FU 熔断器熔断（拔下），如图 7 - 3（b）所示。测量并记录互感器二次侧星形绕组三个线电压 U_{ab}、U_{bc}、U_{bc}，三个相电压 U_{1a}、U_{1b}、U_{1c}，开口三角电压 $3U_0$ 和各绕组电压 U_{2ab}、U_{2bc}、U_{2ca}，并和正确接线比较，然后恢复到正确接线。画出互感器二次侧电压相量图进行分析。

（3）电压互感器二次侧 4FU 熔断器熔断（拔下），如图 7 - 3（c）所示。测量并记录互感器二次侧星形绕组三个线电压 U_{ab}、U_{bc}、U_{bc}，三个相电压 U_{1a}、U_{1b}、U_{1c}，开口三角电压 $3U_0$ 和各绕组电压 U_{2ab}、U_{2bc}、U_{2ca}，并和正确接线比较，然后恢复到正确接线。画出互感器二次侧电压相量图进行分析。

（4）电压互感器二次侧 5FU 熔断器熔断（拔下），如图 7 - 3（d）所示。测量并记录互感器二次侧星形绕组三个线电压 U_{ab}、U_{bc}、U_{bc}，三个相电压 U_{1a}、U_{1b}、U_{1c}，开口三角电压 $3U_0$ 和各绕组电压 U_{2ab}、U_{2bc}、U_{2ca}，并和正确接线比较，然后恢复到正确接线。画出互感器二次侧电压相量图进行分析。

（5）如果系统为中性点直接接地的大电流接地系统，而互感器一次侧中性点不接地，分析互感器高压熔断器熔断时的情况，与上面实验有何不同。

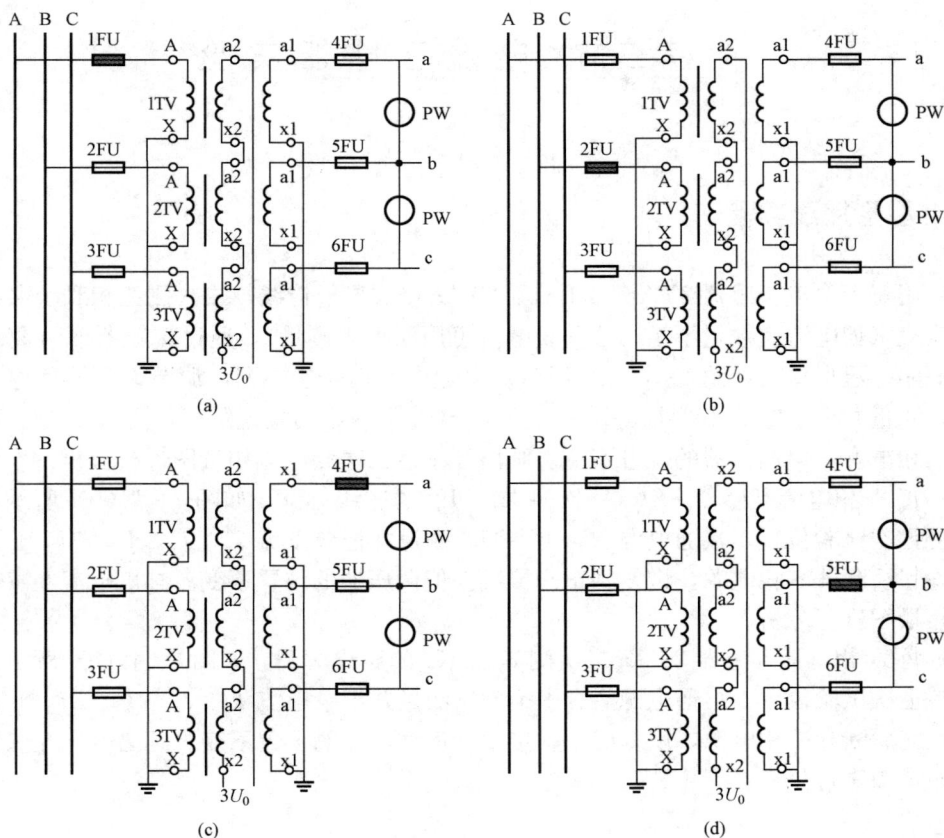

图 7-3　电压互感器熔断器熔断

（a）一次侧 1FU 熔断；（b）一次侧 2FU 熔断；（c）二次侧 4FU 熔断；（d）二次侧 5FU 熔断

（6）如果系统为中性点不接地的小电流接地系统，而互感器一次侧中性点接地，考虑线路对地电容的存在，且容抗比互感器的感抗小得多，分析互感器高压熔断器熔断时的情况，与上面实验有何不同。

思考题与习题

1. 结合相量图，对开口三角电压互感器正确接线和一次侧极性接反、一次侧熔断器熔断等几种错误接线比较，总结开口三角零序电压 $3U_0$ 变化情况。

2. 结合相量图，对电压互感器一次侧中性点接地和一次侧中性点不接地两种方式比较，分析中性点对地电压和开口三角零序电压变化情况。

3. 结合相量图，分析电压互感器一次侧 2FU 熔断和二次侧 5FU 熔断有何不同？

4. 如果系统为中性点直接接地的大接地电流系统，而互感器一次侧中性点接地，分析互感器高压熔断器熔断时的情况，与上面实验有何不同？

5. 如果系统为中性点不接地的小接地电流系统，而互感器一次侧中性点接地，考虑线路对地电容的存在，分析互感器高压保险熔断时的情况，与上面实验有何不同？

第三节　电流互感器实验

一、星形接线实验

（1）用三个电流互感器 2TAa、2TAb、2TAc 接成星形接线，二次侧三相和公共线分别串接电流表（如电流表数量不足，公共线电流可用钳形表测量），通过接触器 KM 将一次回路三相短路，星形接线如图 7 - 4（a）所示。接通电源后合上 KM，调节调压器使电流到一定数值，测量并记录电流 I_a、I_b、I_c、$3I_0$，于电流互感器实验记录表，见表 7 - 3。试验完后断开三相电源，但调压器的位置不变。画出互感器二次侧电流相量图进行分析。

（2）将 A 相电流互感器 2TAa 一次侧 L1、L2 的连线对调，如图 7 - 4（b）所示，调压器仍保持上次试验位置，接通电源后合上 KM，测量并记录电流 I_a、I_b、I_c、$3I_0$ 于表 7 - 3 中。试验完后断开三相电源，恢复到正确接线。但调压器的位置不变。画出电流互感器二次侧电流相量图进行分析。

（3）将 A 相电流互感器 2TAa 二次侧 K1、K2 的连线对调，如图 7 - 4（c）所示，调压器仍保持上次试验位置，接通电源后合上 KM，测量并记录电流 I_a、I_b、I_c、$3I_0$ 于表 7 - 3 中。试验完后断开三相电源，恢复到正确接线，但调压器的位置不变。画出电流互感器二次侧电流相量图进行分析。

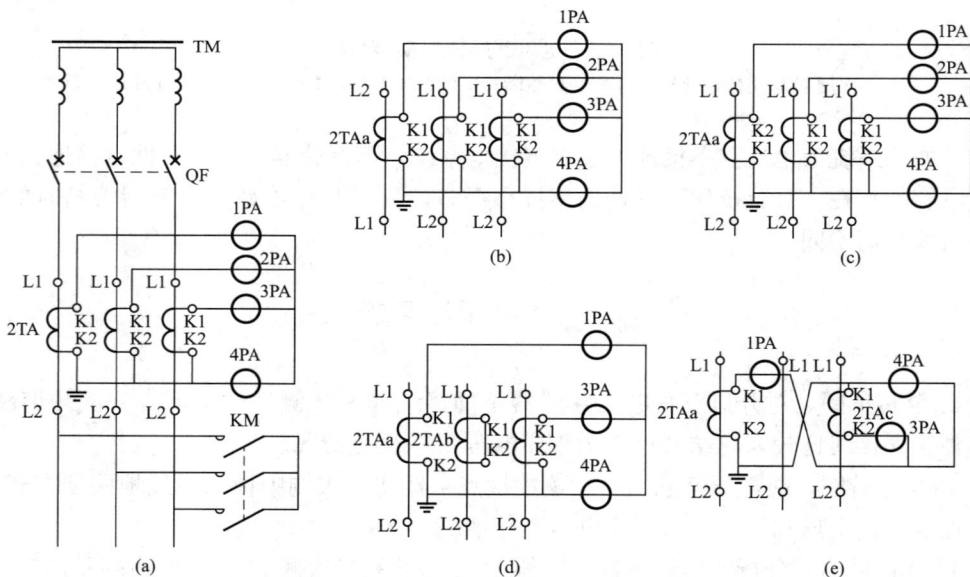

图 7 - 4　电流互感器的接线

（a）星形接线；（b）星形接线，2TAa 的 L1、L2 对调；（c）星形接线，2TAa 的 K1、K2 对调；
（d）不完全星形接线；（e）两相电流差接线

（4）将 A、B、C 三相电流互感器二次侧 K1、K2 的连线对调，调压器仍保持上次试验位置，接通电源后合上 KM，测量并记录电流 I_a、I_b、I_c、$3I_0$ 于表 7-3 中。试验完后断开三相电源，恢复到正确接线，但调压器的位置不变。画出电流互感器二次侧电流相量图进行分析。

表 7-3 电流互感器实验记录

序号	接 线 情 况	I_a(A)	I_b(A)	I_c(A)	$3I_0$(A)
1	星形正确接线				
2	星接，A 相 L1、L2 对调				
3	星接，A 相 K1、K2 对调				
4	星接，三相 K1、K2 对调				
5	不完全星形接线				
6	两相电流差接线				
7	零序正确接线	—	—	—	
8	零序，A 相 K1、K2 对调	—	—	—	
9	零序，B 相断线	—	—	—	

注 1PA、2PA、3PA 是装在屏上的电流表，刻度为 0～500A，电流比为 500/5A，所以指针指示 100A 时，实际电流为 1A，如 4PA 用钳形电流表直接测量，测值应乘以 100 记入表中，以便统一。

注意：由于回路的电流不大，导线端头的连接要非常紧密，必须用螺丝紧固，使接触电阻尽可能小，如果发现正确接线时三相电流相差较大，往往是电流小的一相接触不良，要认真检查，使三相电流基本平衡。

说明：一只电流互感器一次侧或二次侧极性接反时，错极性相的电流与另两相可能相差较大，中性线电流与理论值也不一定符合，要认真分析原因。

二、不完全星形接线和两相电流差接线实验

（1）将星形接法的电流互感器 2TAb 的 K1、K2 外连线拆开，并将 K1、K2 短接，变成由两个电流互感器组成的不完全星形接线（也可认为是星形接线 B 相互感器二次断线），如图 7-4（d）所示，调压器仍保持上次试验位置，接通电源后合上 KM，测量并记录电流 I_a、I_c、$3I_0$ 于表 7-3 中。试验完后断开三相电源，但调压器的位置不变。画出电流互感器二次侧电流相量图进行分析。

（2）将 2TAa、2TAc 两只电流互感器二次侧接成两相电流差接线，如图 7-4（e）所示。调压器仍保持上次试验位置，接通电源后合上 KM，测量并记录电流 I_a、I_c、$3I_0$ 于表 7-3 中。试验完后断开三相电源，但调压器的位置不变。画出电流互感器二次侧电流相量图进行分析。

三、零序接线实验

（1）将三个电流互感器接成零序接线，如图 7-5（a）所示。接通电源后合上 KM，调节调压器使电流到一定数值，测量并记录零序电流 $3I_0$ 于表 7-3 中。试验完后断开三相电源，但调压器的位置不变。画出电流互感器二次侧电流相量图进行分析。

（2）将 A 相电流互感器 2TAa 二次侧 K1、K2 的连线对调，如图 7-5（b）所示，调压器仍保持上次试验位置，接通电源后合上 KM，测量并记录零序电流 $3I_0$ 于表 7-3 中。试验完后断开三相电源，恢复到正确接线，但调压器的位置不变。画出电流互感器二次侧电流相量图进行分析。

（3）将星形接法的电流互感器 2TAb 的 K1、K2 外连线拆开，并将 K1、K2 短接，如图 7-5（c）所示，调压器仍保持上次试验位置，接通电源后合上 KM，测量并记录零序电流 $3I_0$ 于表 7-3 中。试验完后断开三相电源，但调压器的位置不变。画出电流互感器二次侧电流相量图进行分析。

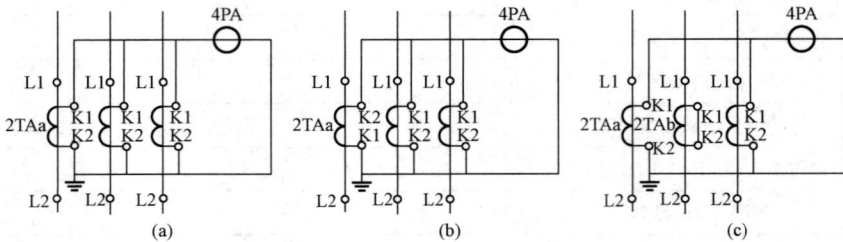

图 7-5　电流互感器零序接线

（a）零序接线；（b）零序接线，2TAa 的 K1、K2 对调；（c）零序接线，2TAb 断线

思考题与习题

1. 简述电流互感器工作原理。

2. 简述电流互感器有哪几种接线方式。

3. 简述电流互感器二次侧开路的危害。

4. 对电流互感器正确接线和一只电流互感器一次侧或二次侧极性接反的错误接线比较，分析零序电流有何不同？

5. 对电流互感器正确接线和一只电流互感器二次侧断线（将二次侧 K1、K2 短接）的错误接线比较，分析零序电流有何不同？

第八章 电气测量实验

第一节 电气测量仪表的认识

一、仪表的表面标记

指示仪表的面板上都有显示仪表基本特性的多种符号，只有在正确识别它们之后，才能正确选择和使用仪表。实验前先识别仪表的符号并填入表8-1中。

表8-1 仪表的表面标记

序号	仪表名称	型号	技术特性	符号	原理图形符号（系）	电流种类	准确等级
1	交流电流表	42L6-A	500A/5A	A	（电磁系）		
2							
3							
4							
5							
6							
7							
8							
9							

二、测量仪表的内阻

测量仪表的直流电阻，可以了解仪表回路内阻数值的大小，从而了解仪表接入电路的方法（并联接入或串联接入）。在仪表断开外电路时，用万用表电阻挡在仪表的端头测量回路的直流内电阻，并记录于表8-2中。

表8-2 仪表的内阻

	交流电流表	交流电压表	直流电压表	有功表线圈		电能表线圈	
				电流	电压	电流	电压
仪表内阻							

第二节 通 电 测 量

一、通电前的检查

（1）按图2-1所示一次回路接线图和图4-5（实验用）所示测量回路接线图进行接线，

电流互感器 2TA 一次侧断开不接在主回路中。

（2）电流回路是否断路检查：拆开各电流互感器的 K1 端，用万用表电阻挡测量 A411（B411，C411）端与互感器的 K2 公共点的电阻，电阻值应该很小。

（3）电压回路是否短路检查：拆开电压互感器 A601、B601、C601 连线后，测量拆线端之间的直流电阻，电阻值应该很大。

（4）电源相序检查：加交流三相电源于交流开关 Q1，用相序表测量三相电压的相序，应为正相序；如为反相序，将两根电源线对调即可。

（5）三相调压器放在零位，断路器 QF 和接触器 KM 在跳闸状态。

二、测量回路通电试验

（1）合上三相电源开关 Q1，交流电压表 1PV 应指示在 10kV 附近，旋动电压转换开关观察三个线电压应基本平衡。如果三个电压相差较大，一般为电压回路断线，根据电压表的指示可以判断出来是哪一相断线。

$U_{ab}=$_____ kV。

$U_{bc}=$_____ kV。

$U_{ca}=$_____ kV。

（2）用万用表测量电压互感器二次侧的三个线电压，说明实测值和仪表指示值为什么不同。

$U_{ab}=$_____ V。

$U_{bc}=$_____ V。

$U_{ca}=$_____ V。

（3）用万用表交流电压挡测直流电压，是否有指示。再用直流电压挡测交流电压，是否有指示，从仪表的工作原理分析原因。

（4）合上断路器 QF 和接触器 KM 将线路短路，调节调压器的输出电压，使电流表指示在满刻度的 80% 左右，三相电流应基本平衡，有功功率和无功功率表应正向指示，有功电能表应正转，将调压器的指针打上记号。如果指示不正常，应查明原因并改正。

根据 P、Q 的测量值可以计算出正确接线时功率因数角，供以后的实验作相量分析之用。

$$\varphi=\tan^{-1}\frac{Q}{P}\varphi=\text{_____}。$$

（5）用钳形表测量电流互感器二次侧的三相电流，并将测量结果记录于表 8-3 中，说明实测值和仪表指示值为什么不同。

（6）说明三相电流测量能否同电压测量一样，用一个电流表和一个转换开关进行选测。

（7）反相序实验：在交流电源开关 Q1 处将两根电源线对调成为反相序，调压器仍放在上面实验的位置，观测各仪表指示值。如果指示反向而功率表是单向指示时，停电后分别将功率表的两个电流线圈接线头尾对调。根据有功功率表和无功功率表的指示用相量图进行分析（假设无功功率表是跨相 90° 接线）。

将测量结果记录于表 8-4 中。

表8-3   测 量 仪 表 指 示 记 录

调压器指针位置：		V				
测量量	I_a(A)	I_b(A)	I_c(A)	P(MW)	Q(Mvar)	A(正，反)
测量记录						

表8-4   反相序时测量仪表指示记录

测量量	I_a(A)	I_b(A)	I_c(A)	P(MW)	Q(Mvar)	A(正，反)
测量记录						

第三节   测量回路错误接线实验

有功功率表、无功功率表、有功电能表、无功电能表都可能产生错误接线，这里只做有功功率表的错误接线实验。实验接线仍按图4-5接线。

一、极性接反

有功功率表极性接反有两种情况：一种是电流、电压互感器的极性接反，另一种是接到仪表的电流线圈的接线错误使电流反向。本实验只做后者。

1. A相电流反向

在正确接线的有功功率表上，将A相电流端钮的连线对调，相继合上Q1、QF和KM将线路短路，调压器仍放在正确接线实验时的位置，观测并记录各仪表指示，记录于表8-5中。实验完后恢复正确接线，然后计算出功率的数值，与实验值进行比较。计算分析可按以下步骤：

（1）参考正确接线的电流、电压相量图，画出错误接线的相量图；

（2）从相量图上，分别查出接入有功功率表两元件的电压和电流的夹角；

（3）根据查出的角度，分别计算两元件的功率并相加，即得总的功率。

表8-5   电流极性接反时实验记录

有功功率表 接线情况		I_a(A)	I_b(A)	I_c(A)	P(MW)		Q(Mvar)
					实测	计算	
序号	正确接线						
1	I_a 电流反向						
2	I_c 电流反向						
3	I_a、I_c 都反向						

例如，根据相量图，这时 $-\dot{I}_a$ 和 $\dot{U}_{ab}$ 的夹角为 $150° + \varphi$，$\dot{I}_c$ 和 $\dot{U}_{cb}$ 的夹角为 $\varphi - 30°$ 或 $30° - \varphi$，可以计算出功率的测值为

$$P' = P_1 + P_2$$
$$= U_{ab}I_a\cos(150° - \varphi) + U_{cb}I_c\cos(\varphi - 30°)$$
$$= UI(\cos150°\cos\varphi + \sin150°\sin\varphi + \cos\varphi\cos30° + \sin\varphi\sin30°)$$
$$= UI\sin\varphi = \frac{1}{\sqrt{3}}\sqrt{3}UI\sin\varphi = \frac{1}{\sqrt{3}}Q$$

由此可见，在一相电流反向的情况下，有功功率表（有功电能表）测得的是无功功率（无功电能），其测值为实际三相无功功率（无功电能）的 $\frac{1}{\sqrt{3}}$ 倍。这时电量的更正系数为

$$K = \frac{P}{P'} = \frac{\sqrt{3}UI\cos\varphi}{UI\sin\varphi} = \frac{\sqrt{3}}{\tan\varphi}$$

2. C 相电流反向

将正确接线的有功功率表上，将 C 相电流端钮的连线对调，相继合上 Q1、QF 和 KM 将线路短路，调压器仍放在正确接线实验时的位置，观测并记录各仪表指示，记录于表 8-5 中。实验完后恢复正确接线。根据相量图分析得出电压和电流的夹角，然后计算出功率的数值，与实验值进行比较。

3. A、C 相电流都反向

将正确接线的有功功率表 A、C 相电流线圈的连线对调，相继合上 Q1、QF 和 KM 将线路短路，调压器仍放在正确接线实验时的位置，观测并记录各仪表指示于表 8-5 中。实验完后恢复正确接线，并与正确接线时的值进行比较。

二、相别错误

1. 电流错相

在正确接线的有功功率表的上，将 A 相和 C 相电流端钮的连线对调但电流方向不变，相继合上 Q1、QF 和 KM 将线路短路，调压器仍放在正确接线实验时的位置，观测并记录各仪表指示于表 8-6 中。实验完后恢复正确接线。根据相量图分析得出电压和电流的夹角，然后计算出功率的数值，与实验值进行比较。

表 8-6　　　　　　　　　　　　　　相别错误时实验记录

有功功率表接线情况		I_a(A)	I_b(A)	I_c(A)	P(MW)		Q(Mvar)
					实测	计算	
序号	正确接线无故障						
1	I_a、I_c 错相						
2	U_a、U_b 错相						
3	U_b、U_c 错相						
4	U_a、U_c 错相						
5	错相 U_c、U_a、U_b						
6	错相 U_b、U_c、U_a						

2. U_a、U_b 两电压错相

在正确接线的有功功率表上，将 U_a、U_b 端钮的连线对调，相继合上 Q1、QF 和 KM 将线路短路，调压器仍放在正确接线实验时的位置，观测并记录各仪表指示于表 8-6 中。实验完后恢复正确接线。根据相量图分析得出电压和电流的夹角，然后计算出功率的数值，与实验值进行比较。

3. U_b、U_c 两电压错相

在正确接线的有功功率表上，将 U_b、U_c 端钮的连线对调，相继合上 Q1、QF 和 KM 将线路短路，调压器仍放在正确接线实验时的位置，观测并记录各仪表指示于表 8-6 中。实验完后恢复正确接线。根据相量图分析得出电压和电流的夹角，然后计算出功率的数值，与实验值进行比较。

4. U_a、U_c 两电压错相

在正确接线的有功功率表上，将 U_a、U_c 端钮的连线对调，相继合上 Q1、QF 和 KM 将线路短路，调压器仍放在正确接线实验时的位置，观测并记录各仪表指示于表 8-6 中。实验完成后恢复正确接线。根据相量图分析得出电压和电流的夹角，然后计算出功率的数值，与实验值进行比较。

5. 三相电压顺向错相

在正确接线的有功功率表上，将 U_a、U_b、U_c 端钮的连线正顺序改接（即 $U_c \rightarrow U_a \rightarrow U_b$），相继合上 Q1、QF 和 KM 将线路短路，调压器仍放在正确接线实验时的位置，观测并记录各仪表指示于表 8-6 中。实验完后恢复正确接线。根据相量图分析得出电压和电流的夹角，然后计算出功率的数值，与实验值进行比较。计算电量更正系数，得

$$K = \frac{P}{P'} = \frac{\sqrt{3}UI\cos\varphi}{\qquad} = \underline{\qquad}$$

6. 三相电压反向错相

在正确接线的有功功率表上，将 U_a、U_b、U_c 端钮的连线反顺序改接（即 $U_b \rightarrow U_c \rightarrow U_a$），相继合上 Q1、QF 和 KM 将线路短路，调压器仍放在正确接线实验时的位置，观测并记录各仪表指示于表 8-6 中，实验完成后恢复正确接线。根据相量图分析得出电压和电流的夹角，然后计算出功率的数值，与实验值进行比较。

三、复合错误接线

有两处及两处以上的错误接线称为复合错误接线，如同时存在电流反向和电压错相的错误接线。复合错误接线可以有很多种组合，例如，通入功率表的电流有 $\dot{I}_a$、$-\dot{I}_a$、$\dot{I}_c$、$-\dot{I}_c$ 四种，与四个电流端钮就可以构成八组电流组合：① $\dot{I}_a$、$\dot{I}_c$；② $\dot{I}_a$、$-\dot{I}_c$；③ $-\dot{I}_a$、$\dot{I}_c$；④ $-\dot{I}_a$、$-\dot{I}_c$；⑤ $\dot{I}_c$、$\dot{I}_a$；⑥ $\dot{I}_c$、$-\dot{I}_a$；⑦ $-\dot{I}_c$、$\dot{I}_a$；⑧ $-\dot{I}_c$、$-\dot{I}_a$。

如果三相电压保持为正相序，接入功率表电压端钮的电压就有三个组合：$\dot{U}_a \rightarrow \dot{U}_b \rightarrow \dot{U}_c$、$\dot{U}_c \rightarrow \dot{U}_a \rightarrow \dot{U}_b$ 和 $\dot{U}_b \rightarrow \dot{U}_c \rightarrow \dot{U}_a$。八组电流组合和三组电压组合可以得出 24 种接线，其中只有一种是正确接线。如果计及电压反相序，接线种类更多。但不管是哪种接线，相量分析和功率计算方法是一样的。这里只选择做几种复合错误接线的实验。教师和学生可以根据

具体情况增减实验项目。

1. 电流错相，A 相电流反向（U_{ab}、I_c 和 U_{bc}、$-I_a$）

在正确接线的有功功率表上，将 A 相和 C 相电流端钮的连线对调且 A 相电流反向，相继合上 Q1、QF 和 KM 将线路短路，调压器仍放在正确接线实验时的位置，观测并记录各仪表指示于表 8-7 中。实验完成后恢复正确接线。根据相量图分析得出电压和电流的夹角，然后计算出功率的数值，与实验值进行比较。

2. U_b、U_c 错相，C 相电流反向（U_{ac}、I_a 和 U_{bc}、$-I_c$）

在正确接线的有功功率表上，将 U_b、U_c 端钮的连线对调且 C 相电流反向，相继合上 Q1、QF 和 KM 将线路短路，调压器仍放在正确接线实验时的位置，观测并记录各仪表指示于表 8-7 中。实验完后恢复正确接线。根据相量图分析得出电压和电流的夹角，然后计算出功率的数值，与实验值进行比较。

3. 三相电压顺向错相，电流错相（U_{ca}、I_c 和 U_{ba}、I_a）

在正确接线的有功功率表上，将 U_a、U_b、U_c 端钮的连线正顺序改接（即 $U_c \rightarrow U_a \rightarrow U_b$），相继合上 Q1、QF 和 KM 将线路短路，调压器仍放在正确接线实验时的位置，观测并记录复合错误接线实验记录于表 8-7 中。实验完后恢复正确接线。根据相量图分析得出电压和电流的夹角，然后计算出功率的数值，与实验值进行比较。

表 8-7　　　　　　　　　　　　　复合错误接线实验记录

有功功率表接线情况		I_a(A)	I_b(A)	I_c(A)	P(MW)		Q(Mvar)
					实测	计算	
序号	正确接线无故障						
1	I_a、I_c 错相，I_a 反						
2	U_b、U_c 错相，I_c 反						
3	错相 U_c、U_a、U_b，I_a、I_c 错相						

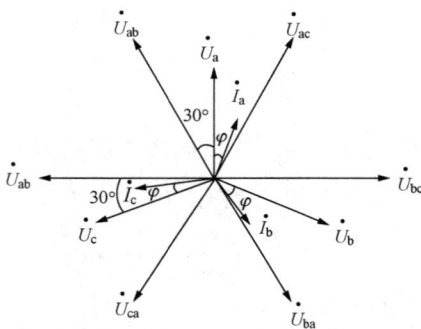

图 8-1　正确接线时的相量图

四、计算表格

以上每项实验都要计算出功率的数值，与实验值进行比较。作为参考实例，在此画出正确接线的相量图及列出功率计算方法。正确接线时的相量图如图 8-1 所示。

三相两元件有功功率表（电能表的测量原理和功率表完全相同，这里只分析功率表）中，一个元件接线电压 U_{ab} 和 A 相电流 I_a；另一个元件接线电压 U_{cb} 和 C 相电流 I_c。每一元件测得的功率等于加于该元件的电压、电流及其之间夹角余弦的乘积（$UI\cos\varphi$）。

由此测得的功率 P 为

$$P = P_1 + P_2 = U_{ab}I_a\cos(30° + \varphi) + U_{cb}I_c\cos(30° - \varphi)$$
$$= UI(\cos30°\cos\varphi - \sin30°\sin\varphi + \cos30°\cos\varphi + \sin30°\sin\varphi)$$
$$= 2UI\cos\varphi\cos30°$$
$$= \sqrt{3}UI\cos\varphi$$

U、I 表示线电压、线电流，不再使用下标。这里假定 $\varphi<30°$，若 $\varphi>30°$，则 $30°-\varphi$ 变为 $\varphi-30°$，但最后计算结果不变。

用相量图分析交流电路，如测量回路、保护回路、同期回路，是一个十分有力的工具，学生通过实验一定要熟练掌握它。

表 8-8 列出各项实验相关的功率计算表格，供学生使用。

表 8-8　　　　　　　　　功 率 计 算 表 格

	$U=$_____ kV	$I=$_____ A	$\varphi=$_____ °		
接线方式	电压、电流组合	两元件测的功率（$\times UI$）	有功功率（$\times UI$）	计算结果（MW）	电量更正系数
正确接线	U_{ab}、I_a U_{cb}、I_c	$\cos(30°+\varphi)+$ $\cos(30°-\varphi)$	$\sqrt{3}\cos\varphi$		1
I_a 反向	U_{ab}、$-I_a$ U_{cb}、I_c	$\cos(150°-\varphi)+$ $\cos(30°-\varphi)$	$\sin\varphi$		$\dfrac{\sqrt{3}}{\tan\varphi}$
I_c 反向					
I_a、I_c 反向					
I_a、I_c 错相					
U_a、U_b 错相					
U_b、U_c 错相					
U_a、U_c 错相					
错相 U_c、U_a、U_b					
错相 U_b、U_c、U_a					
I_a、I_c 错相，I_a 反向					
U_b、U_c 错相，I_c 反向					
错相 U_c、U_a、U_b，I_a、I_c 错相					

![思考题与习题]

思考题与习题

1. 什么是有功功率，什么是无功功率？有什么区别和联系？

2. 简述几种测量功率的方法。本实验中采用的是哪种方法？

3. 结合相量图，对有功功率表正确接线和电流极性接反、电流错相、电压错相等几种典型故障比较，分析得出电压和电流的夹角，然后计算出功率的数值，与实验值进行比较，总结其规律。

第四节　电压回路断线实验

测量回路电压断线的原因有多种，现以电压回路熔断器熔断为例进行实验。电压互感器采用 Vv 接法，观察断线对功率测量值的影响。熔断器熔断时，电压互感器加于功率表上的二次电压与互感器的负载及其接线有关，故在实验时电压互感器二次侧只接有功功率表，原接的其他仪表接线拆除，如图 8-2（a）所示。原实验的电流回路接线不改动。

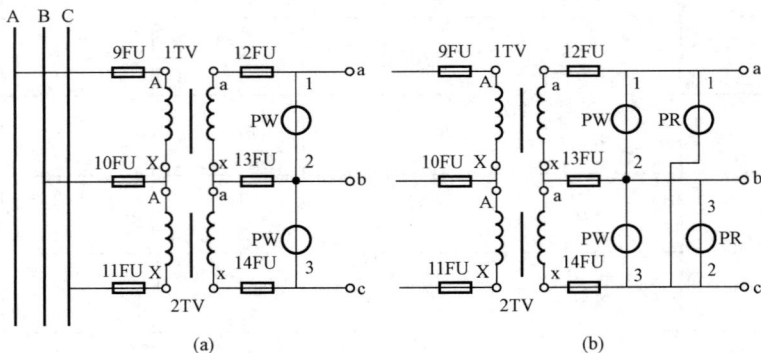

图 8-2　电压回路断线实验时的接线
（a）二次侧只接有功功率表；（b）二次侧接有功功率表和无功功率表

一、一次侧熔断器熔断

1. A 相 9FU 熔断

将有功功率表正确接线后将 9FU 拔下，相继合上 Q1、QF 和 KM 将线路短路，调压器仍放在上面实验时的位置，用万用表测量二次电压及功率表的指示，实验完后将熔断器插上，并将电压回路断线实验记录于表 8-9 中。然后计算出功率的数值，与实验值进行比较。

2. B 相 10FU 熔断

将 10FU 拔下，相继合上 Q1、QF 和 KM 将线路短路，调压器仍放在上面实验时的位置，测量二次电压及功率表的指示，实验完后将熔断器插上，并将结果记录于表 8 - 9 中。然后计算出功率的数值，与实验值进行比较。

3. C 相 11FU 熔断

将 11FU 拔下，相继合上 Q1、QF 和 KM 将线路短路，调压器仍放在上面实验时的位置，测量二次电压及功率表的指示，实验完后将熔断器插上，并将结果记录于表 8 - 9 中。然后计算出功率的数值，与实验值进行比较。

表 8 - 9　　　　　　　　　　　　　　　电压回路断线实验记录

$I_a=$_____ A		$I_b=$_____ A		$I_c=$_____ A		
有功功率表 接线情况		U_{ab} （V）	U_{bc} （V）	U_{ca} （V）	P（MW）	
					实测	计算
序号	正确接线无故障					
1	9FU 熔断					
2	10FU 熔断					
3	11FU 熔断					
4	12FU 熔断					
5	13FU 熔断					
6	14FU 熔断					

注　电压回路断线时，用万用表测量二次侧三个线电压，由于万用表内阻的并接，测值可能会有所降低，但其中一个正常值（约 100V）不受影响。

二、二次侧熔断器熔断

1. A 相 12FU 熔断

将有功功率表正确接线后将 12FU 拔下，相继合上 Q1、QF 和 KM 将线路短路，调压器仍放在上面实验时的位置，测量二次电压及功率表的指示，实验完后将熔断器插上，并将结果记录于表 8 - 9 中。然后计算出功率的数值，与实验值进行比较。

2. B 相 13FU 熔断

将 13FU 拔下，相继合上 Q1、QF 和 KM 将线路短路，调压器仍放在上面实验时的位置，测量二次电压及功率表的指示，实验完后将熔断器插上，并将结果记录于表 8 - 9 中。然后计算出功率的数值，与实验值进行比较。

3. C 相 14FU 熔断

将 14FU 拔下，相继合上 Q1、QF 和 KM 将线路短路，调压器仍放在上面实验时的位置，测量二次电压及功率表的指示，实验完后将熔断器插上，并将结果记录于表 8 - 9 中。然后计算出功率的数值，与实验值进行比较。

表 8 - 10 列出各项实验相关的电压回路断线功率计算表格，供学生使用。

表 8-10　　　　　　　　　　　　电压回路断线功率计算表格

$I=$ _____ A　　　　$\varphi=$ _____ °　　　　$K_u=$ _____

接线方式	U_{ab} (V)	U_{cb} (V)	两元件测的功率	有功功率 ($\times K_u UI$)	计算结果 (MW)	电量更正系数
正确接线			$U_{ab}I\cos(30°+\varphi)+$ $U_{cb}I\cos(30°-\varphi)$	$\sqrt{3}\cos\varphi$		1
9FU 熔断	0		$0+U_{cb}I\cos(30°-\varphi)$	$\cos(30°-\varphi)$		$\dfrac{2\sqrt{3}}{\sqrt{3}+\tan\varphi}$
10FU 熔断						
11FU 熔断						
12FU 熔断						
13FU 熔断						
14FU 熔断						

注　功率表的读数是按电压比（10kV/100V）和电流比（500/5A）刻度的，实验中的电流值直接从屏面表计读出，已考虑了电流比，但电压为实际电压，在计算功率时要乘上功率表的电压比。例如，在正确接线时，设测得 $U_{ab}=U_{cb}=100$V，$I_a=I_c=400$A，$\varphi=20°$，则功率为

$$P=P_1+P_2$$
$$=U_{ab}I_a\cos(30°+\varphi)+U_{cb}I_c\cos(30°-\varphi)$$
$$=K_u UI(\cos50°+\cos10°)$$
$$=100\times100\times400\times(0.643+0.985)\times10^{-6}=6.512(\text{MW})$$

思考题与习题

1. 简述测量电流和测量电压的方法。

2. 什么是分流器？直流电流采用分流器测量的原理是什么？能否采用电流互感器测量？

3. 结合相量图，对电压回路正确接线和电压互感器一次侧熔断器熔断、二次侧熔断器熔断等几种典型故障比较，并计算出功率的数值，然后再与实验值进行比较，总结其规律。

第五节　拓　展　实　验

电气测量部分可以选择一些选做的内容，供教师和学生选择参考。

一、复合错误接线

上面复合错误接线的内容可以考虑作为选做内容。

二、二次侧电压回路断线时负载的影响

现场供电网络的开关柜上，一般都采用一只有功电能表和一只无功电能表的联合接线，如图 8-2（b）所示（电能表和功率表接线相同），分别将 12FU、13FU、14FU 拔下做断线实验，测值与上面实验比较。

三、一次侧断线时电压互感器组别的影响

除了 Vv 接法的电压互感器外，电力系统中常采用由三只单相电压互感器组成的 YNynd 接线，如图 8-3 所示（开口三角绕组与功率测量无关，图中未画出）。由于电压互感器一次侧中性点是接地的，而一次侧高压网络存在对地电容，即使是小电流接地系统，当互感器一次侧一相或两相断线时，良好相可通过互感器一次绕组的中性点 N 与对地电容 C 形成回路，并且由于互感器一次电流一般要比电容电流小得多，中性点不会有明显的位移。

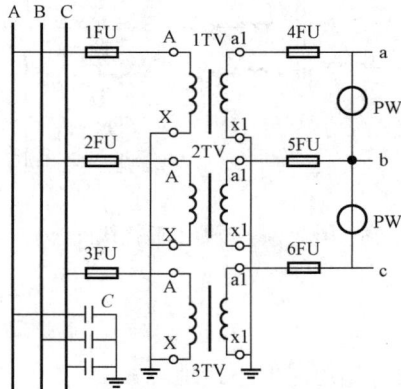

图 8-3　三只单相电压互感器的 YNynd 接线

实验时在互感器一次侧三相接上电容器模拟线路对地电容，分别将 9FU、10FU、11FU 拔下一只或两只，测值与上面实验比较。

四、两组学生可以互相设置些隐蔽的故障，学生根据测值分析查找故障

第九章 电力系统中性点接地方式实验

电力系统中性点接地方式分为中性点不接地、中性点经消弧线圈接地和中性点直接接地三种。其中，中性点不接地和经消弧线圈接地的电力系统称为小电流接地系统，中性点直接接地的电力系统称为大接地电流系统。

第一节 短路实验

短路实验的接线如图 9 - 1 所示。降压变压器两侧星形接线的中性点，接有接地开关 1QN，可以控制中性点的接地方式。注意各接地点应先连在一起再一点接地。

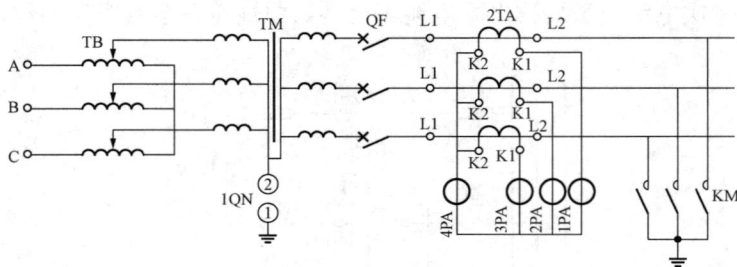

图 9 - 1 短路实验接线图

一、三相短路实验

（1）短路接触器 KM 外侧三相短路但不接地。

（2）调压器放在零位，加上交流电源后合上 QF 和 KM。

（3）合上 1QN 使变压器两侧中性点即直接接地，形成大接地电流系统。

（4）调节调压器输出电压，使短路电流达到仪表满刻度的 80% 左右，记录短路电流，调压器的位置做出标记。

（5）调压器位置不动，KM 外侧三相短路并接地，测量各电流值与上面实验比较，分析原因。

（6）调压器位置不动，跳开 KM 解除短路，然后断开 1QN 形成中性点不接地系统，再合上 KM 短路，记录短路电流。

二、两相短路实验

（1）断开电源后，将短路接触器 KM 外侧两相短路。

（2）重复上述 1QN 合上、1QN 断开两种中性点接地情况的实验。

三、两相短路接地实验

（1）断开电源后，将短路接触器 KM 外侧两相短路并接地（与 1QN-1 相连）。

（2）重复上述 1QN 合上、1QN 断开两种中性点接地情况的实验。

四、单相短路实验

（1）断开电源后，将短路接触器 KM 外侧短路线解开单相接地。

（2）重复上述 1QN 合上、1QN 断开两种中性点接地情况的实验。

将测量结果记录于表 9-1 中。

表 9-1　　　　　　　　　　　　短路实验记录　　　　　　　　　（单位：A）

短路类型	1QN 合				1QN 断			
	I_A	I_B	I_C	I_0	I_A	I_B	I_C	I_0
三相短路 $I_k^{(3)}$								
两相短路 $I_k^{(2)}$								
两相短路接地 $I_k^{(1,1)}$								
单相短路 $I_k^{(1)}$								

思考题与习题

1．分析接地方式对不同短路类型短路电流的影响。

2．在中性点直接接电时（1QN 合），由实验结果得各种类型短路电流与三相短路电流的比值（稳态）为

$$K_1 = \frac{I_k^{(1)}}{I_k^{(3)}} =$$

$$K_2 = \frac{I_k^{(2)}}{I_k^{(3)}} =$$

$$K_{1,1} = \frac{I_k^{(1,1)}}{I_k^{(3)}} =$$

与理论值进行比较。

第二节　小电流接地系统实验

一、实验接线图

小电流接地系统实验接线如图 9-2 所示。小电流接地系统包括中性点不接地系统和中性点通过消弧线圈接地系统两种方式，实验中通过开关 Qd 实现这两种方式自由转换。

外电源通过三单相变压器组隔离后自成 380V 的小电流接地系统，变压器不能采用上面

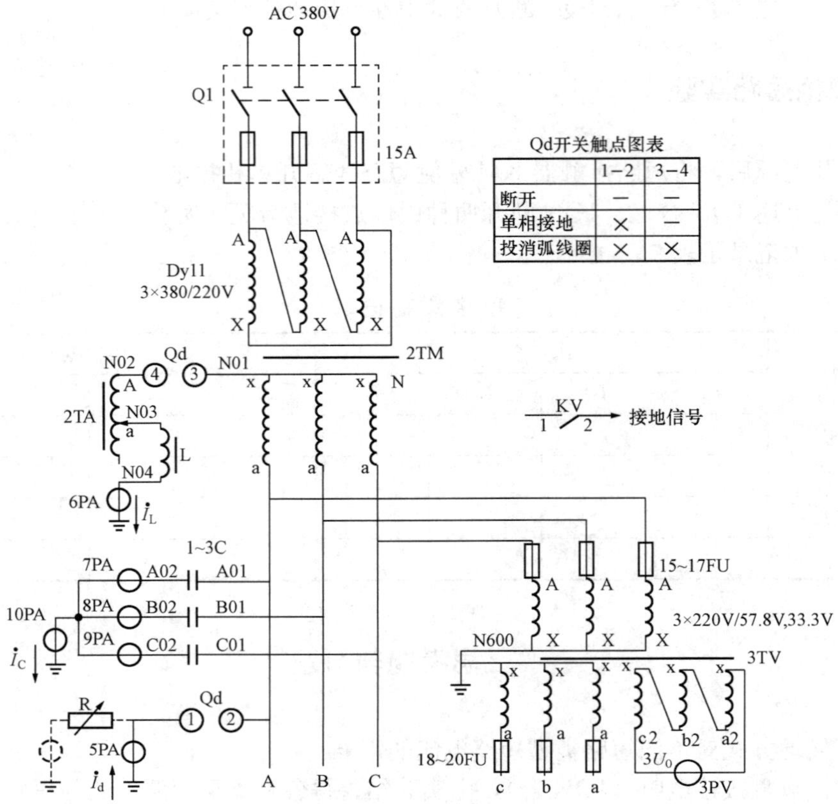

图 9-2 小电流接地系统实验接线

实验的 1TM，因为 1TM 二次侧电压很低。变压器一次侧可接成星形或三角形，二次侧必须接成星形。用电容器 1~3C 模拟系统的对地电容（每相用两只）。A 相通过接地开关 Qd 接地，可以实现单相接地或不接地，电压互感器 3TV 接成星形-星形-开口三角接线，由三个单相电压互感器构成，单相互感器的电压比为：$\dfrac{380}{\sqrt{3}}\Big/\dfrac{100}{\sqrt{3}}\Big/\dfrac{100}{3}\text{V}$，互感器一、二次星形中性点接地。注意各接地点应先连在一起再一点接地。

变压器中性点通过开关 Qd 接消弧线圈，在实验中 L 用一个单相调压器串联电抗器来代替，调压器输入端 A 接开关 Qd，输出端 a 接电抗器 L，可以调节电抗的大小。毫安电流表 5PA~10PA 用来测量相关回路的电流。实验接线设备的参考规格见表 9-2。

表 9-2　　　　　　　　　　　　　　实验接线设备的参考规格

符号	名　称	型号规格	单位	数量	备注
Q1	自动空气开关	DZ47，15A，3 极	台	1	前实验用
2TM	单相变压器组	BK-100，380、220/220V	台	3	一次抽头
3TV	电压互感器	JDG-0.5 改，$\dfrac{380}{\sqrt{3}}\Big/\dfrac{100}{\sqrt{3}}\Big/\dfrac{100}{3}\text{V}$	台	3	
1~3C	电容器	$1\mu\text{F}$，交流 630V	只	6	每相 2 只

符号	名　　称	型号规格	单位	数量	备注
Qd	转换开关	LW5D-16/1	只	1	
2TA	单相调压器	TSGC2-3kVA	台	1	代替消弧线圈
L	电抗器	BK-100 改	台	1	代替消弧线圈
5～10PA	交流电流表	96T1，500mA	只	6	
3PV	交流电压表	96T1，150V	只	1	

二、正常无故障实验

（1）合上三相交流电源，把 Qd 转换开关放在断开位置，模拟中性点不接地系统，用相序表检查实验系统是否确为正相序，然后用万用表测量并记录系统三个线电压（U_{AB}、U_{BC}、U_{CA}），三个相电压（U_{AN}、U_{BN}、U_{CNv}），三个相对地电压（U_{Ad}、U_{Bd}、U_{Cd}），分析各组电压之间的数量关系。

（2）测量变压器中性点对地电压 U_{Nd}，与理论分析值比较。

（3）分别测量三只电容器的电流 I_{ca}、I_{cb}、I_{cc}，与计算值进行比较（$I_{co}=U_c\omega C$）。

（4）测量三只电容器公共接地处的电流 I_c（10PA），对测量值进行分析。

（5）测量电压互感器二次侧三个线电压（U_{ab}、U_{bc}、U_{ca}），三个相对地电压（U_{ad}、U_{bd}、U_{cd}）。

（6）测量电压互感器二次侧开口三角各绕组电压（U_{a2}、U_{b2}、U_{c2}）和开口电压 $3U_o$，对测量值进行分析。

以上各测量值分别列入表 9-3～表 9-7 中。

表 9-3　　　　　　　　　　**线电压和相电压测量值**　　　　　　　　　（单位：V）

运行情况	U_{AB}	U_{BC}	U_{CA}	U_{AN}	U_{BN}	U_{CN}
正常运行						
A 相直接接地						
B 相直接接地						
C 相直接接地						
A 相直接接地（有消弧线圈）						

表 9-4　　　　　　　　　　**系统对地电压测量值**　　　　　　　　　（单位：V）

运行情况	U_{Ad}	U_{Bd}	U_{Cd}	U_{Nd}
正常运行				
A 相直接接地				
B 相直接接地				
C 相直接接地				
3TV 一次侧 A 相断				

运行情况	U_{Ad}	U_{Bd}	U_{Cd}	U_{Nd}
3TV 一次侧 A、B 断				
线路 A 相全断线（不接 3TV）				
线路 A 相部分断线（不接 3TV）				
线路两相全断线（不接 3TV）				
线路两相部分断线（不接 3TV）				
线路 A 相全断线（接 3TV）				
线路 A 相部分断线（接 3TV）				
A 相直接接地（有消弧线圈）				

表 9 - 5 　　　　　　　　电容电流和接地电流测量值　　　　　　　（单位：mA）

运行情况	I_{ca}	I_{cb}	I_{cc}	I_{c}	I_{d}	I_{L}
正常运行					—	—
A 相直接接地						—
B 相直接接地						—
C 相直接接地						—
A 相直接接地（有消弧线圈）						

表 9 - 6 　　　　　　　互感器星形绕组二次电压测量值　　　　　　（单位：V）

运行情况	U_{ab}	U_{bc}	U_{ca}	U_{ad}	U_{bd}	U_{cd}
正常运行						
A 相直接接地						
B 相直接接地						
C 相直接接地						
3TV 一次侧 A 相断						
3TV 一次侧 A、B 断						
线路 A 相全断线（接 3TV）						
线路 A 相部分断线（接 3TV）						

表 9 - 7 　　　　　　　互感器开口三角绕组二次电压测量值　　　　　（单位：V）

运行情况	U_{a2}	U_{b2}	U_{c2}	$3U_{o}$
正常运行				
A 相直接接地				
B 相直接接地				
C 相直接接地				
3TV 一次侧 A 相断				

续表

运行情况	U_{a2}	U_{b2}	U_{c2}	$3U_o$
3TV一次侧 A、B 断				
线路 A 相全断线（接 3TV）				
线路 A 相部分断线（接 3TV）				

三、单相接地实验

（1）合上接地开关 Qd 将 A 相直接接地。

（2）用万用表测量并记录系统三个线电压（U_{AB}、U_{BC}、U_{CA}），三个相电压（U_{AN}、U_{BN}、U_{CN}），与正常运行值比较是否有变化，分析单相接地时系统是否能继续运行。

（3）测量并记录系统三个相对地电压（U_{Ad}、U_{Bd}、U_{Cd}）和中性点对地电压 U_{Nd}，与正常运行值比较是否有变化，画出相量图分析各对地电压之间的数量和相位关系。

（4）分别测量并记录三只电容器的电流 I_{ca}、I_{cb}、I_{cc}，以及三只电容器公共接地处的电流 I_c 和接地处电流 I_d，与正常运行值比较，画出相量图分析各电流之间的数量和相位关系。

（5）测量并记录电压互感器二次侧三个线电压（U_{ab}、U_{bc}、U_{ca}），三个相对地电压（U_{ad}、U_{bd}、U_{cd}），与正常运行值比较，分析如何判明接地故障和接地相。

（6）测量电压互感器二次侧开口三角各绕组电压（U_{a2}、U_{b2}、U_{c2}）和开口电压 $3U_o$，与正常运行值比较，画出相量图分析开口三角各绕组对地电压之间的数量和相位关系。

（7）分别对 B、C 相直接接地，重复以上实验。

注：如果合上 Qd 时产生了铁磁谐振，断开 Qd 也不能消除，说明电压互感器励磁特性差，可在互感器开口三角绕组接一个电阻消除铁磁谐振。

四、单相接地与其他故障的鉴别

1. 电压互感器一次侧熔断器熔断

（1）A 相熔断器熔断：拉开 Qd，将电压互感器一次侧 A 相熔断器拔下，测量一次侧三个相对地电压（U_{Ad}、U_{Bd}、U_{Cd}）、变压器中性点对地电压 U_{Nd} 和互感器二次侧三个线电压（U_{ab}、U_{bc}、U_{ca}）、三个相对地电压（U_{ad}、U_{bd}、U_{cd}）、开口三角各绕组电压（U_{a2}、U_{b2}、U_{c2}）和开口电压 $3U_o$，记入表 9-7 中并与表中 A 相接地的测值比较，分析与单相接地故障的区别。

（2）A、B 相熔断器熔断：拉开 Qd，将电压互感器一次侧 A、B 相熔断器拔下，测量一次侧三个相对地电压（U_{Ad}、U_{Bd}、U_{Cd}）、变压器中性点对地电压 U_{Nd} 和互感器二次侧三个线电压（U_{ab}、U_{bc}、U_{Ca}）、三个相对地电压（U_{ad}、U_{bd}、U_{cd}）、开口三角各绕组电压（U_{a2}、U_{b2}、U_{c2}）和开口电压 $3U_o$，记入表 9-7 中并与表中 A 相接地的测值比较，分析与单相接地故障的区别。

2. 线路断线

线路断线实验分为两种情况。因为实际电力系统电压互感器的激励电抗比系统对地电容

的容抗大得多 $\left(\omega L \gg \dfrac{1}{\omega C}\right)$，可以认为电压互感器激励电抗为无限大的。一种实验是将电压互感器拆除，但这时不能通过电压互感器测到二次电压。另一种实验是接入电压互感器，观察互感器激励电抗的影响。

（1）不接电压互感器单相断线实验。

1）拔出互感器熔断器，将 A 相两只电容器都拆下，模拟线路 A 相在电源端全断线，测量一次侧三个相对地电压（U_{Ad}、U_{Bd}、U_{Cd}）、变压器中性点对地电压 U_{Nd}，记入表 9-4 中。

2）画出 A 相完全断线时的电压相量图，对实验结果进行分析，并与理论值比较。

3）将 A 相两只电容器拆下一只，模拟线路 A 相部分断线，测量一次侧三个相对地电压（U_{Ad}、U_{Bd}、U_{Cd}）、变压器中性点对地电压 U_{Nd}，记入表 9-4 中。

4）画出 A 相不完全断线时的电压相量图，对实验结果进行分析。

5）根据实验结果分析，说明断线相和非断线相对地电压的范围以及判别断线相的原则。

6）分析单相断线与单相接地故障（包括存在接地过渡电阻时）的区别。

（2）不接电压互感器两相断线实验。

1）拔出互感器熔断器，将 A、B 相两只电容器都拆下，模拟线路 A、B 相在电源端全断线，测量一次侧三个相对地电压（U_{Ad}、U_{Bd}、U_{Cd}）、变压器中性点对地电压 U_{Nd}，记入表 9-4 中。

2）画出 A、B 相完全断线时的电压相量图，对实验结果进行分析，并与理论值比较。

3）将 A、B 相两只电容器拆下一只，模拟线路 A、B 相同时部分断线，测量一次侧三个相对地电压（U_{Ad}、U_{Bd}、U_{Cd}）、变压器中性点对地电压 U_{Nd}，记入表 9-4 中。

4）画出 A、B 相不完全断线时的电压相量图，对实验结果进行分析。

5）根据实验结果分析，说明断线相和非断线相对地电压的范围以及判别断线相的原则。

6）分析两相断线与单相接地故障（包括存在接地过渡电阻时）的区别。

（3）接入电压互感器单相断线实验。

1）将互感器熔断器插上，将 A 相两只电容器都拆下，模拟线路 A 相完全断线，测量一次侧三个相对地电压（U_{Ad}、U_{Bd}、U_{Cd}）、变压器中性点对地电压 U_{Nd} 和互感器二次侧三个线电压（U_{ab}、U_{bc}、U_{ca}）、三个相对地电压（U_{ad}、U_{bd}、U_{cd}）、开口三角各绕组电压（U_{a2}、U_{b2}、U_{c2}）和开口电压 $3U_o$，记入表 9-4、表 9-6 和表 9-7 中。

2）实验测定电压互感器不同电压时的激励电抗。电压应加到线电压。

3）根据实验参数计算出系统中性点对地电压和各相对地电压（可参考第三章第八节），与实验值比较。

4）说明电压互感器激励电抗的影响。

也可以拆下一只电容器，做模拟线路 A 相不完全断线的实验。

思考题与习题

1. 什么是小电流接地系统？什么是大接地电流系统？

2. 电力系统中性点接地方式有哪几种？各有何优缺点？

3. 分析中性点不接地系统实验中正常运行和单相接地时电压、电流有哪些变化？

4. 结合相量图，分析电压互感器一次侧熔断器熔断、线路全断线和部分断线与单相接地故障的区别。

5. 分析实验中不接电压互感器和接入电压互感器激励电抗对系统的影响。

第三节　中性点通过消弧线圈接地系统实验

一、消弧线圈的补偿作用实验

（1）变压器组中性点通过开关 Qd 接入单相调压器的输入端（模拟可调的消弧线圈），如图 9-2 所示。注意调压器指针要先放到最大电压的位置（顺时针到头，即电抗值最大）。

（2）拆除电压互感器一次侧中性点的接地线，以消除互感器电抗对电容电流的补偿作用。

（3）将 Qd 扳向"消弧线圈"位置，合上三相电源后将调压器反时针方向调至某个位置以减小电抗值，使接地电流 I_d 有明显减少，测量并记录有关参数填入相关表中。特别要注意表 9-4 中接地电流 I_d、I_L 的变化，说明消弧线圈的补偿作用。

二、消弧线圈的补偿方式实验

（1）全补偿方式：合上三相电源后调节调压器，使 $I_L = I_c$。从理论上说，可以补偿到接地电流 $I_d = 0$，这是认为消弧线圈是纯电抗，现场的消弧线圈由于容量大、导线粗，电阻是很小的。但实验用的调压器容量小，电阻不能忽略，不能补偿到接地电流为零。根据实测时 I_c、I_L 值计算出 I_c 和 I_L 的相位差。

（2）由于消弧线圈电阻的影响，并不一定是 $I_L = I_c$ 时的接地电流最小，调节调压器使接地电流最小，记下测值 I_L、I_{dmin}、I_c 和调压器位置，与理论计算值比较。试思考有什么方法可以使 $I_d = 0$。

（3）欠补偿方式：调节调压器，使 $I_L < I_c$，记下测值 I_L、I_d、I_c 和调压器位置。

（4）过补偿方式：调节调压器，使 $I_L > I_c$，记下测值 I_L、I_d、I_c 和调压器位置。

将测量结果记于表 9-8 中。

说明几种补偿方式的特点，实际运行中应该采用哪一种补偿方式。

表 9-8　　　　　　　　　小电流接地系统实验记录　　　　　　　　　（单位：mA）

序号	改变电抗值	指针（V）	I_L	I_c	I_d	$I_L - I_c$	I_L、I_c 相位
1	全补偿 $I_L = I_c$						
2	I_{dmin}						—
3	欠补偿 $I_L < I_c$						
4	过补偿 $I_L > I_c$						—

（5）画出相量图，计算 I_L、I_c 之间的角度为多少？说明为什么达不到 180°？

思考题与习题

1. 简述消弧线圈的工作原理。

2. 简述消弧线圈的补偿方式有哪几种？实际应用采用哪种方式。

3. 简述中性点不接地系统、中性点经消弧线圈接地系统、中性点直接接地系统三种方式的优缺点。

第 四 节   综 合 性 实 验

一、接地过渡电阻的影响

1. 中性点不接地系统

（1）在接地开关 Qd 后通过一个可变电阻 R（电阻值 1～2kΩ，电流约为 1A）接地，如图 9-2 中虚线所示。由于实际电力系统电压互感器的激励电抗比线路对地电容的容抗大得多，一般认为激励电抗为无限大。但实验的系统并不是如此，为了更接近实际系统，实验时应将电压互感器 3TV 退出（拆下一次熔断器）。

（2）调节可变电阻以得到不同的过渡电阻值，测量并记录一次侧三个相对地电压（U_{Ad}、U_{Bd}、U_{Cd}）、中性点对地电压 U_{Nd}，列入表 9-9 中。要注意调节出一些特征点进行分析，如：

1）非接地相对地电压超过线电压的点；

2）一相对地电压升高，两相对地电压降低的点；

3）接地相对地电压不是最低的点。

表 9-9　　　　　　　　　　中性点不接地系统对地电压测量值　　　　　　　　（单位：V）

运行情况（电阻 Ω）	$U_{AN}=$_____ V	$U_{BN}=$_____ V	$U_{CN}=$_____ V	
	U_{Nd}	U_{Ad}	U_{Bd}	U_{Cd}
正常运行（$R=\infty$）				
A 相接地（$R=0$）				
A 相接地（$R=$　　）				
A 相接地（$R=$　　）				
A 相接地（$R=$　　）				
A 相接地（$R=$　　）				
A 相接地（$R=$　　）				
A 相接地（$R=$　　）				
A 相接地（$R=$　　）				
A 相接地（$R=$　　）				

（3）画出不同过渡电阻（用接地系数 K 表示）时，各相对地电压和中性点对地电压的

特性，分析不同过渡电阻对中性点对地电压和各相对地电压的影响。

$$K = \frac{U_{Nd}}{U_p}$$

式中　U_p——相电压。

（4）根据实验参数（R_d、C_0、U_A），计算出不同过渡电阻时，各相对地电压和中性点对地电压的特性，与实验结果的特性进行比较分析。

（5）从理论计算和实验结果分析接地相判别的规律。

2. 中性点经消弧线圈接地系统

变压器中性点接入消弧线圈，并调整为过补偿，重复上述实验和分析，将数据记录于表 9 - 10 中。

表 9 - 10　　　　　　　　　　**补偿系统对地电压测量值**　　　　　　　　（单位：V）

运行情况（电阻 Ω）	U_{Nd}	U_{Ad}	U_{Bd}	U_{Cd}
$U_{AN}=$_____ V　　$U_{BN}=$_____ V　　$U_{CN}=$_____ V				
正常运行（$R=\infty$）				
A 相接地（$R=0$）				
A 相接地（$R=$　　）				
A 相接地（$R=$　　）				
A 相接地（$R=$　　）				
A 相接地（$R=$　　）				
A 相接地（$R=$　　）				
A 相接地（$R=$　　）				
A 相接地（$R=$　　）				
A 相接地（$R=$　　）				

二、电压互感器铁磁谐振实验

电压互感器铁磁谐振是运行中常见的故障，易引起电压互感器损坏、互感器高压熔断器熔断和避雷器爆炸故障。学生应对此类故障有直接的体验。

1. 线路断线引起铁磁谐振的实验

按图 9 - 2 的接线进行实验时，将 A 相原接的两只电容断开，模拟线路在电源端完全断线，合上电源后测量各相对地电压及中性点对地电压等参数。测量项目与正常无故障实验相同，将各项数据与正常运行值对比，观察和分析电压互感器铁磁谐振时各量的变化。由于某些相的对地电压升高，电压互感器会饱和并发出异声并发热，因此实验完成后要及时断开电源。

另外，可以只断开 A 相一只电容做不完全断线实验，还可以断开两相电容做两相断线的实验。

在实验室进行铁磁谐振实验的方法简单易行，但在实际配电系统中，因同一电压系统有多条线路运行，一条线路在电源端完全断线，也不会使该相对地电容趋于零，因而实际系统因单纯断线产生铁磁谐振的概率不大。

2. 单相接地引起铁磁谐振的实验

特制的电压互感器一次绕组有抽头，在实验室进行此项实验时，为了产生铁磁谐振，将电压互感器一次绕组放到匝数较少的位置，使其在线电压下已相当饱和。在图 9-2 的接线中，将开关 Qd 扳向"单向接地"位置，使 A 相直接接地而引发铁磁谐振，观察和记录有关的数据。然后开关 Qd 扳向"断开"位置解除 A 相接地，此时铁磁谐振现象并未消失，观察和记录有关的数据进行对比分析。可知，原接地相对地电压较低，非接地相对地电压较高但不相等，中性点对地电压和电压互感器开口三角电压都较高，电压互感器发出异声。目前的低压电压互感器一般励磁特性都较差，单相直接接地就可能引发铁磁谐振，这时可不用有抽头的电压互感器。

由此可见，引发铁磁谐振的诱因往往是短暂的（如雷电干扰、瞬间接地、操作过电压等），但铁磁谐振的诱因消失后，铁磁谐振现象并没有解除，这对配电网的安全运行威胁很大。

3. 调节电压互感器电感引起铁磁谐振的实验

铁磁谐振产生的内因是电压互感器电感的非线性，在外加电压升高时电压互感器趋于饱和，但在实验室取得可调的高电压并不易实现也不大安全，故可设法在正常电压下调节电压互感器的电感进行模拟。为此在电压互感器一次绕组 A 相并联一台可调电感器，它由两台单相调压器串联而成。当电感调到最大时，电压互感器的等效电感基本不变；当电感调到最小时，电压互感器的等效电感为零，等于 A 相接地。

实验时调节电感器从最大值缓慢减小，注意观察电压互感器开口三角电压的变化情况，当突然开口三角电压跃升时（此时也会听到某相电压互感器发出异声），说明已发生铁磁谐振，观察和记录有关的数据进行分析。

这一实验方法易于实现，而且电感可连续调节，便于从容观察谐振前后的情况。

4. 铁磁谐振防止措施实验

以下的实验都是模拟线路 A 相在电源端完全断线，即将 A 相原接的两只电容断开，激发铁磁谐振，然后分别采取各种抑制铁磁谐振的措施。

（1）电压互感器开口三角绕组接电阻。在电压互感器开口三角绕组上并接 200W 的白炽灯泡，合上电源后测量记录各有关数据，观察分析这一措施对抑制铁磁谐振的作用和效果。然后将 200W 灯泡改为 100W，观察不同并接电阻值的抑制效果。

（2）电压互感器中性点接电阻。电压互感器一次侧中性点经 500Ω、200W 的电阻接地，合上电源后测量记录各有关数据，观察分析这一措施对抑制铁磁谐振的作用和效果。然后改为中性点经 1000、2000Ω 电阻接地，观察不同电阻值的抑制效果。注：可以用一只可调滑线电阻代替固定电阻。

（3）电压互感器中性点接零序互感器。将 TV 的开口三角形连接绕组短接，在高压侧中性点串接一台零序电压互感器一次绕组（可采用 TV 的一台单相 380/100V 互感器），除测量上述有关数据外，测量零序电压互感器二次侧电压。分析零序电压互感器对抑制铁磁谐振的作用。

（4）改善电压互感器的励磁特性。在上述单相接地引起铁磁谐振实验中，将能引起铁磁谐振的电压互感器绕组匝数较小的抽头，改接到匝数较多的抽头，重复上述实验步骤。这时铁磁谐振没有发生，当单相接地故障消失后，网络恢复正常运行。分析电压互感器的励磁特性对谐振的影响。如果没有带抽头的电压互感器，可将两只普通电压互感器串联，等于改善了电压互感器的励磁特性。

从实验数据综合分析以上各种措施对抑制铁磁谐振的作用和效果。

需要指出，电压互感器铁磁谐振这一技术课题内容很丰富，如将定量分析、数字仿真和实验研究结合起来，不但可以作为综合性创新性实验内容，还可以作为毕业设计的选题。

三、故障选线实验

实验装置上设置 3 条线路，故障选线实验接线如图 9-3 所示，令 WL-1 线路的 C 相接地，可以进行以下实验：

(1) 零序电流比幅法。

(2) 零序电流比相法。

(3) 零序电流比辐比相法。

(4) 将 WL-1 线路的一相电流互感器二次侧的极性对调，观察选线装置的工作情况。

(5) 通过不同数值的过渡电阻接地，观察选线装置的工作情况。

(6) 解除 WL-1 线路的 C 相接地，改由母线单相接地，观察选线装置的工作情况。

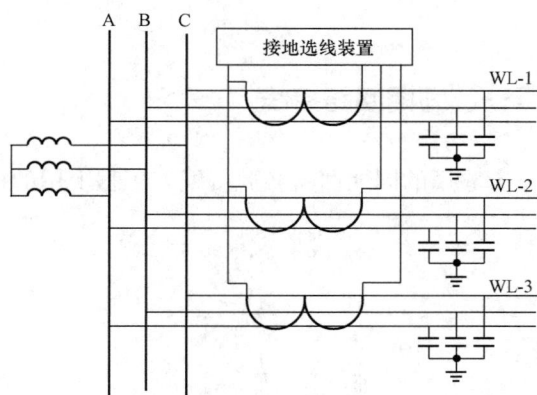

图 9-3　故障选线实验接线

思考题与习题

1. 什么是铁磁谐振？分析电压互感器铁磁谐振的危害。

2. 分析铁磁谐振产生的原因？

3. 简述防止铁磁谐振的几种措施。

第十章 同期系统实验

同期并列是电力系统重要并经常进行的操作，学生已在电机学实验中做过发电机同期实验，本次实验着重于掌握同期接线正确性的检查方法，提高分析解决工程实际问题的能力。

第一节 同期回路正确接线的实验

一、同期回路接线

实验用的同期回路实验接线与工程上用的接线有所不同，如图 10-1 所示。

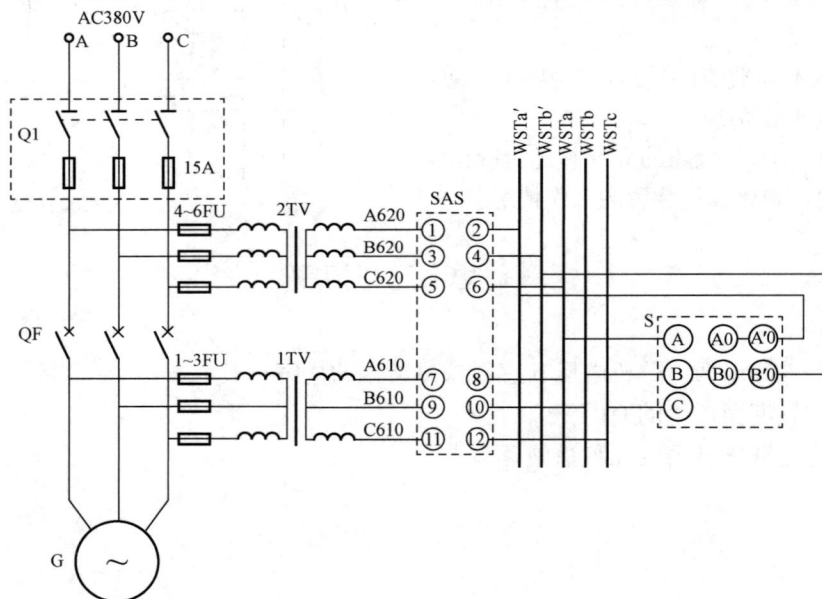

图 10-1 同期回路实验接线图

一次回路由交流 380V 通过开关 Q1 供电，断路器 QF 两侧分别接电压互感器 1TV 和 2TV，以便检测同期点两侧的电压。前者为 Vv 接线，后者为 Yy 接线（开口三角未画出），均由单相互感器组成。电压互感器二次电压通过同期开关 SAS（如 LW5-15.P0946/3 型）接至同期小母线，三相组合式同期表 S（MZ-10 型）各端钮直接接至相应的同期小母线。工程上一般把两电压互感器二次侧的 B 相连起来作为公共点接地，且不经过同期开关（见图 3-64），这里为了实验设置错误接线的方便，两电压互感器二次侧的 B 相分别通过 SAS 后再在同期表处连起来。

　　如果有发电机组，接线就可以实现手动准同期并列，但工程实践训练的组数很多，每组配一台发电机是难以做到的。本实验的目的在于用系统倒送电的方法，检查同期接线是否正确，以提高学生的分析能力，所以可以不配发电机组。

二、正确接线时的通电实验

　　在工程上，机组新安装或同期回路检修后，除认真核对接线外，必须对同期回路进行通电检查，以确保同期接线的正确无误。

　　（1）如接有发电机应将发电机出口接线拆开，认真检查接线无误后，合上交流电源开关Q1 送电。

　　（2）用万用表测量 2TV 二次侧三相电压是否平衡，数值应为 100V 左右。如测量值不对，应查明原因并改正。

　　（3）用相序表测量三相电源应为正相序。

　　（4）合上断路器 QF，用万用表测量 1TV 二次侧三相电压是否平衡，数值应为 100V 左右。

　　（5）合上同期开关 SAS，同期表 S 上的 ΔU 和 Δf 应指零位，同期表的指针亦应指在零位（指针垂直向上），如果不对，应查明原因并改正。

　　（6）测量并记录同期表各端钮间的电压，对测量值进行分析。

　　将正确接线时的电压测量结果记录于表 10 - 1 中。

表 10 - 1　　　　　　　　　　　正 确 接 线 时 的 电 压　　　　　　　　　　（单位：V）

	U_{AB}	U_{BC}	U_{CA}	U_{A0B0}	U_{AA0}	U_{CA0}
正确接线						

第二节　同期回路错误接线的实验

　　同期回路接线错误不被发现，进行同期并列时将产生严重的非同期故障。因此，要通电试验测量有关数据，并分析各种错误接线的特征，以便判断和改正。

一、同期表发电机电压线错误

　　1. 同期表 A、B 接线对调

　　（1）断开开关 SAS 后，将同期表正确接线时的 A 端钮线与 B 端钮线对调。

　　（2）合上开关 SAS，观察并记录同期表指针与零位的电角度 δ 和 ΔU、Δf 指针的位置。

　　（3）测量并记录同期表各端钮间的电压。

　　（4）画出电压三角形对测量数据进行分析（参考第三章第九节相关内容）。

　　2. 同期表 A、B、C 顺序对调

　　（1）断开开关 SAS 后，将同期表正确接线时的 A 端钮线接至 B 端钮，B 端钮线接至 C 端钮，C 端钮线接至 A 端钮。

（2）合上开关 SAS，观察并记录同期表指针与零位的电角度 δ 和 ΔU、Δf 指针的位置。

（3）测量并记录同期表各端钮间的电压。实验完后恢复正确接线。

（4）画出电压三角形对测量数据进行分析（参考第三章第九节相关内容）。

二、同期表系统侧电压线错误

1. 同期表 A0、B0 接线对调

（1）断开开关 SAS 后，将同期表正确接线时的 A0 端钮线与 B0 端钮线对调。

（2）合上开关 SAS，观察并记录同期表指针与零位的电角度 δ 和 ΔU、Δf 指针的位置。

（3）测量并记录同期表各端钮间的电压。实验完后恢复正确接线。

（4）画出电压三角形对测量数据进行分析。

2. 同期表 A0 接系统 C 相电压

（1）断开开关 SAS 后，将同期表正确接线时的 A0 端钮线拆除，换上系统的 C 相电压线。

（2）合上开关 SAS，观察并记录同期表指针与零位的电角度 δ 和 ΔU、Δf 指针的位置。

（3）测量并记录同期表各端钮间的电压。实验完后恢复正确接线。

（4）画出电压三角形对测量数据进行分析。

三、同期表发电机侧和系统侧电压线都错误

这是一种复合错误接线。

（1）断开开关 SAS 后，将同期表 A、B、C 端钮线顺序对调，同时将 A0、B0 端钮线也对调。

（2）合上开关 SAS，观察并记录同期表指针与零位的电角度 δ 和 ΔU、Δf 指针的位置。

（3）测量并记录同期表各端钮间的电压。实验完后恢复正确接线。

（4）画出电压三角形对测量数据进行分析。

复合错误还有多种，教师或学生可以自行设置实验。

四、电压互感器极性接反

（1）拉开开关 Q1 断电后，将 2TV 二次侧星形接法的三个"a"端连起来作中性点，三个"x"端作引出。

（2）合上开关 Q1 和 SAS，观察并记录同期表指针与零位的电角度 δ 和 ΔU、Δf 指针的位置。

（3）测量并记录同期表各端钮间的电压。实验完后恢复正确接线。

（4）画出电压三角形对测量数据进行分析。

五、电压互感器二次断线

（1）拉开开关 Q1 断电后，将 1TV 二次侧 A 相熔断器 1FU 拆下。

（2）合上开关 Q1，观察并记录同期表指针与零位的电角度 δ 和 ΔU、Δf 指针的位置。

（3）测量并记录同期表各端钮间的电压。实验完后恢复正确接线。

（4）对测量数据进行分析。

将同期回路各种接线时的情况测量结果记录于表 10 - 2 中。

再分别拆开 2FU～6FU，重复上述实验步骤。

说明：

（1）可以认为发电机 $\dot{U}_{\text{abg}}$ 电压矢量固定在同期表的零位上，系统 $\dot{U}_{\text{abs}}$ 电压矢量固定在同期表的指针上，两者的夹角就是两个电压的相位差。

（2）同期表 A、B、C 端接入电压为反相序时，指针指示落后实际应为超前。同时，由于三相同期表内部接线的关系，在反相序时同期表的指针位置是不准确的。

表 10 - 2 　　　　　　　　　　同期回路各种接线时的情况

序号	接线情况	U_{AA0}（V）	U_{CA0}（V）	δ（°）	ΔU	Δf
1	正确接线					
2	A、B 接线对调					
3	A、B、C 顺序对调					
4	A0、B0 接线对调					
5	A0 接系统 C 相电压					
6	3、4 项同时存在					
7	2TV 极性接反					
8	1FU 熔断					
9	2FU 熔断					
10	3FU 熔断					
11	4FU 熔断					
12	5FU 熔断					
13	6FU 熔断					
14						
15						
16						

注　1. δ 为同期表指针与零位的角度，超前可记为"＋"，落后记为"－"。

　　2. ΔU 和 Δf 指针指零时记为"0"，不指零时可记"正偏""反偏"。

　　3. 空格可选做其他错误接线。

六、根据给出数据分析错误接线

在生产现场检查同期接线时，先是发现测量数据与正确接线时不符，确认存在错误接线；然后进行分析，找出错误接线所在。下面给出几组错误接线时给定的电压，见表 10 - 3。由学生进行分析找出错误接线，然后可以进行实验验证。

同期回路的错误接线是多种多样的，以上只是分析了几个典型例子，目的是使学生掌握分析的方法，提高分析解决工程实际问题的能力，这样对具体的错误接线就能进行正确的分析。

表 10 - 3　　　　　　　　　　　　错误接线时给定的电压　　　　　　　　　　　　（单位：V）

序号	U_{AB}	U_{BC}	U_{CA}	U_{A0B0}	U_{AA0}	U_{CA0}	错误接线情况
1	100	100	100	100	173	100	
2	100	100	100	100	100	173	
3	100	100	100	100	173	200	

注　同一组数据可能有不止一种错误接线。

思考题与习题

1. 简述发电机同期有哪几种方式。同期并列条件是什么？

2. 将发电机定子的任两根相线对调使之成为反相序，分析是否能够并网。

3. 将发电机定子的三根相线顺序调相（即 A→B→C→A）但相序不变，分析是否能够并网。说明相序和相别的区别。

4. 比较同期表正常接线和系统电压反向、电压互感器极性接反、电压互感器二次断线等错误接线的相量图，分析同期表两侧对应电压相量 $\dot{U}_{AB}$ 和 $\dot{U}_{A0B0}$ 相位差变化情况。

5. 结合同期表两侧电压互感器相量图，总结同期表接线的规律。

附录 A 文字符号、图形符号、回路标号

一、常用的文字符号

现在将发电厂变电站电气接线图常用的文字符号列出，以便于查阅。

1. 电气一次设备常用的文字符号（见附表 A-1）

附表 A-1　　　　　　　　电气一次设备常用基本文字符号

名　称	新符号		名　称	新符号		名　称	新符号	
	单字母	双字母		单字母	双字母		单字母	双字母
直流发电机	G	GD	转子绕组	W	WR	变流器	U	
交流发电机	G	GA	励磁绕组	W	WE	逆变器	U	
同步发电机	G	GS	控制绕组	W	WC	变频器	U	
异步发电机	G	GA	电力变压器	T	TM	断路器	Q	QF
水轮发电机	G	GH	控制变压器	T	TC	隔离开关	Q	QS
励磁机	G	GE	升压变压器	T	TU	自动开关	Q	QA
直流电动机	M	MD	降压变压器	T	TD	转换开关	Q	QC
交流电动机	M	MA	自耦变压器	T	TA	刀开关	Q	QK
同步电动机	M	MS	整流变压器	T	TR	控制开关	S	SA
异步电动机	M	MA	稳压器	T	TS	行程开关	S	SQ
笼型电动机	M	MC	电流互感器	T	TA	限位开关	S	SL
电枢绕组	W	WA	电压互感器	T	TV	终点开关	S	SE
定子绕组	W	WS	整流器	U		按钮开关	S	SB
接触器	K	KM	电感器	L		熔断器	F	FU
制动电磁铁	Y	YB	电抗器	L		蓄电池	G	GB
电阻器	R		感应线圈	L		调节器	A	
电位器	R	RP	电线	W		压力变换器	B	BP
启动电阻器	R	RS	电缆	W		位置变换器	B	BQ
制动电阻器	R	RB	母线	W	WB	温度变换器	B	BT
频敏电阻器	R	RF	避雷器	F		速度变换器	B	BV
附加电阻	R	RA	照明灯	E	EL	测速发电机	B	BR
电容器	C		指示灯	H	HL	接线柱	X	

2. 电气二次回路常用的文字符号（见附表 A-2）

附表 A-2　　　　　　　　电气二次回路中常用的文字符号

名称	新	旧	名称	新	旧
电抗变压器	TCL	DKB	跳闸线圈	Yoff；LTR	TQ

名称	新	旧	名称	新	旧
电流变换器	TCA	LB	控制开关	SAC；SA	KK
电压变换器	TCV	YB	电源控制开关	SA	K
脉冲变压器	Timp		选择（切换）开关	SAH	ZK
转角变压器	TR	ZB	测量切换开关	SAM	CK
分流器	RW	FL	信号切换开关	SACS	XK
连接片	XB	LP	同期开关	SAS	TK
切换片	XBC	QP	闭锁开关	SAL	BK
红灯	HR	HD	同期表计切换开关	SASC	QK
绿灯	HG	LD	试灯开关	SAT	XZK
白灯	HW	BD	复归按钮	SBR；SB_{RE}	FA
自动准同期装置	ASA	ZZQ	跳闸按钮	SBT	TA
备用电源自动投入装置	AATS；RSAD	BZT	音响解除按钮	SB_{AR}	YJA
自动重合闸装置	ARE；AAR	ZCH	紧急停机按钮	SB_{ES}	JTA
快速熔断器	FUhs	RDS	停止按钮	SB_{SS}	TA
合闸接触器	KMC	HC	启动按钮	SB_{ST}	QA；QAN
合闸线圈	Yon；LCL	HQ	试验按钮	SB_{TE}	SA；SAN

3. 继电器的文字符号（见附表 A-3）

附表 A-3　　　　　　　　　继电器的文字符号

继电器名称	新符号	旧符号	继电器名称	新符号	旧符号
继电器	K	J	跳闸位置继电器	KTP	TWJ
电流继电器	KA	LJ	机组开机继电器	KST	JQJ
过电流继电器	KAO	LJ	机组停机继电器	KSP	TQJ
欠电流继电器	KAU	LJ	同步检查继电器	KSY	TJJ
电压继电器	KV	YJ	跳跃闭锁继电器	KJL	TBJ
过电压继电器	KVO	YJ	闭锁继电器	KLA	BSJ
欠电压继电器	KVU	YJ	加速继电器	KAC	JSJ
时间继电器	KT	SJ	电压中间继电器	KRE	YZJ
差动继电器	KD	CJ	故障信号中间继电器	KCA	SXJ
功率继电器	KP	GJ	预告信号中间继电器	KCS	YXJ
负序功率继电器	KPH		差动断线监视继电器	KDL	CJJ
零序功率继电器	KPZ		转子接地继电器	KLZ	ZLJ
逆功率继电器	KPP		信号继电器	KS	XJ
逆电流继电器	KAH	NLJ	冲击继电器	KAI	XMJ
频率继电器	KF	PJ	保护出口继电器	KOU	BCJ
差频继电器	KFD	CPJ	闪光继电器	KVL	SGJ
低频率继电器	KFU		隔离开关位置继电器	QSKP	GWJ
过频率继电器	KFO		切换继电器	KCW	QJ
零序电流继电器	KAZ	LLJ	电压切换继电器	KCWV	YQJ
零序电压继电器	KVP	ZYJ	绝缘监视继电器	KVI	

继电器名称	新符号	旧符号	继电器名称	新符号	旧符号
零序功率方向继电器	KZP	LGJ	手动合闸继电器	KCRM	SHJ
负序电压继电器	KVN	FYJ	手动跳闸继电器	KTPM	STJ
负序电流继电器	KAN	FLJ	闭锁继电器	KCB	BSJ
过励磁继电器	KEO		复归继电器	KPE	FJ
欠励磁继电器	KEU		电压监视继电器	KVS	JJ
母线差动继电器	KDB		重合闸后加速继电器	KCP	JSJ
阻抗继电器	KI	ZKJ	极化继电器	KPZ	
防跳继电器	KJL	TBJ	气体继电器	KG	WST
合闸继电器	KON	HJ	温度继电器	KTP	WJ
合闸位置继电器	KCP	HWJ	压力监视继电器	KVP	YJJ
跳闸继电器	KTR	TJ	热继电器	KR	RJ

二、图形符号

　　二次回路常用电气图形符号及其新旧对照见附表 A-4。在表中，将新旧文字符号也一并标上，以便于对照。

　　附表 A-5 为常用继电器的图形符号及其新旧对照，一般用于集中式二次原理图，并将新旧文字符号也一并标上。

　　附表 A-6 为常用继电器线圈的图形符号，一般用于展开式二次原理图，继电器线圈的图形符号新标准与旧标准基本上是相同的。

　　附表 A-7 为常用继电器触点的图形符号及其新旧对照表。

　　顺便指出，二次设备屏柜的屏后接线图中，也需要画出设备的图形，图形符号要标出设备的内部接线及接线柱号，见附录 B。

附表 A-4　　　　　　二次回路常用电气图形符号和文字符号新旧对照表

名　称		新标准		旧标准	
		图形符号	文字符号	图形符号	文字符号
控制器或操作开关		与右边符号相同	SA		ZK
按钮	启动按钮		SB$_{ST}$		QA
	停止按钮		SR$_{SS}$		TA
	复合按钮		SB		A；AN

名　称		新标准		旧标准	
		图形符号	文字符号	图形符号	文字符号
接触器	线圈		KM		C
	动合触点		KM		C
	动断触点		KM		C
	带灭弧装置的动合触点		KM		C
	带灭弧的动断触点		KM		C
熔断器			FU		TD；RM
信号（指示）灯			HL（PL）		ZSD
单相电压互感器		或	TV	或	YH
电流互感器		或	TA	或	LH
电感器（线圈）带铁芯的电感器铁芯有间隙的电感器			L	L	L
接地一般符号			E		
开关一般符号		或	Q		K

名　称		新标准		旧标准	
		图形符号	文字符号	图形符号	文字符号
指示仪表（举例）	电压表	Ⓥ	PV	Ⓥ	V
	功率表	Ⓦ	PW	Ⓦ	W
记录式功率表		W	PW		
积算仪表；电能表		Wh	PWh		
光字牌（单或双）		⊗ 或 ⊗⊗	H	⊗ 或 ⊗⊗	GP
电铃（警铃）			HAB（EB；PB）	或	DL；JL
电喇叭（电笛）			HAL（EW）	或	DD

附表 A-5 **常用继电器的表示符号**

继电器名称	图形符号		文字符号	
	新	旧	新	旧
继电器一般表示	□		K	J
电流继电器	I	I	KA	LJ
过电流继电器	$I<$	$I<$	KOA	GLJ
电压继电器	U	U	kV	YJ
欠电压继电器	$U<$	$U<$	KUV	DYJ
过电压继电器	$U>$	$U>$	KOV	GYJ

继电器名称	图形符号		文字符号	
	新	旧	新	旧
时间继电器（定时限）			KT	SJ
中间继电器 出口继电器			KC KOU	ZJ BCJ
信号继电器			KS	XJ
气体继电器 （瓦斯继电器）			KG	WST
差动继电器	I_d	$I\text{-}I$	KD	CJ

附表 A - 6　　　　　　　　　　继电器线圈的表示符号

序号	说　明	图　形　符　号
1	继电器线圈的一般符号	
2	当需要指出继电器为双线圈时	
3	继电器有几个线圈时	
4	几个线圈的继电器的电流线圈	
5	继电器的交流线圈	
6	继电器的电流线圈	
7	继电器的电压线圈	

序 号	说 明	图 形 符 号
8	缓慢释放（缓放）线圈	
9	缓慢吸合（缓吸）线圈	
10	缓吸和缓放的线圈	
11	快速继电器（快吸和快放）的线圈	
12	机械（或电气）保持继电器的线圈	
13	热继电器的驱动器件	

附表 A‑7　　　　　　常用继电器触点的表示符号

序号	名　称	图 形 符 号	
		新符号	旧符号
1	动合触点（常开触点）		
2	动断触点（常闭触点）		
3	先断后合的转换触点		
4	中间断开的双向触点		
5	延时闭合的动合（常开）触点		
6	延时闭合的动断（带闭）触点		
7	延时断开的动合（带开）触点		
8	延时短开的动断（带闭）触点		
9	具有手动复归的机械（或电器）保持的动合（常开）触点	或	

三、回路标号

1. 交流二次回路数字标号（见附表 A-8）

附表 A-8　　　　　　　　交流二次回路数字标号

回路名称		文字符号或电压等级	二次回路标号				
			A (U、L1) 相	B (V、L2) 相	C (W、L3) 相	中性线 N	零线 L (Z)
电流回路	保护及表计	TA	A401～A409	B401～B409	C401～C409	N401～N409	L401～L409
		1TA	A411～A419	B411～B419	C411～C419	N411～N419	L411～L419
		2TA	A421～A429	B421～B429	C421～C429	N421～N429	L421～L429
		…	…	…	…	…	…
		9TA	A491～A499	B491～B499	C491～C499	N491～N499	L491～L499
		10TA	A501～A509	B501～B509	C501～C509	N501～N509	L501～L509
		…	…	…	…	…	…
		19TA	A591～A599	B591～B599	C591～C599	N591～N599	L591～L599
	母线保护	500kV	A350	B350	C350	N350	
		220kV	A320	B320	C320	N320	
		110kV	A310	B310	C310	N310	
		35kV	A330	B330	C330	N330	
		6～10kV	A360	B360	C360	N360	
电压回路	保护及表计	TV	A601～A609	B601～B609	C601～C609	N601～N609	L601～L609
		1TV	A611～A619	B611～B619	C611～C619	N611～N619	L611～L619
		2TV	A621～A629	B621～B629	C621～C629	N621～N629	L621～L629
		…	…	…	…	…	…
	隔离开关辅助触点后	500kV	A (B、C、N、L) 750～759				
		220kV	A (B、C、N、L) 720～729				
		110kV	A (B、C、N、L) 710～719				
		35kV	A (B、C、N、L) 730～739				
		6～10kV	A (B、C、N、L) 760～769				
	绝缘监视电压		A700、B700、C700、N700				

2. 直流二次回路数字标号（见附表 A-9）

附表 A-9　　　　　　　　直流二次回路数字标号

回路名称	二次回路标号			
	一	二	三	四
正电源回路	1	101	201	301

回 路 名 称	二次回路标号			
	一	二	三	四
负电源回路	2	102	202	302
合闸回路	3～31	103～131	203～231	303～331
红灯或合闸回路监视继电器回路	5	105	205	305
跳闸回路	33～49	133～149	233～249	333～349
绿灯或跳闸回路监视继电器回路	35	135	235	335
备用电源自动合闸回路	50～69	150～169	250～269	350～369
开关设备的位置信号回路	70～89	170～189	270～289	370～389
故障跳闸音响信号回路	90～99	190～199	290～299	390～399
保护回路	01～099			
机组自动控制回路	401～599			
发电机励磁回路	601～699			
信号及其他回路	701～999			
信号回路"＋"电源＋WS	701、703、705			
信号回路"－"电源－WS	702、704、706			
故障跳闸信号小母线 WFA	707、708			
预告信号小母线 WAS	709、710、711、712			
掉牌未复归小母线 WSR	716			

3. 小母线的文字符号和标号

二次回路装设小母线，可以使回路接线方便且清晰，并提高运行的可靠性。小母线的文字符号和标号见附表 A-10。

附表 A-10 小母线的文字符号和标号

小母线名称		文字符号		数字标号
		新符号	旧符号	
直流控制和信号的电源及辅助小母线				
控制回路电源小母线		＋WC －WC	＋KM －KM	101，201，301 102，202，302
信号回路电源小母线		＋WS，－WS	＋XM，－XM	701，702
故障音响信号小母线		WFA	SYM	708
预告音响信号小母线	瞬时动作信号	1WAS，2WAS	1YBM，2YBM	709，710
	延时动作信号	3WAS，4WAS	3YBM，4YBM	711，712

续表

小母线名称		文字符号		数字标号
		新符号	旧符号	
准同期合闸脉冲闭锁小母线		1WSC，2WSC 3WSC	1THM，2THM 3THM	721，722 723
合闸小母线		＋Won，－Won	＋HM，－HM	
闪光小母线		（＋）WFL	（＋）SM	100
灯光小母线		＋WLS，－WLS	＋DM，－DM	725，726
信号未复归小母线		（＋）YMS， WSR	FM PM	703 716
隔离开关操作闭锁小母线		WQSL	GBM	880
旁路闭锁小母线		WPB	PHM	881
配电装置信号小母线		WAS	XPM	701
厂用电源辅助小母线		WAUX	＋CFM，－CFM	
指挥信号小母线		WCS	ZYM	715
自动调频小母线		1WADJ，2WADJ	1TZM，2TZM	717，718
自动调压小母线		3WADJ，4WADJ	1TYM，2TYM	1717，1718
交流电压、同期和电压小母线				
同期小母线	待并系统	WST，WVC	TQMa，TQMc	A610，C610
	运行系统	WOS，WOC	TQMa′，TQMc′	A620，C620
第一组同期母线的电压小母线		1WVBa，1WVBb 1WVBc，1WVBL	1YMa，1YMb， 1YMc，1YML	A630，B630（B600） C630，L630
第二组同期母线的电压小母线		2WVBa，2WVBb 2WVBc，2WVBL	2YMa，2YMb 2YMc，1YML	A640，B640（B600） C640，L640
转角变压器辅助小母线		WTAa，WTAb WTAc	ZYMa，ZYMb ZYMc	A790，B790（B600） C790

附录 B 电气设备技术数据

一、DL-30 系列电流继电器

附表 B-1　　　　　　　　　DL-30 系列电流继电器技术数据

整定范围（A）	线圈串联		线圈并联		最小定值时功率消耗（VA）	返回系数	动作时间（s）	触点断开容量
	动作电流（A）	热稳定电流（A）	动作电流（A）	热稳定电流（A）				
0.012 5～0.05	0.012 5～0.025	0.08	0.025～0.05	0.16	0.4			
0.05～0.2	0.055～0.1	0.3	0.1～0.2	0.6	0.55			
0.15～0.6	0.15～0.3	1	0.3～0.6	2	0.55			
0.5～2	0.5～1	4	1～2	8	0.55	不小于0.8	1.2Ij 不大于 0.15s，3Ij 时不大于 0.03s	＜250V 和＜2A 直流为 50W，交流为 250VA
1.5～6	1.5～3	10	3～6	20	0.55			
2.5～10	2.5～5	10	5～10	20	0.8			
5～20	5～20	15	5～20	30	0.8			
12.5～50	12.5～25	20	25～50	40	0.8			
25～100	25～50	20	50～100	40	6			
50～200	50～100	20	100～200	40	20			

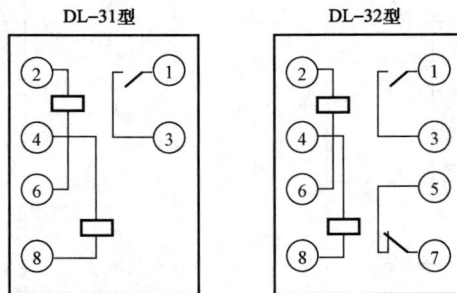

附图 B-1　DL-30 系列电流继电器内部接线图（背视）

二、DS-30型时间继电器

附表 B - 2 　　　　　　　　　DS-30型时间继电器技术数据

型号	延时（s）	滑动触点	额定电压（V）		动作电压（V）	返回电压（V）	工作方式
			直流	交流			
DS-31	0.125～1.25		220 110 48 24		不大于75% 额定电压	不小于5% 额定电压	短期
DS-31/2		+					
DS-32	0.5～5						
DS-32/2		+					
DS-33	1～10						
DS-33/2		+					
DS-34	2～20						
DS-34/2		+					
DS-31C	0.125～1.25						长期
DS-31C/2		+					
DS-32C	0.5～5						
DS-32C/2		+					
DS-33C	1～10						
DS-33C/2		+					
DS-34C	2～20						
DS-34C/2		+					
DS-35	0.125～1.25			220 127 110 100			短期
DS-35/2		+					
DS-36	0.5～5						
DS-36/2		+					
DS-37	1～10						
DS-37/2		+					
DS-38	2～20						
DS-38/2		+					
DS-35C	0.125～1.25						长期
DS-35C/2		+					
DS-36C	0.5～5						
DS-36C/2		+					
DS-37C	1～10						
DS-37C/2		+					
DS-38C	2～20						
DS-38C/2		+					

附表 B-3　　　　　　　　　　DS-30 型时间继电器线圈直流电阻

电源种类	工作情况	额定电压（V）	电阻（Ω）	电源种类	工作情况	额定电压（V）	电阻（Ω）
直流	短时通电	220	2200	直流	短时通电	220	2200
		110	580			127	850
		48	110			110	580
		24	24			100	530
	长期通电	220	780		长期通电	220	780
		110	165			127	195
		48	35			110	165
		24	8.5			100	150

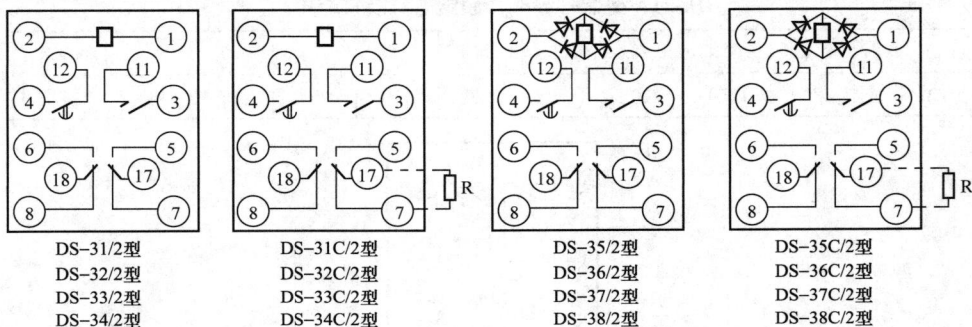

DS-31/2型
DS-32/2型
DS-33/2型
DS-34/2型

DS-31C/2型
DS-32C/2型
DS-33C/2型
DS-34C/2型

DS-35/2型
DS-36/2型
DS-37/2型
DS-38/2型

DS-35C/2型
DS-36C/2型
DS-37C/2型
DS-38C/2型

附图 B-2　DS-30 型时间继电器内部接线图（背视）

三、DZ-200 系列中间继电器

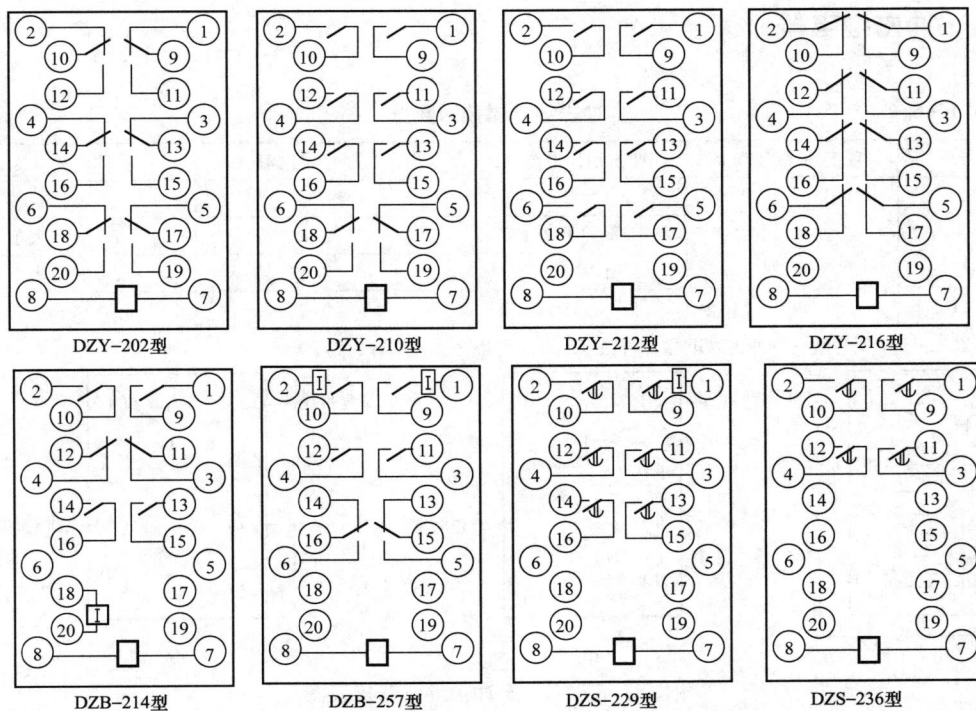

DZY-202型　　DZY-210型　　DZY-212型　　DZY-216型

DZB-214型　　DZB-257型　　DZS-229型　　DZS-236型

附图 B-3　DZ-200 系列中间继电器内部接线图（背视）

附表 B-4 　　　　　　DZ-200 系列中间继电器电压线圈直流电阻（Ω）

型号	额定电压（V）				
	24	48	110	220	380
DZY-200	125	500	2800	10 300	32 000
DZB-210，220，250	125	500	2800	10 300	
DZS-200	170	700	3000	12 000	

四、DX-31A 型信号继电器

附表 B-5 　　　　　　DX-31A 型信号继电器额定电流及直流电阻

额定电流值（A）	0.01	0.015	0.02	0.025	0.04	0.05	0.075	0.08	0.1	0.2	0.25
电阻（Ω）	2800	1250	700	450	170	110	50	45	28	7	4.5

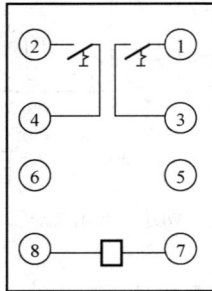

附图 B-4 　DX-31A 型信号继电器内部接线图（背视）

五、冲击继电器

附表 B-6 　　　　　　冲击继电器技术数据

型号	额定值 DC（V）	冲击动作电流（A）	最大长期稳定电流（A）	功率消耗（W）
JC-2		0.1	2	2A 时为 4
JC-3	220，110	不大于 0.135	2.7	2.7A 时不大于 8
ZC-23	48，24	不大于 0.16	3.2	3.7A 时不大于 7
ZC-24H/1		0.015	0.6	23

注　ZC-24H/1 型为微电流冲击继电器，可用于 AD11 型半导体光字牌回路。

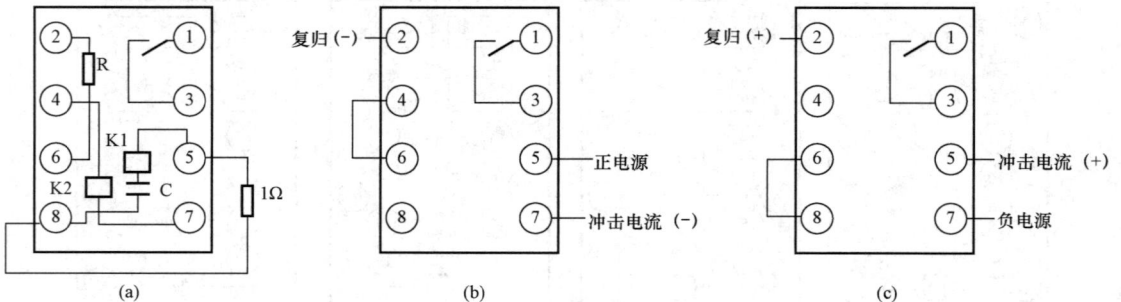

附图 B-5 　JC-2 型冲击继电器接线图

（a）内部接线图（已改线，背视）；（b）负极冲击接线；（c）正极冲击接线

六、闪光继电器

附表 B-7　　　　　　　　　　　冲击继电器技术数据

型号	额定值 DC（V）	闪光频率（次/min）	动作值	功率消耗（W）
DX-1	220，110 48	60±20	不大于 70% 额定电压	不大于 3
DX-3		40～100		不大于 7
JX-14/5		60±10		不大于 8

注　JX-14/5 型为微电流闪光继电器，可用于 AD11 型半导体信号灯回路。

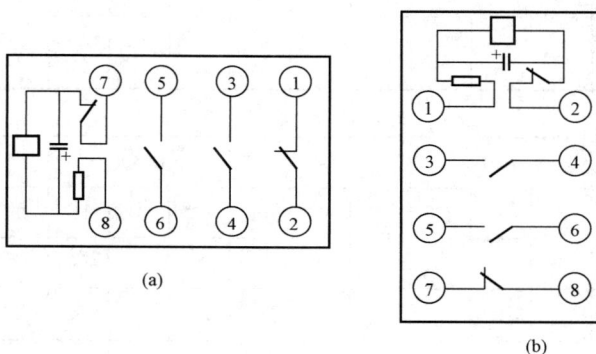

附图 B-6　闪光继电器内部接线图（背视）

（a）DX-1 型；（b）DX-3 型

七、LW5 系列转换开关

附表 B-8　　　　　　　　　　LW5 系列转换开关定位特征

操作方式	代号	操作平面位置角度（°）										
自复式	A						0	45				
	B				45	0	45					
定位式	C						0	45				
	D				45	0	45					
	E				45	0	45	90				
	F				45	0	45	90				
	G			90	45	0	45	90	135	180		
	H		135	90	45	0	45	90	135	180		
	I		135	90	30	0	45	90	135	180		
	J	120	90	60	30	0	30	60	90	120		
	K	120	90	60	30	0	30	60	90	120	150	
	L	150	120	90	60	30	0	30	60	90	120	150
	M	150	120	90	60	30	0	30	60	90	120	150	180

续表

操作方式	代号	操作平面位置角度（°）							
定位式	N					45	45		
	P				90	0	90		

□/1	A0001		B0011		D0081				D0084			P0307			N0206	
	0°	45°	45°	0°	45°	45°	0°	45°	45°	0°	45°	90°	0°	90°	45°	45°
1—2	×				×		×	×		×		×		×	×	
3—4		×	×				×		×				×			×

□/2	C0391		D0404			D0406			D0408			P0627			N0606	
	0°	45°	45°	0°	45°	45°	0°	45°	45°	0°	45°	90°	0°	90°	45°	45°
1—2	×				×	×	×		×				×			×
3—4	×			×			×		×		×		×		×	
5—6		×			×			×			×	×		×		×
7—8		×			×		×	×			×	×		×	×	

□/3	D0723			P0947		
	45°	0°	45°	90°	0°	90°
1—2	×			×		×
3—4			×	×		×
5—6	×			×		×
7—8			×	×		×
9—10	×			×		×
11—12			×	×		×

□/4	D1048		
	45°	0°	45°
1—2	×		×
3—4	×		
5—6	×		×
7—8	×		
9—10	×		×
11—12	×		×
13—14		×	
15—16		×	

附图 B-7 LW5-15（16）.□/n 型转换开关触点图表

八、信号灯

附表 B - 9　　　　　　　　　　　　信 号 灯 技 术 数 据

型号	额定电压（V）	白炽灯		附加电阻		色别
		电压（V）	功率（W）	阻值（Ω）	功率（W）	
XD5 XD6	380	24	1.5	6000	30	红、黄、蓝、 绿、乳白 无色
	220	12	1.2	2200	30	
	110	12	1.2	1000	30	
	48	12	1.2	400	25	
ZSD-38	380	115	8	5000	30	
	220	115	8	2500	25	
	110	115	8	1000	25	
	48	24	8	130	25	
AD11-22 AD11-25	额定工作电流（mA）			消耗功率（W）		
	380（交流）	不大于 20		0.59		
	220（交直流）			3.3		
	110（交直流）			1.65		
	48（交直流）			0.72		

九、光字牌

附表 B - 10　　　　　　　　　　　　光 字 牌 技 术 数 据

型号	额定电压（V）	白炽灯			色别
		电压（V）	功率（W）	灯头型号	
XD9（单灯） XD10（双灯）	220	220	15	E14/25-2	红、黄、蓝、 绿、乳白、 无色
	110	110	8		
	48	48	8		
	24	24	8		
ZSD-55/1（单灯） ZSD-110/2（双灯）	220	220	15	E27/27-1	
	110	110	15		
	48	48	15		
	24	24	15		
AD11-39×31（单灯） AD11-77×31（双灯）	额定工作电流（mA）		消耗功率（W）		
	220	不大于 20	0.59		
	110		3.3		
	48		1.65		
	24		0.72		

十、喇叭、电铃

附表 B - 11   喇叭、电铃技术数据

名称	型号	额定电压（V）		消耗功率（W）
		交流	直流	
喇叭	DDJ1	380，220，127，110，36		40
	DDZ1		220，110，48，24	20
电铃	UC4-2	380，220，127，110，36		8
	UC4-3			20
	UC4-4			30
	UZC4-2		220，110，48，24	8
	UZC4-3			20
	UZC4-4			30

十一、电气测量仪表

电气测量仪表从形状上，可以分为方形仪表、矩形仪表、槽型仪表、广角度仪表等，每一种又有多个系列，这里只列出 45L、45C 系列的技术数据。

附表 B - 12   电气测量仪表技术数据

名称	型号	准确等级	量程	连接方式
直流电流表	42C3-A	1.5	1、2、3、5、7.5、10、15、20、30、50、750、100、150、200、300、500mA 1、2、3、5、7.5、10、15、20、30、50A	直接接入
			75、100、150、200、300、500、750A 1、1.5、2、3、4、5、6、7.5、10kA	外附定值分流器
直流电压表	42C3-V	1.5	1.5、5、7.5、10、15、20、30、50、75、100、150、200、250、300、450、500、600V	直接接入
			0.75、1、1.5kV	外附定值附加电阻
交流电流表	42L6-A	1.5	0.5、1、2、3、5、10、15、20、30、50A	直接接入
			5、10、15、20、30、50、60、75、100、150、200、300、400、600、750A 1、1.5、2、3、4、5、6、7.5、10kA	经电流互感器接入
交流电压表	42L6-V	1.5	3、5、75、10、15、20、30、50、60、75、100、120、150、200、250、300、450、500、600V	直接接入
			1、3、6、10、15、35、110、220、500kV	经电流互感器接入
频率表	42L6-Hz	5	频率：45～55、55～65、350～450、450～550Hz 电压：50、100、220、380V	直接接入
功率因数表	42L6-cosφ	2.5	功率因数：0.5～1～0.5 单相：100V，5A；220V，5A 三相：100V，5A；380V，5A	直接接入

续表

名称	型号	准确等级	量程	连接方式
三相有功功率表	42L6-W	2.5	见附表 B-13 线圈电压：50、100、220V 线圈电流：0.5、5A	
三相无功功率表	42L6-var	2.5	见附表 B-13 线圈电压：50、100、220V 线圈电流：0.5、5A	
整步表	42L6-S	2.5	100、220V	直接接入

附表 B-13　　三相有功无功功率表量程

电流线圈	额定电流(A)	测量上限	电压线圈接通方式 直接接通			经电压互感器接通 额定电压(kV)								
			127V	0.22	0.38	0.38	0.5	3	6	10	35	110	220	500
直接	5		1	2	3									
经电流互感器接通	5					3	4	25	50	80	300	1	2	4
	7.5		1.5	3	5	5	6	40	80	120	500	1.5	3	6
	10		2	4	6	6	8	50	100	150	600	2	4	8
	15		3	6	10	10	12	80	150	250	1	3	6	12
	20		4	8	12	12	15	100	200	300	1.2	4	8	15
	30		6	12	20	20	20	150	300	500	2	6	12	20
	40		8	15	25	25	30	200	400	600	2.5	8	15	30
	50		10	20	30	30	40	250	500	800	3	10	20	40
	75		15	30	50	50	60	400	800	1.2	5	15	30	60
	100	kW kvar	20	40	60	60	80	500	1	1.5	6	20	40	80
	150		30	50	100	100	120	800	1.5	2.5	10	30	60	120
	200		40	80	120	120	150	1	2	3	12	40	80	150
	300		60	120	200	200	250	1.5	3	5	20	60	120	250
	400		80	120	250	250	300	2	4	6	25	80	150	300
	600		120	250	400	400	500	3	6	10	40	100	250	500
	750		150	300	500	500	600	4	8	12	50	150	300	600
	1K		200	400	600	600	800	5	10	15	60	200	400	800
	1.5K		300	600	1	1	1.2	8	15	25	100	300	600	1200
	2K		400	800	1.2	1.2	1.5	10	20	30	120	400	800	1500
	3K		600	1.2	2	2	2.5	15	30	50	200	600	1200	2500
	4K		800	1.5	2.5	2.5	3	20	40	60	250	800	1500	3000
	5K		1	2	3	3	4	25	50	80	300	1000	2000	4000
	6K	MW Mvar	1.2	2.5	4	4	5	30	60	100	400	1200	2500	5000
	7.5K		1.5	3	5	5	6	40	80	120	500	1500	3000	6000
	10K		2	4	6	6	8	50	10	250	600	2000	6000	8000

参 考 文 献

[1] 王辑样，王庆华，梁志坚. 电气接线原理及运行 [M]. 2 版. 北京：中国电力出版社，2012.

[2] 王庆华，贺秋丽，陈新苗. 构建以工程项目为主线的实践教学体系 [J]. 电气电子教学学报，2022，44（05）：134 - 138.

[3] 王庆华，陈新苗，贺秋丽. 小电流接地系统实验平台研制和实验内容开发 [J]. 实验室研究与探索，2013，32（1）：19 - 23.

[4] 王庆华. 铁磁谐振的分析及实验开发研究 [J]. 中国电力教育，2014 (11)：187 - 189.

[5] 李长城，韩昆仑. 新时代《电力系统继电保护》课程教学改革探索 [J]. 中国电力教育，2021 (01)：72 - 73.

[6] 郭汀. 电气制图文字符号应用指南/电气技术文件国家标准应用丛书 [M]. 北京：中国标准出版社，2009.